可控震源宽频高效地震采集技术

徐雷良　著

中国海洋大学出版社

·青 岛·

图书在版编目(CIP)数据

可控震源宽频高效地震采集技术 / 徐雷良著. — 青岛：中国海洋大学出版社，2023.12

ISBN 978-7-5670-3633-8

Ⅰ. ①可… Ⅱ. ①徐… Ⅲ. ①可控震源–地震数据–数据采集 Ⅳ. ①P315.63

中国版本图书馆 CIP 数据核字(2023)第 182437 号

KEKONG ZHENYUAN KUANPIN GAOXIAO DIZHEN CAIJI JISHU

可控震源宽频高效地震采集技术

出版发行	中国海洋大学出版社		
社　　址	青岛市香港东路 23 号	**邮政编码**	266071
出 版 人	刘文菁		
网　　址	http://pub.ouc.edu.cn		
电子信箱	1193406329@qq.com		
责任编辑	孙宇菲	**电　　话**	0532–85902349
印　　制	青岛泰兴印刷有限公司		
版　　次	2023 年 12 月第 1 版		
印　　次	2023 年 12 月第 1 次印刷		
成品尺寸	185 mm × 260 mm		
印　　张	13.25		
字　　数	400 千		
印　　数	1~1000		
定　　价	198.00 元		

发现印装质量问题，请致电 0532–83812887，由印刷厂负责调换。

前　言

可控震源是一种稳定、可控、安全与环保的地震勘探激发源，自 20 世纪中叶应用于油气地震勘探后获得迅猛发展。随着现代可控震源的问世，特别是高精度与宽频激发信号的可控震源出现后，在地震仪器与设备、无线通讯与计算机、地震勘探方法与技术等助力下，可控震源地震采集技术逐步发展完善。目前，可控震源宽频高效地震采集技术业已成为一种主流的地震资料采集模式，推动了高精度高密度地震勘探技术进步。

中国石油化工集团公司从 20 世纪 80 年代引进可控震源系统，逐步开展可控震源地震采集技术研究与应用。受当时装备条件的制约，可控震源采集主要以多台多次激发为主，日效并不高。十年前，中石化石油工程地球物理有限公司组建了可控震源高效地震采集技术研发团队，在可控震源采集技术专业理论研究、关键技术攻关、配套技术开发、生产模式组织、现场质量监控、地震数据收集及资料处理等方面进行了全方位探索与实践，取得丰硕成果。创新提出宽频扫描信号设计系列技术，研发可控震源采集施工参数设计与施工方案设计技术，开发可控震源采集现场质控技术及软件，等等。如今，可控震源地震采集工程中震源激发的台次由多台一次减为单台一次，扫描频率向低频端拓至 1.5~2Hz，倍频程为 5~6 个。截至目前，在宽频高效地震采集技术领域形成了完备的技术体系，具备了工业化规模应用生产能力，施工平均日效和最高日效屡创新高，极大促进了可控震源地震采集技术在中国石油化工集团公司的发展与进步。

为了更好、更快地推动可控震源地震采集方法技术的进一步发展，扩展其应用范畴，同时为一线工程技术人员提供参考，著者编纂了本书。本书成果主要来自该技术团队及中石化石油工程地球物理有限公司多年可控震源地震采集技术研究和生产实践。著者对这些成果进行总结与提升，以可控震源基础知识为背景，深入浅出地介绍可控震源相关原理；全面完整地描述高效地震采集施工方法与参数设计方法、信号设计方法；结合自主研发的海量地震采集现场质量监控软件 MassSeisQC V2.0，系统阐述可控震源采集现场质量监控技术；并通过大量丰富的地震采集应用实例，说明可控震源技术在地震采集工程中的一些典型应用及其勘探成效。

全书共分为六章。第一章概述可控震源地震采集技术发展历程、可控震源工作原理及其系统基本结构，并简单介绍可控震源技术发展方向。第二章详细介绍可控震源激发扫描参数设计，并以实例说明激发参数的选择依据。第三章从可控震源扫描信号设计方法及其基础知识入手，通过设计原理、方法和实例分析三者结合，详细论证多类非线性扫描信号设计方法。第四章由浅入深地具体阐明四种可控震源高效采集方法，并概要介绍可控震源地震采集施工的配套技术。第五章以 MassSeisQC 软件为蓝本，系统论述高效地震采集现场质量监控技术，并简要说明 MassSeisQC V2.0 软件功能。第六章结合历年中国石油化工集团公司在不同地表及不同地质目标下的可控震源地震采集工程，展示前述可控震源地震采集技术在这些区块的应用及其效果。

本书所述成果得益于中国石油化工集团公司、中石化石油工程技术服务有限公司和中石化石油工程地球物理有限公司多年的科技投入，各级管理部门的负责同志对可控震源技术的发展付出的大量心血。中石化石油工程地球物理有限公司胜利分公司地震队、地球物理研究所和科技信息部为方法研究和成果应用搭建技术舞台并提供研究协助，中石化石油工程地球物理有限公司国际业务部沙特项目组在技术应用方面也给予了大力支持和协助。

团队成员为本书的编著做了大量工作。其中，胡立新、赵国勇、任宏沁、徐维秀、张剑、崔汝国等参与编书筹划与组织。以下人员参与各章材料的搜集、整理：赵国勇和高芦璐参与可控震源发展历程、工作原理及系统结构，朱迪参与可控震源扫描参数设计，张剑参与可控震源宽频扫描信号设计，任宏沁参与可控震源高效采集技术，徐维秀参与高效地震采集现场质量监控技术，潘家智和张在武参与可控震源技术的一些典型应用，另外，吴安楚提供了国外项目技术应用情况。徐维秀参与全书通稿。

本书成文参阅了大量相关研究文献，从这些研究文章和研究者中获得启迪和借鉴。在此，一并对他们表示由衷的感谢！

本书是中石化石油工程地球物理有限公司多年可控震源理论研究与实践经验的总结，可作为技术推广用书，并适用于对该领域感兴趣的地震勘探采集方法研究者与工程技术人员，也可作为其他研究者的参考用书。

由于著者水平有限，难免在理论方法上有不尽如人意之处，书中的部分技术来自工程实践，结论也有可能偏颇，或存在认识上的不足，敬请读者谅解并予以批评指正！

著　者

2023年6月

目 录

第一章　可控震源技术概述

可控震源是一种地震勘探信号激发设备，在石油勘探中具有安全、环保、优质、经济、高效的特点，震源出力大小、频率范围、扫描时间和相位等参数可根据实际工区地表条件及地下地震地质条件进行调整。正是由于上述优势，可控震源在地震勘探领域占据非常重要的地位。目前，全球陆地可控震源地震采集技术越来越受到石油公司的重视，使得可控震源的应用比例逐年增加。

国外地震施工中可控震源的应用相当普遍，除了水域、沼泽和大山地之外，只要震源能到达的地区，如平原、农田、城镇区、一般山地、山前带、丘陵、大小沙漠等，普遍采用可控震源施工，可控震源各种新技术的推广使用使其施工效率成倍增长，远远高于炸药震源。

可控震源地震数据采集方法可分为常规采集、高效采集及高保真采集三大类。常规采集方法通常是指仅采用一组可控震源作业，通过互相关处理获得共炮点道集；高效采集方法是指采用两组或多组可控震源间隔一定时间或同时施工，通过互相关处理获得共炮点道集；高保真采集方法是指采用一台或多台可控震源在彼此间隔一定距离的不同炮点同时振动，采用地面力信号反褶积获得共炮点道集。随着可控震源地震勘探技术的发展及其在油气勘探领域占据越来越重要的地位，国内外地震勘探方法向着高密度、高覆盖次数、海量地震数据等主要方向发展。

1.1　可控震源技术发展历程

1.1.1　国内外可控震源地震采集技术发展历程

20 世纪 50 年代初期，美国大陆石油公司开始研究连续振动信号用于地震勘探，设计制造了第一台实验性可控震源，自 1961 年起用于商业勘探。当时振动器的型式有电力——机械振动器、液压伺服振动器等。由于无线电传输、自动控制、信号叠加和液压等技术不断发展，使得可控震源不断完善，成为一项成熟的机电一体化产品。可控震源成为地震勘探中重要的激发震源之一，至今已有 60 余年的历史。

可控震源自诞生之日起，石油公司和地球物理服务公司就在不断寻求方法提高其施工效率。1977 年，Silverman 的文章 *Method of Three Dimensional Seismic Prospecting* 第一次提出了同时震动的概念之后，各种高效可控震源施工方法层出不穷。近年来，可控震源各种新的应用技术的推广使用，使其施工效率成倍增长，已远远高于炸药震源施工效率。业界相继研发并广泛应用基于提高施工效率的高密度、高品质的可控震源地震勘探技术，而且，这一技术在世界范围内呈现快速发展的趋势。

在高密度地震勘探中，如何提高施工效率并降低单炮勘探成本是首先需要考虑的问题。为保障高密度地震勘探技术的顺利实施，同时，也鉴于环保和安全的要求日趋严格，可控震源高效采集技术在地震勘探中，尤其在中东、非洲、中亚等地区得到了快速发展。国际上多家地球物理服务公司与石油公司先后推出了自己的高密度地震勘探技术系列，在生产中得到广泛的应用，并取得很好的应用效果。

可控震源最初的高效采集是从交替扫描（Flip - Flop Sweep，FFS）开始的。该方法由阿曼石油发展公司首创，是在进行地震勘探时两组可控震源交替扫描振动，即当一组震源在扫描振动时，另一组震源向下一个振点移动，从而提高了地震勘探的工作进度。在交替扫描的基础上，效率更高的可控震源采集技术得到发展。

1996 年，阿曼国家石油公司研发了滑动扫描技术（Slip Sweep，SS），并在 1998 年地震采集生产中进行了应用。滑动扫描就是下一组震源不必等待上一组震源震动结束即开始振动的一种采集方法。由于滑动扫描相邻两次扫描的间隔时间大大缩短，从而大幅度地提高了生产效率，因此，该方法后来获得较大发展，并在当时成为世界上应用广泛的一种高效采集方法。

1998 年，美国美孚公司 Sallas 等获得了高保真可控震源（High Fidelity Vibratory Seismic，HFVS）技术专利，该专利通过记录震源的实际运行信号进行数据反演，替代传统参考信号的互相关处理，有效减少震源畸变的影响，同时，采用多台震源同时激发，再分离为单台震源激发记录的分离技术，实现经济、高效采集；2003 年，Krohn 等介绍了基于多台震源的 HFVS 地震数据采集和分离技术及其在 VSP 中的应用；与此同时，Hufford 等介绍了 HFVS 与滑动扫描技术联合应用；2005 年，Chiu 等介绍了多台震源 HFVS 技术优化编码方法，并于 2007 年获得美国专利，它标志着基于多台震源的 HFVS 技术逐渐走向成熟。

为了降低震源谐波畸变噪声的影响，2005 年，CGGVeritas 公司推出了高效震源采集（High Productivity Vibroseis Acquisition，HPVA）专利技术；为了进一步提高生产效率，降低震源组合效应的影响，2007 年，又将这一技术扩展到单台震源，开发了单台震源施工 V1（Single Vibrator）专利技术；2008 年，Postel 等介绍了 V1，该技术采用“高密度炮点、加长扫描时间、单台震源”替代传统的“低密度炮点、短的滑动时间”以提高整体施工效率，其扫描时间长，滑动时间短，V1 资料受谐波干扰影响比较严重。法国 CGGVeritas 地球物理公司在中东采用 V1 高效采集技术，12 台可控震源施工，最大效率达 700 炮/小时。

2006 年，英国 BP 公司进行了一种非常简单的多组震源同时激发方法试验，即独立同步扫描（Independent Simultaneous Sweeping，ISS）。在该方法中，不同的可控震源被分配到不同的位置，每个可控震源扫描信号各不相同（扫描速率不同），但每次扫描的能量和频宽相等。当排列开始记录时，各震源在自己指定的工作区域自由工作，不需要等待仪器和其他震源，且各震源记录自己每次扫描的 X、Y、Z 坐标和 GNSS 时间（全球导航卫星系统，Global Navigation Satellite System），同时，震源的每次扫描都被“随机”的其他震源扫描信号所干扰。

2008 年，阿曼石油公司介绍了远距离同步扫描（Distance Separated Simultaneous Sweeping，DS3）采集方法（最早由 BP 公司在三维标书中提出），震源之间的间距通常在 9 ~ 12 km，同时扫描。2009 年，中国石油集团东方地球物理勘探有限责任公司（简称东方地球物理公司）在阿曼率先使用远距离滑动扫描方法（Distance Separated Simultaneous Slip - Sweeping，DS4），16 台震源平均每天作业达 10600 炮。沙特阿美公司从 2008 年进行 DS3、DS4 和 ISS 技术的调研和先导性试验,并在 2010 年利用 18 台可控震源开展可控震源高密度地震勘探试验,24 小时完成 44000 炮。

目前,可控震源技术日趋成熟,并已成为陆上地震勘探的主流激发源。

我国在 20 世纪 70 年代中期开始引进国外可控震源设备和技术。1976 年夏季,物探局研究所震源室 217 队在玉门酒西、花海盆地进行了数字可控震源试验,在不到两个月的时间里,完成了 6 条试验剖面,计 125.1 km,获得了反映该区地质构造特点的原始资料,拉开了国内可控震源用于地震勘探的序幕。

自 1987 年至 20 世纪末,我国先后研制出 KZ－7 型、上海震源、KZ－13 型、KZ－20 型等型号可控震源。KZ－7 型和上海震源名义出力为 71 kN,KZ－13 型可控震源输出力为 116 kN。其关键部件如伺服阀、泵、马达、电台等从国外进口,同时使用了一些引进技术生产的总成部件,如发动机和桥等,包括底盘与振动等参数的整机性能达到国外水平。1987 年,设计成出力为 197 kN 的 KZ－20 型可控震源,一些总成部件沿用了 KZ－13 型所用部件,主要增加了出力,并采用四导柱结构,产品性能稳定。2001 年 11 月,东方地球物理公司研制成功具有当代国际先进水平的 KZ28 大吨位可控震源车。

东方地球物理公司将可控震源高效采集技术纳入"十一五"和"十二五"科技发展目标,在装备及技术方面不断加强可控震源滑动扫描、滑动扫描同步激发、独立同步扫描、动态滑动扫描等高效采集技术的研究和开发,采集效率与装备技术能力均达到国际先进水平,并在中东、中亚、东非、西非、北非地区 20 个国家开展可控震源高效采集工作。

2009 年以来,东方地球物理公司在国内快速推广应用可控震源高效采集技术,先后在东部平原区以及中西部准噶尔盆地、塔里木盆地的沙漠区和吐哈盆地、柴达木盆地戈壁区进行广泛推广应用。

2009 年 2 月,东方地球物理公司与荷兰皇家壳牌石油公司就联合开展可控震源低频地震数据采集试验和后续处理研究达成合作意向,同年,东方地球物理公司设立"KZ－28LF 型可控震源研制"项目开展工业型低频可控震源的研制。2009 年 8 月,全球首台油气勘探用的低频可控震源试制完成,通过井下接收试验验证了低频 1.5 Hz 信号激发的真实性与可接收性,东方地球物理公司的低频地震激发技术处于国际领先位置。

2012 年,东方地球物理公司承担了关于高精度可控震源研制的国家"863"课题,研究针对更宽频带(六个倍频程以上带宽)、更高精度(低畸变)的可控震源,并推出了基于高精度可控震源成熟技术释放形成的新一代工业化低频可控震源 LFV3,适用于陆地油气勘探以及深部探测应用。2014 年开始,低频地震勘探技术在中国石油系统内全面推广应用。

2015 年,东方地球物理公司向市场推出了 EV－56 型高精度可控震源,该震源是在低频震源基础上,通过新设计的液压伺服系统与振动器,使可控震源与控制模型的吻合精度更高,输出信号畸变得到极大的改善,低频信号更加稳定,同时,高频信号也得到拓宽,主要技术指标达到国际领先水平,使可控震源激发从低频迈向宽频,也成为国际上唯一能规模化应用的宽频地震激发源。

东方地球物理公司于 2017 年在青海尖顶山三维项目中实施动态扫描技术,这是该项技术在国内首次大规模推广应用。该技术突破了以往可控震源激发仅考虑时间域变化的局限,首次引入空间域理念,通过建立时空关系联合时间域与空间域,将交替扫描、滑动扫描及距离分离同步扫描等方式综合考虑并运用,即可根据预设时空关系自由编组并切换扫描方式,使采集作业方式更灵活,施工效率显著提高,且进一步拓展了可控震源应用范围。

1.1.2 中国石化可控震源地震采集技术发展历程

中国石油化工集团公司(以下简称中国石化)自 2001 ~ 2011 年在国内准噶尔盆地、吐哈盆地、银川—中卫盆地、敦煌盆地、柴达木盆地和鄂尔多斯盆地等区块进行了可控震源地震采集生产,受当时装备条件限制,主要以多台多次激发为主,日效一般在 200 ~ 500 炮之间。

2012 年以来,随着装备的引进及升级改造,中石化石油工程地球物理有限公司(以下简称中石化地球物理公司)加大了可控震源技术研究力度,重点在可控震源“高效”“低频”“高质量” 等方面开展了采集方法攻关,形成了一系列可控震源宽频高效地震采集技术。

在高效采集技术方面,中石化地球物理公司于 2013 年开展了高效采集技术研究,形成了一套基于地质目标的可控震源时变滑动扫描技术,该技术根据可控震源组间距离,灵活匹配滑动时间,提高生产效率。当可控震源准备就绪后,进入激发任务序列,依据滑动时间与距离管理规则,优先启动滑动时间间隔最短的一组可控震源,实现激发效率最大化。同年,在 HSD 区块进行可控震源高效采集试验,最高日效达到 13007 炮。

2016 年,开展了可控震源自主扫描技术研发,该方法施工中各组可控震源扫描信号的选择应遵循一定规则,考虑降低不同可控震源之间产生地震信号相关性,采用相关技术和成熟的噪音衰减方法消除可控震源间的干扰。2017 年,在塔里木盆地开展了野外试验,采用 1 台 1 次激发,通过提高炮点密度保证了主要目的层成像效果,最高日效达到 13222 炮。

在可控震源宽频激发方面,中石化地球物理公司于 2013 年开始非线性扫描信号设计技术研究。经过多年的研究与完善,逐步形成了基于目的层频谱特征的非线性扫描信号、低频能量补偿宽频扫描信号、基于阻尼雷克子波的扫描信号和基于力信号的谐波压制扫描信号等设计方法。通过调整不同频率段扫描时间长度,实现了可控震源激发“能量—频率”精确可控的非线性扫描信号设计技术。

在可控震源高效采集实时质量监控方面,2013 年以来逐步开展研究与完善。在节点仪器大面积推广应用以前,主要依赖地震仪器系统进行质量监控,重点对可控震源、排列工作状态和噪音干扰情况为主,监控内容包括排列的单道工作状态、电阻、极性、倾角等参数以及排列连接、噪音状态等因素,可控震源状态监控包括激发点位置、振动出力、畸变、相位、机械状态等参数。随着可控震源高效采集技术的应用,仅依靠这些质量监控和评价手段已经不能完全适应生产需要。通过五年研发,2022 年,中石化地球物理公司胜利分公司推出了 MassSeisQC V2.0 软件系统,实现了高效采集全方位、全过程的质量监控,促进了可控震源高效采集技术的推广应用。

目前,中石化地球物理公司在可控震源宽频高效地震采集方面已形成成熟的技术系列,先后在 D1J - 2020、Q1J - 2021、SHB8J、SH1J - 2021 和 P6J - 2022 等地震采集项目中推广应用,实现了西部探区单点高密度可控震源宽频高效采集施工、西部全节点可控震源地震采集施工、可控震源 1.5 ~ 150 Hz 超宽频地震采集施工等多项技术突破,更具备了准噶尔盆地可控震源 100 % 施工覆盖能力,获取了高品质高密度地震资料,中深层地震资料品质有了大幅提升,成为解决复杂地质难题的勘探利器,为准噶尔盆地增储上产提供了强有力的技术支撑。

另外,可控震源激发参数的选择也发生巨大变化,主要划分为三个阶段。

①第一阶段,2002 ~ 2014 年。激发参数以多台多次为主,主要通过增加震源激发台次提高激发能量,采集项目均在 4 台 4 次以上,扫描长度在 20 s 以内,激发频带较窄,倍频程小于 4 个,起始频率在 6 ~ 8 Hz 之间,终止频率在 84 Hz 左右。2012 ~ 2014 年,激发参数有所变化,激发次数降至 2 次,扫描长度提高到 20 s 以上,初始激发频率降至 4 Hz,倍频程提升到 4 个以上。

②第二阶段,2014 ~ 2019 年。随着勘探需求的提高,地质任务主要体现在深层地质目标的刻画,观测系统持续优化,生产任务量大,因此,对激发能量和生产效率要求越来越高。激发参数主要变化是激发台次一般维持在 3 台 1 次为主,扫描长度在 20 ~ 28 s 之间,以 26 s 居多,扫描频率变化不大,倍频程保持在 4 个以上(图 1.1)。

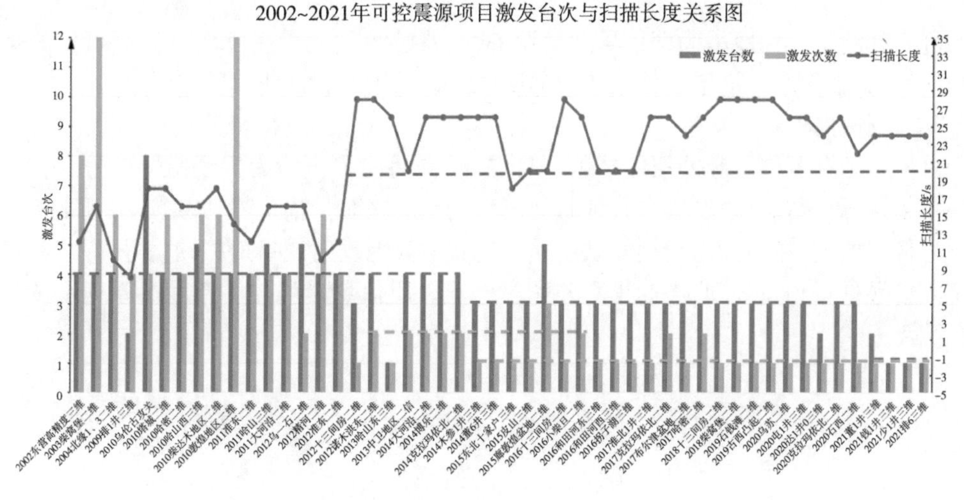

图 1.1　2002 ~ 2021 年可控震源项目激发台次与扫描长度关系图

③第三阶段,2020 年至今。随着宽频高效采集技术的推广,激发参数在“宽频”和“高效”方面变化体现明显。激发台次由 2 台 1 次转向 1 台 1 次,近年激发台次以 1 台 1 次为主,扫描频率向低频端拓展至 1.5 ~ 2 Hz,倍频程达到 5 ~ 6 个,扫描长度稍降至 24 s 左右(图 1.2)。

随着高效采集技术及扫描信号设计技术的进步,激发参数会进一步得到优化,以配合高密度观测系统进行高效生产。

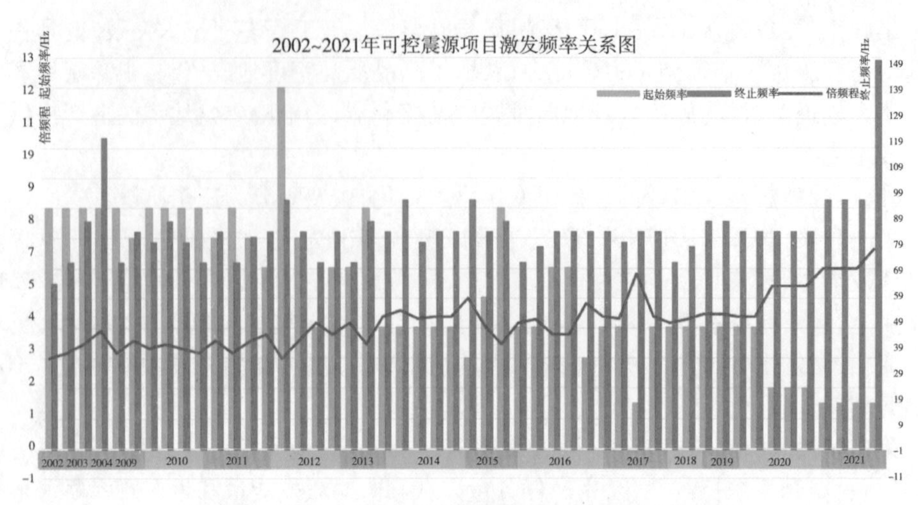

图1.2　2002~2021年可控震源项目激发频率关系图

1.2　可控震源工作原理及理论基础

可控震源是一种地震勘探信号激发设备,它能够激发能量密度低且波形可控的正弦扫描信号,其工作原理借鉴了雷达和声呐回声测距采用的脉冲压缩技术。

1.2.1　工作原理

可控震源勘探借鉴脉冲压缩技术,即将连续振动信号压缩为尖锐脉冲信号。在实际勘探中,可控震源首先激发具有某种时间函数关系的正弦扫描信号,并通过振动平板将振动信号传至地下,在地面铺设高灵敏度检波器获取大地反射或折射振动信号,最终对检波器记录信号进行相关处理,进而推断并解释地下介质信息。可控震源勘探原理示意如图1.3所示。

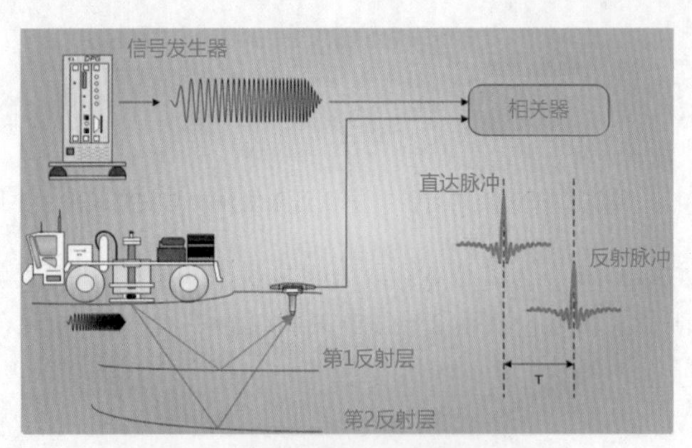

图1.3　可控震源勘探原理示意图

1.2.2　理论基础

可控震源与炸药震源地震勘探的理论基础是相同的,采用这两种方法获得的反射地震波场都可以使用褶积模型表示。炸药震源激发的信号接近脉冲信号,相应的地震道直接用褶积模型代替;而可控震源激发的是长扫描信号,需要通过互相关处理压缩携带地质信息的振动记录才能得到常规地震道。地震道用扫描信号自相关子波与反射系数序列脉冲响应褶积模型代替。

1. 地震记录褶积模型

当地下地层呈水平层状、震源子波为平面纵波且法向入射到地层界面时，炸药震源地震记录道用简化褶积模型（不考虑记录仪器系统等的滤波作用）表示，即

$$x(t)=\omega(t)*e(t)+n(t) \tag{1.1}$$

式中，$x(t)$为地震记录道；$\omega(t)$为基本震源子波；$e(t)$为地层脉冲响应；$n(t)$为噪声；t为时间。

在相同的假设前提下，可控震源振动记录也可以用式（1.1）的褶积模型表示，只不过$\omega(t)$被扫描信号自相关子波代替。

假设$s(t)$代表扫描信号，$s'(t)$代表可控震源地震勘探接收的振动记录，由于$s(t)$是一个连续长扫描信号，频率与振幅是时间的函数，因此，它传播到地下并与地层脉冲响应$e(t)$褶积后形成长的振动记录$s'(t)$，这一过程可以表示为

$$s'(t)=s(t)*e(t) \tag{1.2}$$

$s'(t)$也是一个长的连续信号，在不同时间，同一个地层的脉冲响应与某一频率信号的褶积结果构成了一个复杂的长连续信号，其中含有面波干扰等。

把扫描信号$s(t)$与振动记录$s'(t)$做互相关处理即可压缩信号长度。$s(t)$与式（1.2）做互相关处理后，再加上噪声$n(t)$就可以得到类似于式（1.1）的式（1.3）。

$$x(t)=k(t)*e(t)+n(t) \tag{1.3}$$

式中，$x(t)$为相关后的信号；$k(t)$是零相位*Klauder*子波，是$s(t)$的自相关子波。

式（1.3）左边代表了一个可控震源地震记录道，把某一炮对应的所有地震记录道按照炮检距大小顺序组合在一起，就构成了一个可控震源地震单炮记录。

对比式（1.1）与式（1.3），两者形式完全相同，Klauder子波$k(t)$通过相位转换转变成最小相位震源子波$\omega(t)$。因此，可控震源地震勘探与炸药震源地震勘探的数学基础是相同的。

需要注意，式（1.3）是可控震源简化褶积模型，这一简化褶积模型没有考虑可控震源机械－液压系统、可控震源－大地系统、仪器记录系统等对扫描信号的改造，如考虑这些因素，式（1.3）中的互相关子波就不是零相位子波，而是一个混合相位子波。大多数情况下采用的都是式（1.3）表达的简化褶积模型，式（1.3）是采用相关法可控震源地震勘探最基础的理论模型。

2. 相关实现过程

相关技术是可控震源技术的基础。振动记录不能直接用于解释，必须与扫描信号做互相关处理才能得到用于解释的地震记录。振动记录的延续时间等于扫描长度与记录长度之和，互相关处理极大压缩了振动记录的长度，将同一接收排列的所有互相关地震记录按照炮检距大小排列在一起，就可以构成可控震源单炮地震记录。

相关是比较两个波形相似程度的数学方法，实际上是一种数字滤波处理方法，它主要包括两方面作用。

（1）脉冲压缩

利用相关处理可将延续时间较长的信号压缩成持续时间较短的相关子波信号。

(2)滤波作用

相关对与信号不相干的噪音具有较强的滤波作用,可提高被噪声淹没信号的信噪比。

可控震源相关地震记录道 $x(t)$ 表示为相关积分形式:

$$x(t) = \frac{1}{T}\int_0^T s'(t)s(t-\tau)\mathrm{d}t \tag{1.4}$$

式中,$s'(t)$ 为可控震源原始振动记录道;$s(t-\tau)$ 为扫描信号;T 为扫描信号长度;τ 为相关信号之间的时移。

在对可控震源记录进行相关处理过程中,参考信号与检波器所接收到的信号以时移 τ 值为步长进行相关运算,直到震源记录长度为止。

这里,忽略了大地对扫描信号不同频率成分的非线性吸收与衰减,仅仅假设扫描信号所有频率成分在与某一波阻抗界面褶积过程中振幅发生了变化(这一前提可以使可控震源相关运算的地球物理含义更加直观)。

$s'(t)$ 可以表示为扫描信号与波阻抗界面脉冲响应的褶积积分形式:

$$s'(t) = \int_0^\infty \delta(\theta)s(t-\theta)\mathrm{d}\theta \tag{1.5}$$

式中,$\delta(\theta)$ 为地下波阻抗界面脉冲响应,$s(t-\theta)$ 为扫描信号,θ 为波阻抗界面时间。

把式(1.5)代入式(1.4)并变换积分顺序,可以得到可控震源相关地震记录道的另一种积分形式(什内尔索纳等):

$$x(\tau) = \frac{1}{T}\int_0^T \left[\int_0^\infty \delta(\theta)s(t-\theta)\mathrm{d}\theta\right] \cdot s(t-\tau)\mathrm{d}t = \int_0^\infty \delta(\theta)k(\tau-\theta)\mathrm{d}\theta \tag{1.6}$$

式中,$k(\tau-\theta)$ 取值为 $\frac{1}{T}\int_0^\infty s(t-\tau)s(t-\theta)\mathrm{d}t$,代表扫描信号的自相关函数,它是零相位的 Klauder 子波。

3. 相关函数子波特性

(1)互相关函数

信号 $s(t)$ 与 $s'(t)$ 不相同时,则有

$$\Phi_{SS'}(\tau) = \lim_{T\to\infty}\int_{-T}^T s(t)s'(t+\tau)\mathrm{d}t \tag{1.7}$$

称 $\Phi_{SS'}(\tau)$ 为 $s(t)$ 与 $s'(t)$ 的互相关函数,它表示这两个信号的关联程度。

互相关具有以下性质:

①在 $\tau=0$ 时,互相关函数 $\Phi_{SS'}(\tau)$ 不一定具有最大值;在某个 τ 值时,互相关函数 $\Phi_{SS'}(\tau)$ 才存在一个最大值。

②一般情况下,$\Phi_{SS'}(\tau)$ 不是关于 τ 的偶函数。

③互相关函数 $\Phi_{SS'}(\tau)$ 只包含有信号 $s(t)$ 与 $s'(t)$ 中所共有的频率成分。

性质③表明相关具有较强的滤波作用,利用互相关函数这一性质选择扫描信号频率压制环境噪声干扰。

为了更好理解相关处理的滤波作用,下面给出几个不同频率信号间进行互相关的

例证。

①10 ~40 Hz 的扫描信号与 30 Hz 正弦波相关后得到 30 Hz 的正弦波。

②在相关波形中,若仅含有两个信号所共有的 30 Hz 频率成分,相关后得到一个 30 Hz 的正弦波。

③一个扫描信号与一个脉冲信号相关仍为一个扫描信号,但这个扫描信号的性质发生了改变。如果相关前为升频扫描,则相关后的子波变为降频扫描;如果相关前为降频扫描,则相关后的子波变成升频扫描,如图 1.4 所示。

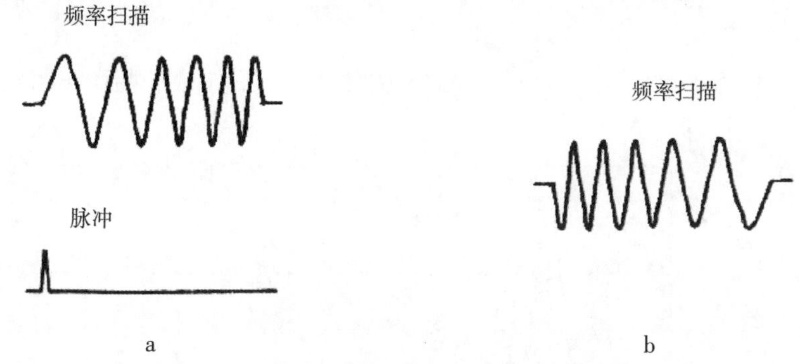

图 1.4 扫描信号与脉冲信号相关后为扫描信号

(a:相关前;b:相关后)

④如果一个 10 ~40 Hz 的扫描信号与 50 Hz 的正弦波相关,由于这两个信号间没有包含共有频率成分,因此,相关后无信号输出。

利用相关特性④,在设计或选择扫描信号参数时,设法避开某些具有干扰作用的频率成分信号,从而有效压制噪声干扰。

(2)自相关函数

若 $s(t)$ 与 $s'(t)$ 相同,则有

$$\Phi_{SS}(\tau) = \lim_{T \to \infty} \int_{-T}^{T} s(t) s(t + \tau) \mathrm{d}t \tag{1.8}$$

称 $\Phi_{SS}(\tau)$ 为 $s(t)$ 的自相关函数,它表示函数自变量 t 相关 τ 的信号的关联程度。

自相关函数具有如下四个重要性质:

①在自变量 $\tau=0$ 时,自相关函数具有正的最大值。参考图 1.5,当 $\tau=0$ 时,a 和 b 对应的两个波形完全相同且重叠,相似程度最大,因此,$\Phi_{SS}(0)$ 为最大。自相关函数子波在 $\tau=0$ 点处的振幅值代表了扫描信号相关子波的能量,换句话说,自相关子波的最大值(即中心波峰幅值)等于扫描信号的总能量。

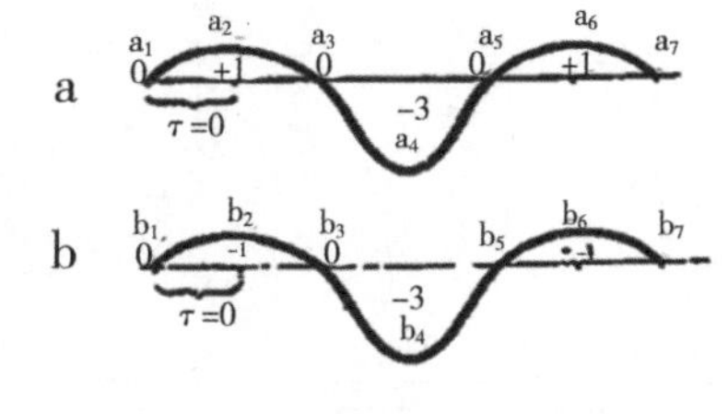

图 1.5 自相关过程示意图

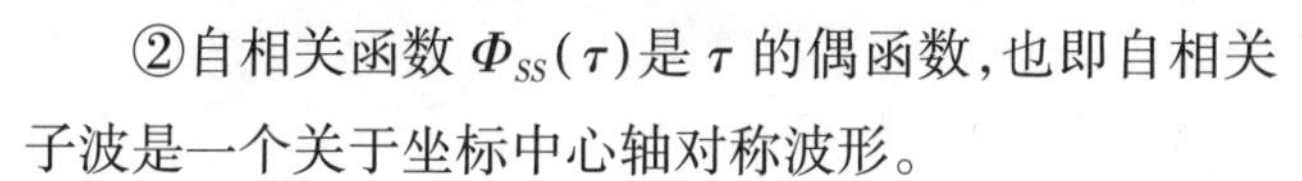

②自相关函数 $\Phi_{SS}(\tau)$ 是 τ 的偶函数,也即自相关子波是一个关于坐标中心轴对称波形。

③一般而言,当 $\tau \to +\infty$ 时,自相关函数 $\Phi_{SS}(\tau)$ 趋向于 0。这是因为在实际应用中,扫描信号波形持续时间总是有限长度,当 $\tau \to +\infty$ 时,两个波形将不再重叠,而是完全分

开,亦即两个波形毫无相似性可言,自相关函数值就为0。

④自相关函数$\Phi_{SS}(\tau)$的波形与信号$s(t)$本身波形无关,而只与信号中所包含的频率成分有关,即频率分量相同而波形不同(即振幅谱相同而相位谱不同)的两种信号具有完全相同的自相关函数。

4. 相关子波

可控震源参考信号与地层反射信号的相关子波是构成可控震源相关记录的基本波形,因此,相关子波的特性将直接影响资料品质,对相关子波性质的了解和研究也就显得尤为重要。相关子波的特征分析可用清晰度、分辨率、相关子波宽度和边叶等参数刻画。

(1)清晰度

清晰度用相关子波最大波峰值与相邻波峰值的比值计算,图1.6中的清晰度为A1/A2。

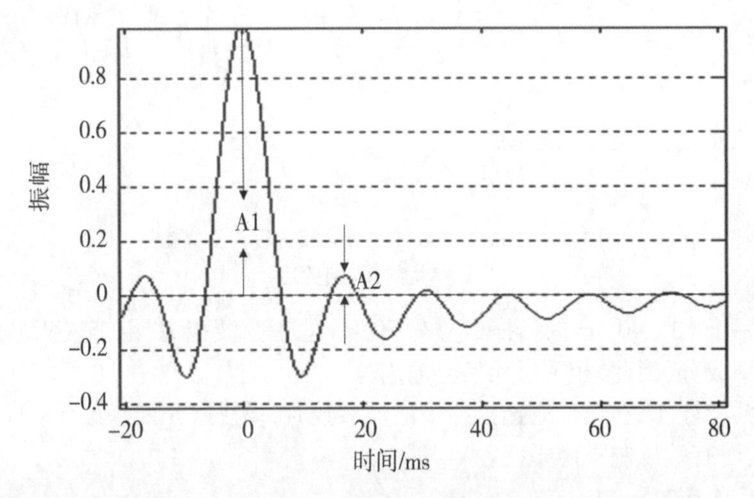

图1.6 相关子波清晰度

清晰度越大,则波形越突出。图1.7表示了相对频宽与绝对频宽对自相关子波形态的影响。图1.7中的4个扫描信号虽然绝对频宽不同,但相对频宽相同,且倍频程ROCT为2,它们的自相关子波清晰度一样,只是相关子波频率不同。

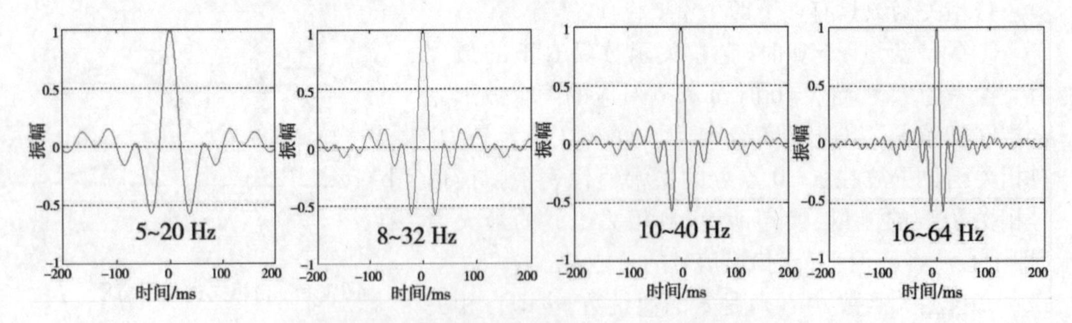

图1.7 相对频宽相同的相关子波清晰度

图1.8则说明相对频宽不同而绝对频宽相同的扫描信号对自相关子波形状的影响。图1.8中4个扫描信号的绝对频宽一样(均为24 Hz),但相对频宽各不相同,相对频宽越

窄,相关子波清晰度就越差。

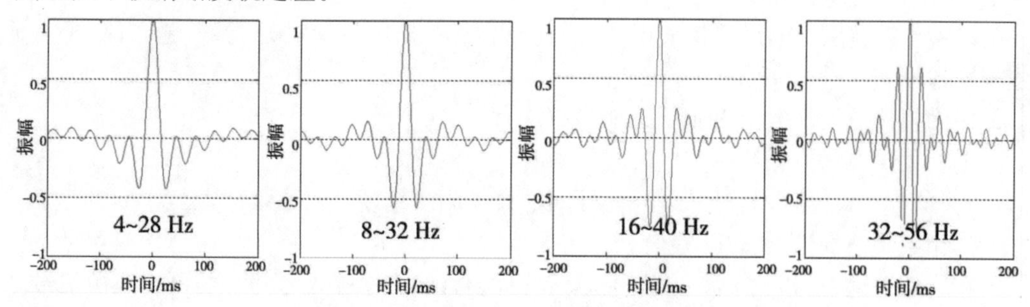

图 1.8　相对频宽不同的相关子波清晰度

由此可知,影响相关子波清晰度的是扫描信号相对频带宽度,清晰度与扫描信号相对频宽成正比。在实际工作中,当扫描信号倍频程 ROCT >2 时,即可得到足够的相关子波清晰度。

(2)分辨率

相关子波分辨率定义为相关子波的主波峰穿越时移坐标两个交点的时间间隔 R,如图 1.9 所示。

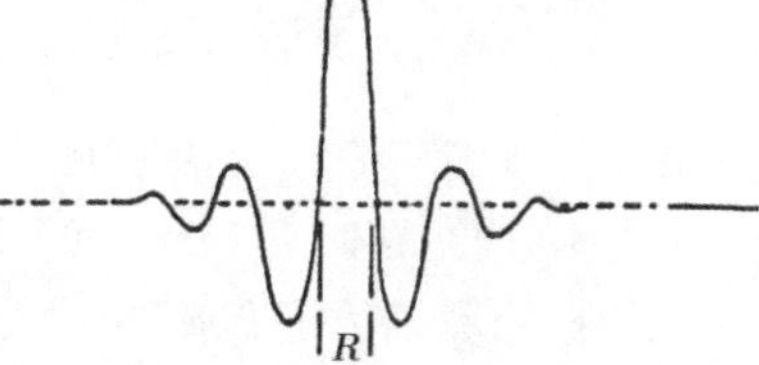

图 1.9　相关子波分辨率

相关子波分辨率与扫描信号的中心频率 f_0 有关:

$$R = \frac{1}{2f_0} \tag{1.9}$$

(3)相关子波宽度

相关子波宽度是指相关子波主体部分长度,也称相关子波延续时间,如图 1.10 所示。

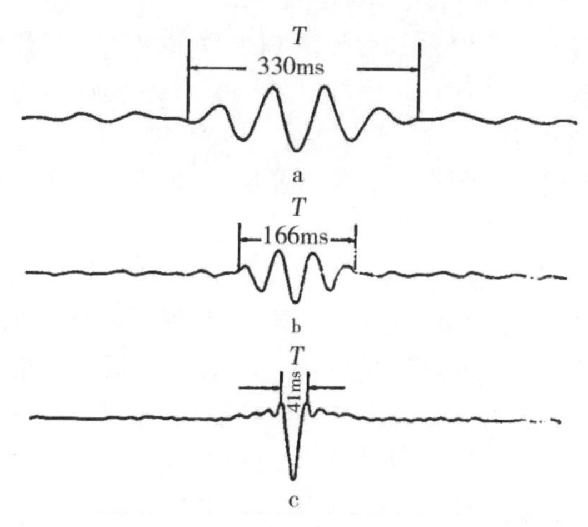

图 1.10　相关子波宽度
(a:10 ~16 Hz;b:16 ~28 Hz;c:4 ~52 Hz)

相关子波宽度 W 定义为

$$W = 2/\Delta f \tag{1.10}$$

式中，Δf 表示绝对频宽。

相关子波宽度影响震源相关记录的分辨能力，扫描信号绝对频宽 Δf 越宽，则相关子波宽度越窄。

评价相关子波优劣使用如下三个参数：

①相关子波峰值振幅在坐标时间轴零时刻的位置。

它决定了参考信号与可控震源信号间的启动同步精度。

②相关子波的正、负边叶幅值。

在通常情况下，相关子波正、负边应该对称，否则，则意味参考信号与可控震源信号之间存在着相位误差。

③可控震源相关记录时间坐标上正、负方向相关子波边叶水平。

若相关子波边叶幅值较大，则意味着可控震源信号中含有较强的谐波成分。

(4) 相关子波边叶

考查一个相关子波特性，除了要分析相关子波清晰度、分辨率和有关指标以外，还要分析相关子波中心部位信号能量与相关边叶噪声分布情况。

在地震勘探中，希望信号的相关子波能量尽可能地集中在相关子波中心部位。但是，信号的自相关函数虽有脉冲压缩性能，可其旁瓣特性并不理想，该信号相关子波的能量不是集中在子波中心部位，在相关子波两侧还有能量曲线波动，称之为相关子波边叶。如果这些边叶能量衰减得很慢，那么，经相关后的地震记录中浅层反射信号的相关子波边叶将对深层反射信号产生干扰，也就是说，相关边叶将作为噪声背景存在于可控震源相关记录之中。因为这种噪声不是物理因素（如高压线、风吹草动、车辆或人员走动）产生的振动形成，而是由相关处理运算本身所产生的，所以称这种噪声为相关噪声。

相关噪声对地震资料有不良影响，因此，在实际工作中，选择扫描信号时，除了要考虑该扫描信号相关子波的频宽、分辨率、清晰度和可控震源物理与技术可实现性等因素之外，还需考虑的问题就是这个扫描信号有应尽可能小（或衰减迅速）的相关子波边叶，最大限度减少相关边叶对地震记录的影响。

相关噪声的存在会消耗震源有限的输出能量，对地震记录做"无用功"，更有甚者，它作为噪声存在于地震记录信号中会对地震资料产生不良影响，做"有害功"。

在地震记录中，单纯增大信号能量不会改善地震资料信噪比，其原因在于随着信号能量的增加，目的层反射信号能量也增加，但与此同时，混淆在信号中的噪声也会增加。在这种情况下，改善震源输出信号信噪比的有效方法就是降低信号相关子波的旁瓣水平；而减小信号相关子波的旁瓣水平的方法之一是对扫描信号类型进行选择或进行某种调制。虽然可以通过一些数字处理方法压制由普通线性扫描信号或非线性扫描相关子波边叶以提高地震资料信噪比，但这些方法并不能从根本上解决问题。

利用目前常规使用的线性扫描信号或非线性扫描信号进行可控震源地震勘探，存在着一些"先天"的缺陷和问题。只要使用线性（或非线性）扫描信号，其相关子波中存在相关噪音就是必然的，见图 1.11。

在选用不同的扫描信号参数时，应综合考虑多种因素，如选择斜坡长度参数时，既要考虑斜坡长度对压制相关边叶的作用，也要考虑震源激发信号的能量，应选择合适长度的斜坡。另外,在选择信号频率时,也要注意信号频率范围,所选用的信号频率应比预期能接收到的频率范围要宽一些,否则,有些预期可以接收到的信号频率落入斜坡中,将会使信号振幅减弱,不利于提高地震资料频率特性。

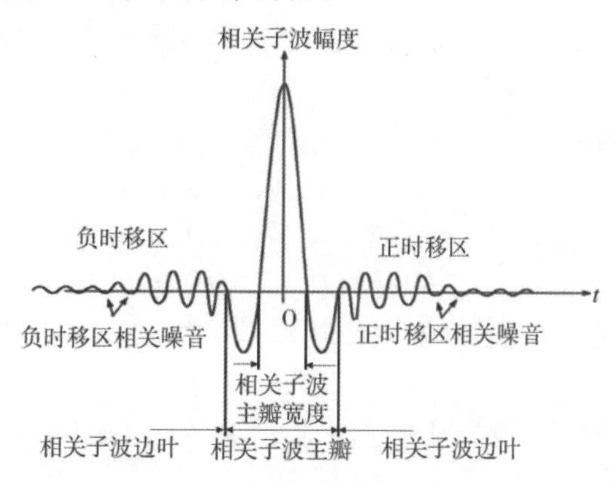

图1.11　相关子波形态

1.3　可控震源系统基本结构

可控震源系统本身非常复杂,包括电控系统、液压伺服系统、动力系统、传动系统和辅助系统等。中国石化在可控震源地震采集施工中主要以 Nomad65 系列可控震源为主,并采用法国公司的 Sercel 400 系列(408UL/XL、428XL)和 508XT 采集系统,下面重点以此为例介绍。

可控震源是一种频率和能量可控的连续振动系统,它产生连续的和频率不断变化的扫描信号,信号的起止频率和持续时间是可以控制的,通过相关原理形成地震记录。其工作原理如图 1.12 所示。首先由安装在仪器车上的数字先导参考扫描信号发生器(Digital Pilot Generator,DPG)产生具有一定起始频率的参考信号,参考信号具有线性、非线性和脉冲等多种类型,扫描信号根据用户要求设置。地震仪器通过电台将参考信号参数传输给安装在震源车上的数字伺服驱动可控震源电控箱体(Digital Servo Driver,DSD),DSD 将扫描信号转换成电信号,通过力矩马达控制伺服阀,再通过伺服阀控制液压油压力的变化,以此推动重锤的上下运动,重锤与地面紧密耦合的振动平板作相对运动就实现了把扫描信号向地下传播的目的,最后使可控震源按照设计的扫描信号进行振动工作。

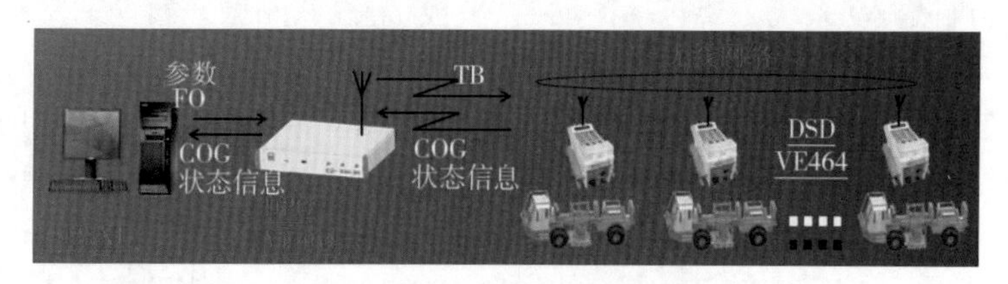

图1.12　可控震源工作构成图

通过仪器发送 TB 信号(即点火命令 FO),控制可控震源扫描的开始,同时,仪器开始采集地震数据。一次振动结束后,由 DSD 传回可控震源的各种状态信息,通过状态信息分析,达到质量控制的目的。

地震仪器采集结束后，用参考信号与采集的母记录相关，最后形成设计记录长度的地震记录，并按一定的格式记录在地震仪器存储媒体上。

DSD 上安装 GNSS 用于导航并提供震点位置信息，DSD 之间通过 WIFI 互相通讯，提前计算出可控震源组合中心，传输给仪器，确定震动位置精度，实现炮点无桩号施工。

1.3.1　机械振动系统

1. 机械振动系统构成

振动系统是可控震源的核心系统，它是由振动器（图 1.13a、图 1.13b）、振动液压系统和电控系统（图 1.13c）组成。振动器是振动系统的机械核心，由反作用重锤、振动平板、伺服阀、定心空气皮囊和隔振空气皮囊组成。可控震源系统的扫描信号就是通过振动器的工作向大地传播的，振动液压系统主要功能是为振动器提供液压油从而驱动振动器振动。

在重锤和振动平板上，安装有振动信号检测装置（加速度表），通过加速度表检测重锤与振动平板的振动信号，并把它们反馈到电控系统，重锤与振动平板振动出力的矢量和称为力信号，电控系统校正力信号的相位与出力大小，保证可控震源振动的同步精度和振动精度。理想状态下，力信号与真参考信号（扫描信号）是相同的，这是可控震源互相关的前提条件，但是，实际上它们之间是存在差别的。

振动器上的定心空气皮囊是保证振动器机械重心位置不发生变化的装置，这样才能保证重锤稳定振动，可控震源车 90 % 以上的重量通过隔振空气皮囊施加到振动平板上，从而保证振动平板在振动过程中与地面良好耦合，避免脱耦现象发生。

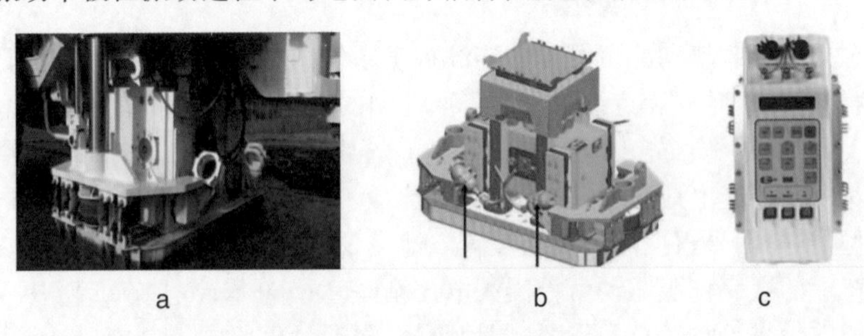

图 1.13　振动器及电控箱体
（a：Nomad 65 振动器实物图；b：Nomad 65 振动器结构平面图；c：VE 464 电控箱体实物图）

可控震源机械振动系统主要包括振动器、平板、重锤和隔振气囊等主要装置组成。

（1）可控震源振动器

振动器是可控震源功率输出装置（图 1.14），可控震源电控系统产生的信号转换为巨大推力，并通过震源平板将震源信号作用于大地。液压系统是可控震源的动力源，可为伺服阀及振动器提升系统提供压力稳定、清洁的油流。此外，为确保可控震源在各种复杂地表施工，要求震源运载底盘具备一定的越野和自救能力，可在复杂路面行驶。

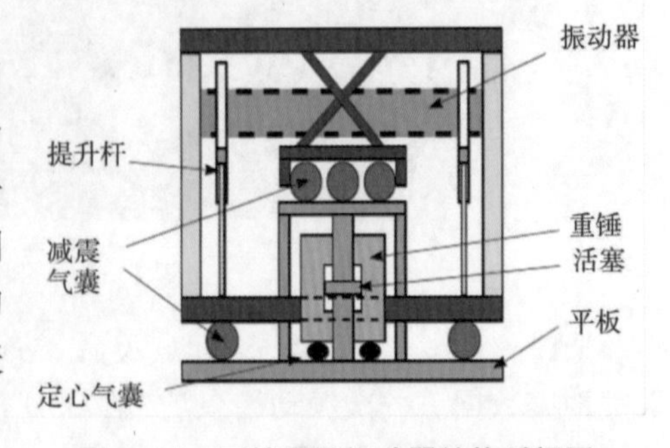

图 1.14　可控震源振动器结构后视图

(2)平板

平板面积为2～3 m^2,其质量轻于与大地等效振动的泥土质量,并具有一定的刚性以抵御振动过程中可能产生的形变。平板总成由平板框架和平板组成。在可控震源工作时,平板与地面保持接触,由重锤所产生的反作用力带动平板以及平板以下的部分地面泥土振动,其间平板不能脱离地面。

(3)反作用重锤

反作用重锤为一个金属块体,其典型重量为2～4 t,有的可达4 t以上。三级电液伺服阀按照电控系统所产生的扫描信号变化规律,控制重锤内部上、下液压油缸的液压油流变化,在平板上产生一个传入大地的作用力,同时,在重锤上产生一个大小相等、方向相反的作用力。

显然,反作用重锤的运动与扫描信号频率变化有关,信号频率f变化时,若重锤运动时保持速度恒定,则重锤位移幅度与扫描信号频率瞬时频率f成反比,重锤运动加速度则与扫描信号频率f成正比;若重锤运动时保持位移恒定,则重锤运动速度与扫描信号频率f成正比,而重锤运动加速度幅度与扫描信号频率f的平方成正比。反作用重锤的运动行程是有限的,随着信号频率的降低,重锤运动位移增大,当达到一定频率f_D时,重锤运动行程达到极限时,则称f_D为重锤位移极限频率。而扫描信号频率增大时,重锤运动的速度和加速度也将受到限制,当信号频率增大到一定的程度时,重锤运动速度幅度和加速度幅度都会随之下降,并存在着一个最小极限,与此重锤运动极限位置相对应的扫描信号频率称为高频极限频率。可控震源输出力信号的频率特性主要受三级电液伺服阀的频率特性影响和制约,对于不同类型的可控震源,它们的极限频率大小不尽相同。现代地震勘探技术对可控震源极限频率带宽要求越宽越好。

(4)空气皮囊

①定心空气皮囊。

为减小和补偿由重锤质量引起的电液伺服阀产生的零位偏移,在重锤下端设置质量平衡装置,使它所产生的作用力与重锤质量平衡。可控震源一般采用定心空气皮囊和定心油缸两种装置补偿重锤质量影响,现今可控震源多使用定心空气皮囊,如图1.15所示。

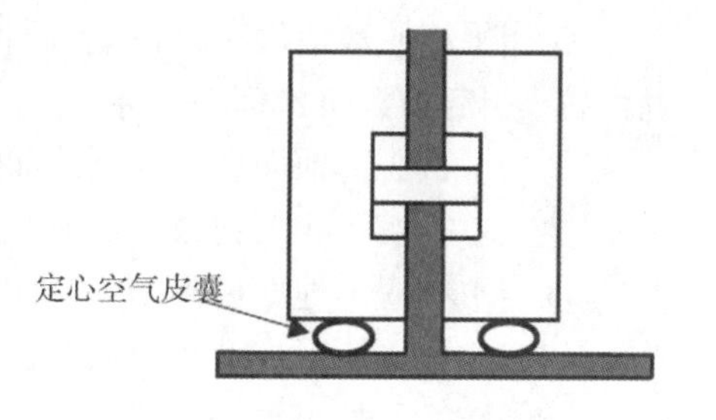

图1.15　重力补偿空气皮囊示意图

一般在施工前需对充气压力进行调整,使得重锤可以稳定在框架中心位置。

② 隔振空气皮囊。

可控震源车身重量用于将平板紧压于大地,防止平板在振动过程中在大地反作用力下与大地脱离,同时隔离可控震源车本身可能出现的震动传到大地,影响可控震源信号激发效果。隔振空气弹簧设置在平板与静载荷压重体之间。

隔振空气皮囊是一个自然频率远低于扫描信号最低频率的弹性体,因此,隔振空气弹簧的充气压力是一个非常重要的技术指标。对于大多数可控震源而言,当隔振空气弹簧的自然频率低于3 Hz时,对自身震动可以生成有效的隔离效果。

2. 振动系统主要参数

(1)可控震源出力

可控震源作用于大地的力可称为震源激振力,也称为可控震源输出作用力,有时简称为地面力。若将可控震源-大地弹性/阻尼系统视为理想化,且平板与大地耦合良好,认为可控震源平板与重锤在振动垂直方向各处运动加速度相等,不考虑震源液压系统压力变化和液压油泄漏等因素,可控震源地面力可简单地表示为震源重锤加速度和平板加速度的值分别与重锤和平板质量乘积的矢量和:

$$\overrightarrow{GF} = M_m \cdot \overrightarrow{A_m} + M_{BP} \cdot \overrightarrow{A_{BP}} \tag{1.11}$$

式中,$\overrightarrow{GF}$为可控震源输出地面力,M_m为重锤质量,$\overrightarrow{A_m}$为重锤加速度,M_{BP}为平板质量,$\overrightarrow{A_{BP}}$为平板加速度。

在式(1.11)中,重锤质量M_m和平板质量M_{BP}不变,式中变量为重锤与平板的加速度,它们可由分别安装在重锤和平板上的加速度传感器测得,其加速度幅值变化大小取决于流入重锤油缸内液压油流的变化。

(2)液压峰值力(HPF)

液压峰值力为在重锤液压油缸内最大液压油压力 P 与重锤活塞面积 S 的乘积:

$$\mathrm{HPF} = P \cdot S \tag{1.12}$$

(3)静载荷压重(HDW)

可控震源在扫描振动期间,平板应与地面保持接触,不能脱离地面,即可控震源与大地耦合。可控震源所产生的最大推力一般可达几十吨,而由于可控震源重锤和平板重量之和一般为4~5 t,远比可控震源产生的最大推力要小。这样在可控震源振动时,平板会脱离地面,这种现象称为脱耦,对可控震源十分有害,主要表现在如下几方面。

①当平板脱离地面时,可控震源振动能量不是传给地面,而是传给可控震源运载底盘,易于引起震源机械部件损坏。

②当平板脱离地面后再回到地面时,会在可控震源信号中产生脉冲,当与参考信号相关后会在可控震源相关记录中形成干扰。

③当平板脱离地面后再回到地面时,可控震源信号的相位特性将会产生突变,电控系统难以修正此刻所形成的相位误差,造成可控震源信号特性变差,降低地震资料品质。

为了防止可控震源平板脱离地面,可通过隔振空气皮囊将整车重量加载到可控震源平板上。在静态时,即可控震源平板与重锤无加速度运动时,加在平板上方向下的作用力称为压重,用 HDW 表示,它的量值必须大于液压峰值力,即 HDW≥HPF。

除了增加可控震源压重来防止平板脱耦的方法以外,还可采用控制可控震源信号振幅的方法防止脱耦现象发生。

(4)可控震源机械装置对频率的限制

可控震源低频信号是指激发信号最低频率低于 5 Hz,并且具有一定下传能量的可控震源号。但是可控震源在激发低频的过程中,一般都会受到来自机械结构方面的制约。Nomad 65 可控震源的液压驱动系统包含一个驱动泵、两个驱动马达,配合一套智能电子排量分配系统控制驱动泵和驱动马达。发动机通过泵驱动箱驱动驱动泵,这个驱动泵同时带动两个液压马达,液压马达驱动底盘传动系统工作,一个马达负责前桥驱动,另一个马达负责后桥驱动。其前、后桥的驱动系统完全对称,如图1.16所示。

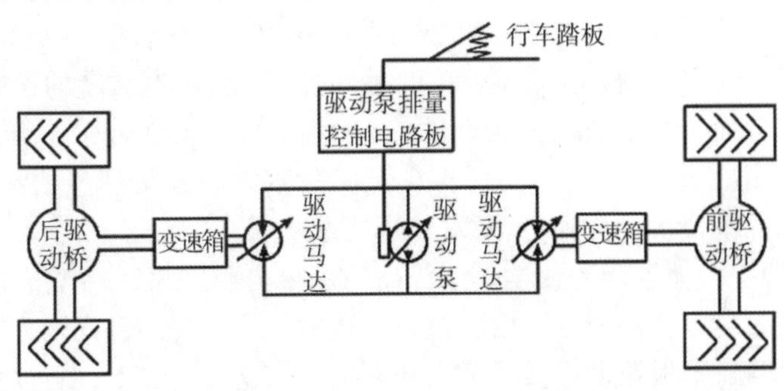

图1.16　Nomad 65 可控震源驱动系统示意图

Nomad 65 可控震源驱动泵的排量大小是由行车踏板发出并经智能电子排量分配系统处理过的电信号控制,液压马达的排量变换是由操作人员发出并经智能电子排量分配系统处理过的电信号控制。

可控震源低频激发性能取决于控制器、振动器和地表条件。低频扫描开始时,需要的液压油流会急剧上升(从0到最大),这时,振动泵响应时间可能会出现问题,供油压力会下降,驱动所需要的重锤加速度可能会不足。所以,Nomad 65 可控震源油路上加装了高、低压储能器,以补偿油压的不足。

为了适应低频扫描,重锤位移需要在重锤柱塞冲程限制范围内,需要的油流要适应可控震源能力(振动泵和阀极限)。正是因为这些限制,需要较长的振幅斜坡在扫描开始时减小驱动幅度,驱动的减小可以通过在低频加长扫描时间得到补偿,从而获得理想的频谱,见图1.17。

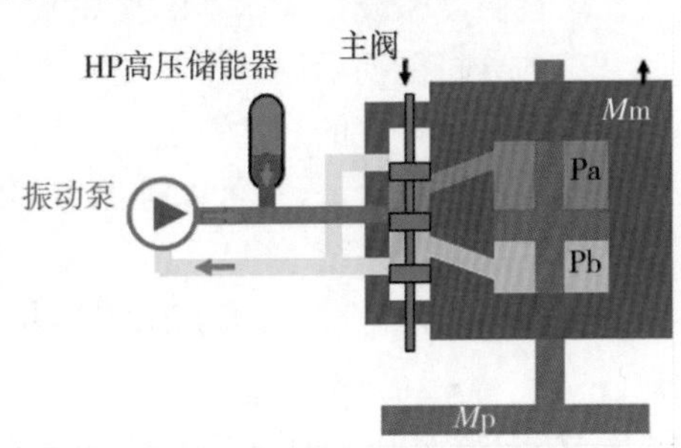

图1.17　可控震源振动系统结构图

1.3.2　振动耦合系统

1. 可控震源耦合机理

可控震源与地表的相互作用很大程度上决定着地面信号的特征。这种耦合关系又受影响于近地表不同的岩性组合特征,对于可控震源信号质量具有重要影响。可控震源-大地之间关系描述的数学模型中,很重要的两个参数是基于振动力学原理的黏度(GV)和刚性(GS)参数。对于不同可控震源生产厂家而言,这两个参数有着不同的表达方式。

GS464、GV464 是在可控震源施工过程中提供的代表大地物性变化的弹黏参数(GS/GV),是模型自动辨识并计算的结果。当可控震源在每个震点结束振动后,控制系统都会自动给出本次计算的大地弹黏参数 GS、GV。目前,可控震源仅将该参数作为激发质量控制数据的一种参考值,当可控震源的质量控制结果异常时,用于辅助判断该异常引发的原因是地表还是系统本身。建模时,假定大地与可控震源平板间是一个二阶系统,为了记录方便,其数值在介质物性参数 GS、GV(单位分别为 N/m^2、N/m^3)的基础上根据公式进行了简化处理,使其数值更容易被识别。根据有关理论,在振板刚性足够以及与大地良好的接触的情况下,可以将重锤加速度计的记录数据视为输入,而将平板重力加速度计的数据作为系统输出,将重锤、平板、大地三者组成的系统视为一个线性时不变系统。根据信号与系统理论,在已知输出(平板)以及输入(重锤)的情况下,根据二者的振幅谱差值,求取系统的传递函数,进而求取表征地表物性的 GS、GV 参数以及 Nomad 系统独有的特征参数 GS464、GV464,并在此基础上,考察可控震源实际耦合状况与理想数学模型之间的误差,进而判断震源的耦合状况,提高其激发信号质量。

当前可控震源－大地耦合的数学模型普遍采用单自由度振动系统描述,为了描述更为准确,也有采用二自由度甚至三自由度进行描述的例子出现。但是因为在多数情况下,平板与大地紧密接触,平板振动可被视为大地振动。在这种情况下,单自由度可以作为数学模型的一种工业化简化,具有一定的适用性。

2. 可控震源－大地耦合的振动力学模型

耦合在物理学上指两个或两个以上的体系或两种运动形式之间通过各种相互作用而彼此影响以至联合起来的现象。在勘探地震学中,可控震源与大地之间的动力学关系也属于耦合的范畴。其动力学模型可以用“有阻尼的机械振动系统”进行描述。

(1)单自由度系统模型

单自由度系统是最基本的振动系统。虽然实际结构均为多自由度系统,但对单自由度系统的分析能揭示振动系统的很多基本特性。多自由度线性系统往往可以看成为许多单自由度系统特性的线性叠加。根据阻尼特征,分别对粘性阻尼系统及结构阻尼系统的频响函数理论进行讨论,可以推出它们的表达式。

①粘性阻尼系统。

对粘性阻尼系统,假设其阻尼力与振动速度成正比,方向与速度相反,即

$$F_d = cX \tag{1.13}$$

式中,F_d为阻尼力,c 为阻尼系数,X 为振动速度。

系统的运动微分方程式为

$$mx''(t) + cx'(t) + kx(t) = F_d(t) \tag{1.14}$$

式中,m 为质量;k 为弹簧常数;$x(t)$为质量块偏离平衡位置的位移,$x'(t)$为其一阶导数,$x''(t)$为其二阶导数。

对于自由振动,式(1.14)可写为

$$mx'' + cx' + kx = 0 \tag{1.15}$$

对式(1.14)两边进行拉普拉斯(Laplace)变换,并假设初始值为 0,可得:

$$(ms^2 + cs + k)X(s) = F(s) \tag{1.16}$$

式中,s 为拉氏变换因子;$X(s)$为 X 的拉氏变换;$F(s)$则为F_d的拉氏变换。

对自由振动而言,可得:

$$(ms^2 + cs + k)X(s) = 0 \tag{1.17}$$

由式(1.17)可解出 s 的两个根:

$$s_{1,2} = -\frac{c}{2m} \pm \frac{\sqrt{c^2 - 4\,km}}{2m} = -\omega_0\xi \pm i\,\omega_0\sqrt{1-\xi^2} \tag{1.18}$$

式中,$\omega_0 = \sqrt{k/m}$为系统的无阻尼固有圆频率;ξ 为阻尼比,$\xi = c/(2m\,\omega_0)$。

系统的频率响应：

$$H(\omega)=\frac{-\omega^2 m+k}{(-\omega^2 m+k)^2+(\omega c)^2}+i\frac{-\omega c}{(-\omega^2 m+k)^2+(\omega c)^2}$$

$$=\frac{1}{k}\left[\frac{1-\omega^2}{(1-\omega^2)^2+(2\xi\omega)^2}+i\frac{-2\xi\omega}{(1-\omega^2)^2+(2\xi\omega)^2}\right] \tag{1.19}$$

由式(1.18)可见，s_1、s_2 为共轭复数，它们的实部为衰减因子，反映系统的阻尼；其虚部则表示有阻尼系统的固有频率。

式(1.16)中的 ms^2+cs+k 具有刚度的特性，故称为系统的动刚度。在一定的激励力作用下，其数值与系统的响应 $x(t)$ 成反比。它具有阻止系统振动的性质，因此，又称为系统的机械阻抗，简称阻抗(与电学中的阻抗有类似的性质)，用 $Z(s)$ 表示为

$$Z(s)=ms^2+cs+k \tag{1.20}$$

其倒数称为机械导纳，又称导纳，又称传递函数，即

$$H(s)=\frac{1}{ms^2+cs+k} \tag{1.21}$$

若对式(1.20)在傅氏域中进行变换，则阻抗与导纳公式可变为

$$z(\omega)=-\omega^2 m+i\omega c+k \tag{1.22}$$

$$H(\omega)=\frac{-\omega^2 m+k}{(-\omega^2 m+k)^2+(\omega c)^2}+i\frac{-\omega c}{(-\omega^2 m+k)^2+(\omega c)^2}$$

$$=\frac{1}{k}\left[\frac{1-\bar{\omega}^2}{(1-\bar{\omega}^2)^2+(2\xi\bar{\omega})^2}+i\frac{-2\xi\bar{\omega}}{(1-\bar{\omega}^2)^2+(2\xi\bar{\omega})^2}\right] \tag{1.23}$$

式中，$\bar{\omega}$称为频率比，定义为

$$\bar{\omega}=\omega/\omega_0 \tag{1.24}$$

式(1.22)中 $H(\omega)$ 又称为频率响应函数，简称频响函数，这与应用地球物理正反演理论中的概念完全一致；ω_0 为系统的无阻尼固有圆频率。

特殊地，对无阻尼系统，阻抗与导纳的表达式为

$$z(\omega)=-\omega^2 m+k \tag{1.25}$$

$$H(\omega)=\frac{1}{-\omega^2 m+k} \tag{1.26}$$

② 结构阻尼(滞后阻尼)系统。

对于实际金属结构，常常不能完全用粘性阻尼来描述它们的衰减特性。实际结构的阻尼主要来源于金属材料本身的内部摩擦(内耗)及各部件连接界面(如螺钉、铆钉、衬垫等)之间的相对滑移。因此，结构阻尼主要是有材料内阻尼与滑移阻尼两部分组成。

结构阻尼的阻尼力 F_d 与振动位移成正比，相位比位移超前 90°，即与速度方向相反。

$$F_d=\eta ik \tag{1.27}$$

式中，η 为结构阻尼系数，它与刚度 k 成正比，即

$$\eta=gk \tag{1.28}$$

式中，g 为结构损耗因子，或称为结构阻尼比，为无量纲因子。

对结构阻尼系统而言，运动方程可写成：

$$mx'' + kx + i\eta x = F \text{ 或 } mx'' + (1 + ig)kx = F \tag{1.29}$$

式中，$(1+ig)k$ 称为复刚度。

类似地，系统传递函数及频响函数的表达式分别为

$$\left.\begin{aligned} H(s) &= \frac{1}{ms^2 + (1+ig)k} \\ H(\omega) &= \frac{1}{-\omega^2 m + (1+ig)k} \end{aligned}\right\} \tag{1.30}$$

上式写成实部与虚部表达式为

$$H(\omega) = \frac{1}{k}\left[\frac{1-\bar{\omega}^2}{(1-\bar{\omega}^2)^2 + g^2} + i\frac{-g}{(1-\bar{\omega}^2)^2 + g^2}\right] \tag{1.31}$$

(2)多自由度系统模型

以 N 自由度比例阻尼系统作为对象加以讨论，说明系统的特征和复杂性。分析结果可以很方便地推广到其他阻尼系统。一般地，多自由度线性定常系统的运动微分方程为

$$MX''(t) + CX'(t) + KX(t) = F(t) \tag{1.32}$$

式中，M、C 和 K 分别为系统的质量、阻尼及刚度矩阵(为书写方便，以大写字母表示)，M、K 和 C 矩阵均为$(N \times N)$阶矩阵，X 及 F 分别为系统各点的位移响应向量及激励力向量。

通常，M 及 K 矩阵为实系数对称矩阵，其中，质量矩阵 M 是正定矩阵，刚度矩阵 K 对于无刚体运动的约束系统是正定的，对于有刚体运动的自由系统则是半正定的。当阻尼为比例阻尼时，阻尼矩阵 C 为对称矩阵。

X 和 F 分别表示为

$$X = \begin{Bmatrix} x_1 \\ x_2 \\ \cdots \\ x_N \end{Bmatrix}, F = \begin{Bmatrix} F_1 \\ F_2 \\ \cdots \\ F_N \end{Bmatrix} \tag{1.33}$$

式(1.32)是用系统的物理坐标X''、X'、X 描述的运动方程组。在其每一个方程中均包含有系统各点的物理坐标，因此，它是一组耦合方程。当系统自由度数很大时，求解十分困难，这是基于波动方程地球物理正反演理论所面临的难题。能否将上述耦合方程变成非耦合的、独立的微分方程组，这就是模态分析所要解决的根本任务。模态分析方法就是以无阻尼系统的各阶主振型所对应的模态坐标来代替物理坐标，使微分方程解耦，变成各个独立微分方程，从而求出系统的各阶模态参数。这是模态分析的经典定义。

类似于单自由度的初始条件，引入拉氏变换，不难得到 $N \times N$ 阶的位移阻抗矩阵：

$$Z(s) = s^2 M + sC + K \tag{1.34}$$

阻抗矩阵的逆矩阵，即传递函数矩阵为

$$H(s) = [Z(s)]^{-1} = (s^2 M + sC + K)^{-1} \tag{1.35}$$

应用傅里叶变换，可将 s 换成 $i\omega$，相应地在频率域中，阻抗矩阵及频响函数矩阵：

$$Z(\omega) = (K - \omega^2 M + i\omega C) \tag{1.36}$$

$$H(\omega) = [Z(\omega)]^{-1} = (K - \omega^2 M + i\omega C)^{-1} \tag{1.37}$$

由振动理论知,对线性时不变系统,系统的任意一点响应均可以表示为各阶模态响应的线性组合。对 j 点的响应 $x_j(\omega)$,有

$$x_j(\omega) = \varphi_{j1} q_1(\omega) + \varphi_{j2} q_2(\omega) + \cdots + \varphi_{jN} q_N(\omega) = \sum_{r=1}^{N} \varphi_{jr} q_r(\omega) \tag{1.38}$$

式中,φ_{jr} 为第 j 个测点第 r 阶模态的振型系数。

由 N 个测点的振型系数所组成的列向量为

$$\varphi_r = \begin{Bmatrix} \varphi_1 \\ \varphi_2 \\ \cdots \\ \varphi_N \end{Bmatrix}_r \tag{1.39}$$

称为第 r 阶模态向量,它反映该阶模态的振动形状。由各阶模态向量组成的 $N \times N$ 阶矩阵称为模态矩阵,记为 $\varphi = [\varphi_1, \varphi_2, \cdots, \varphi_N]$。

式(1.38)中,$q_r(\omega)$ 为第 r 阶模态坐标。其物理意义可理解为各阶模态对响应的贡献,其数学意义可理解为加权系数。各阶模态对响应的贡献或权系数是不相同的,它与激励的频率结构有关。一般低阶模态比高阶模态有较大的权系数。若:

$$Q = [q_1(\omega), q_2(\omega), \cdots, q_N(\omega)]^T \tag{1.40}$$

则系统的运动方程可表示为

$$(K\omega^2 M + i\omega C)\Phi Q = F(\omega) \tag{1.41}$$

1.3.3　控制系统

可控震源控制系统包括安装在每台可控震源上的电控箱体及各种传感器,还包括安装在数据采集系统上的编码器。本书以法国 Sercel 公司研制并生产的 VE464 系统为例进行说明。可控震源控制系统通常包括一个编码扫描信号发生器、数个电控箱体、相应的加速度表和控制电缆线等。

1. 编码扫描信号发生器

法国 Sercel 公司生产的数字先导参考扫描信号发生器 DPG 主要功能为:

①产生用于相关处理的参考扫描信号;

②通过数据采集系统的数字化,对由可控震源激发所产生的地震数据进行实时相关处理;

③通过电台对可控震源进行各种控制参数及控制指令的设置和装载;

④产生遥爆指令,控制各台可控震源精确同步启动;

⑤接收和存储可控震源质量控制数据。

2. 电控箱体

法国 Sercel 公司生产数字伺服驱动可控震源电控箱体 DSD 或称译码器的主要功能为:

①产生用于控制可控震源振动的扫描信号,控制振动器工作,同时对可控震源振动器进行反馈控制;

②接收、存储有关扫描参数和控制参数,执行相应控制指令;

③对可控震源信号实施实时质量控制,并产生相应的质量控制数据报告;

④对可控震源平板提升－下降系统进行控制。

3. 可控震源传感器

传感器主要包括两个方面：

①加速度传感器，简称加速度表（法国 Sercel 公司生产，称为 Acceleration Velocity Sensor，简称 AVS 或 AS），主要用于检测可控震源平板或重锤所产生的运动加速度信号变化。

②位移传感器（Linear Variable Differential Transformer，简称 LVDT），主要用于检测可控震源重锤和三级电液伺服阀阀芯位移行程大小。

1.4 可控震源技术发展展望

可控震源技术在油田勘探开发中发挥着重要作用，其频率与振幅可控，作业更加安全，因而，可控震源已成为安全、高效、绿色地震勘探的主要激发源。随着对观测系统属性要求的不断提高，单点激发、单点接收且具有小面元、宽频带、宽方位、高炮道密度特征的单点高密度采集技术已成为主要的发展趋势，而大幅度提高生产效率是提高炮点密度的首要条件。因此，可控震源宽频高效地震采集技术仍将在较长一段时期内占据主导地位，尤其是时变滑动扫描技术，它既能提高施工效率，又能降低混叠干扰，保证了资料品质。

目前，随着勘探进程逐渐向复杂地质目标、小幅度断裂、超深目的层等方向发展，对地震勘探技术的要求越来越高，这不仅需要进一步提高观测系统属性，也需要对可控震源宽频高效地震采集技术进一步研究，以满足更高炮道密度、更高采集效率的需求，降低勘探成本，提高资料品质。

为此，可控震源围绕发展完善宽频高效地震采集技术，在如下四个领域将不断发展完善，进一步提高地震采集资料品质，增强解决复杂地质问题的勘探能力。

1. 宽频激发接收技术将进一步强化

可控震源宽频激发需有效解决扫描信号稳定性、畸变与频带拓宽三大难题。目前，业界低频可控震源与低频扫描信号均已实现低至 1.5 Hz 的六个倍频程的稳定激发，并向更宽频带推进。在保持震源输出力不变的情况下，理论上低频 1.5 Hz 以下与高频 150 Hz 以上对可控震源振动系统与伺服系统提出更高要求。未来发展的重点应是进一步创新震源结构，进行激发频带低频与高频的双向稳定拓展；进一步研究谐波抑制算法，降低扫描信号畸变，提高信号保真度。宽频接收技术仍然以单点接收为主，单点接收较组合接收具有更高的数据保真性，但信噪比存在一定的劣势，需进一步开展炮密度与道密度研究。当然，更高灵敏度、更低频率的检波器研制也是发展的重点方向。

2. 超高效采集处理技术能力持续增强

未来，解决更加复杂地质目标的地震采集方案仍然离不开更高的炮道密度，其关键仍是更高效率、更低成本的地震采集。目前，无论时变滑动扫描技术、动态扫描技术，还是 DS4 技术，均需激发 T－D 规则的设计，一定程度制约了地震采集效率；而更高效的采集方法，如自主扫描、独立扫描等方法具有更高的施工效率，不过，地震资料混叠干扰非常严重。未来研究重点应是带约束条件的独立扫描技术，如编码扫描等技术，并将向海量地震数据混叠去噪、混叠数据高保真、高效率处理成像等技术方向发展。

3. 自动化、智能化技术为可控震源技术扩展增添新的发展空间

可控震源自动化与智能化勘探将成为未来重要的发展方向之一，它主要体现在勘探过程中尽量减少人工干预，目前已有部分相关公开文献，但可控震源的自动化、智能化水平还有待全面提升。表现在采集上，主要是可控震源车自动导航驾驶、多震源自主协作、海量数据监控与品质评价等技术的发展；处理上，海量地震数据初至拾取、数据规则化、去噪、速度分析等仅靠人工是绝对不行的，通过大数据、人工智能处理将会大幅提升资料处理能力，且处理效果会显著提高。

4. 新设备、新方法、新技术将与可控震源技术深度融合

现阶段，三维地震采集的施工条件越来越复杂，高效采集施工越来越困难。同时，随着节点地震技术的不断发展，节点采集应用越来越广泛。节点地震仪与可控震源宽频高效地震采集技术二者的配套应用在提高采集效率、降低施工难度、提高炮道密度、拓展资料频带等方面具有较大的优势，符合宽频带、保真的发展趋势。另外，基于压缩感知的地震技术也得到了长足发展，通过压缩感知采样得到更有利于精确成像的数据体，可进一步提升地震资料的品质。此外，可控震源本身的设备升级与改造、可控震源与地震仪器及设备的无线通讯技术现场构建能力等技术的深度结合、开发与应用必将打造可控震源宽频高效地震采集新利器。

第二章　可控震源激发扫描参数设计

2.1　可控震源激发参数模型

可控震源地震勘探来源于 Chrip 雷达技术。Chrip 雷达利用雷达发射机向空间发射大功率的 Chrip 信号(线性调频信号),信号遇到空间物体时被反射,雷达接收机接收后,对发射信号和回波信号进行互相关处理。接收信号是发射信号经双程旅行时延时的信号,根据互相关函数峰值点的时间坐标求出双程旅行时,再由地震波在空间的传播速度求出反射体与震源的距离。

2011 年,Julien Meunier 在 *Seismic Acquisition from Yesterday to Tomorrow* 一书中提出了可控震源激发能量模型,认为可控震源在一定时间内产生任意设定频率的信号,同时,会激发出有效信号与噪声信号,并在假设条件的基础上,分析了可控震源有效信号与噪声信号的关系,获得了可控震源激发参数模型。

评估地震成像中信号和噪声的参考依据不取决于任意的 3D 面元,而取决于地表物理单元,下面对信号和噪音的评估都是基于单位地表面积的。对于任意扫描频率的地震信号,其地震成像信噪比一般正比于信号强度评估值(Signal Strength Estimator,简称 SSE),表示如下:

$$\mathrm{SSE}(f)=\mathrm{Ss}(f)\cdot\sqrt{\mathrm{SD}\cdot\mathrm{NR}\cdot\mathrm{RA}} \tag{2.1}$$

式中,f 表示扫描频率;$\mathrm{Ss}(f)$ 表示可控震源有效激发强度,一般是单个震源产生远波场信号的振幅,与扫描频率关系密切,可控震源作业中一般把 $\mathrm{Ss}(f)$ 表示为可控震源激发参数的函数;SD 表示炮密度;NR 表示每炮的接收道数;RA 表示检波点排列片的面积。

地震激发信号强度正比于作用到瞬时频率上的驱动幅度,正比于扫描时长。扫描时间相对扫描频率的变化是一个线性关系,可以把长度为 L 的信号视为 L 个单位长度信号的总和;对于任意频率,其噪声水平正比于在该频率上作用时间的均方根;而且,可控震源有效激发强度 $\mathrm{Ss}(f)$ 为激发信号与激发产生噪声强度的比值。它们分别表示为

$$\mathrm{Signal}(f)\approx\mathrm{HP}(f)\cdot\mathrm{D}\cdot\mathrm{Nv}\cdot\left(\frac{1}{\mathrm{Sr}(f)}\right) \tag{2.2}$$

$$\mathrm{Noise}(f)\approx\sqrt{\frac{1}{\mathrm{Sr}(f)}} \tag{2.3}$$

$$\mathrm{Ss}(f)\approx\mathrm{HP}(f)\cdot\mathrm{D}\cdot\mathrm{Nv}\cdot\sqrt{\frac{1}{\mathrm{Sr}(f)}} \tag{2.4}$$

式中,$\mathrm{Signal}(f)$ 表示地震激发信号强度,$\mathrm{Noise}(f)$ 表示地震激发产生噪声强度,$\mathrm{HP}(f)$ 表示震源峰值出力,D 是驱动幅度,Nv 是震源组合数量,$\mathrm{Sr}(f)$ 是扫描频率随扫描时间的变

化率。

把式(2.4)代入式(2.1)得：

$$SSE(f)=HP(f)\cdot D\cdot Nv\cdot\sqrt{\frac{SD\cdot NR\cdot RA}{Sr(f)}} \tag{2.5}$$

因此，通过式(2.5)即可获得可控震源地震勘探成像信噪比 SSE(f)与施工参数的关系。

在实际地震勘探中，可控震源采用的扫描信号类型一般为正弦扫描信号，分为线性与非线性两种形式。其中，线性扫描信号是可控震源研究与应用最为广泛的信号类型，这种信号具有振幅相对稳定、信号频率随时间呈线性变化等特点。

设扫描信号的起始频率为f_1，终止频率为f_2，扫描长度为T，则扫描信号$S(t)$为

$$S(t)=A\cdot\sin[2\pi\cdot\int_0^t f(\tau)\mathrm{d}\tau]=A\cdot\sin\left[2\pi\cdot(f_1+\frac{f_2-f_1}{2T}\cdot t)\cdot t\right] \tag{2.6}$$

式中，A表示扫描信号幅度。

对于线性升频扫描信号，频率相对于时间的变化率可表示为

$$Sr(f)=\frac{f_2-f_1}{T} \tag{2.7}$$

把式(2.7)代入式(2.5)可得：

$$SSE(f)=HP(f)\cdot D\cdot Nv\cdot\sqrt{\frac{SD\cdot NR\cdot RA\cdot T}{W}},w=f_2-f_1 \tag{2.8}$$

式中，W表示频带宽度。

式(2.8)表述了激发信号强度与激发参数的对应关系。

为验证激发参数模型与扫描长度关系的正确性，分别对扫描长度为0、1、2、3、4、5、8、10、15、20、25、30 s及扫描频率为4～84 Hz的线性扫描信号进行傅里叶变换，求取每个频率的振幅强度，并进行曲线拟合，然后，对时间变量开方后绘制曲线，结果如图2.1所示。振幅值与扫描长度2^{-1}次方根呈线性关系。

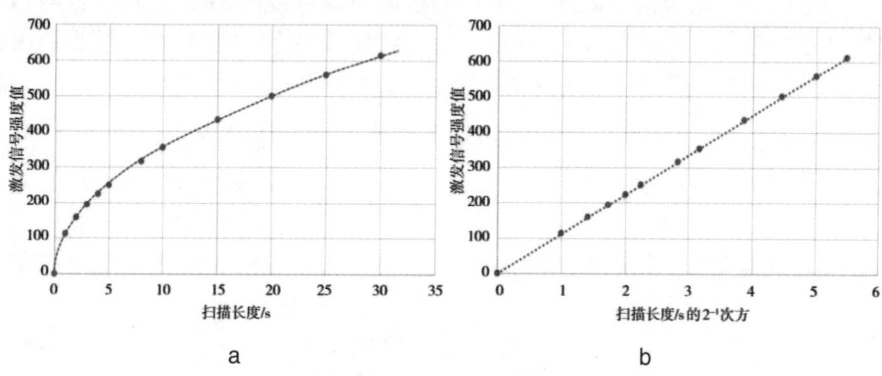

图2.1　傅里叶变换振幅A与扫描长度T关系曲线

(a:非线性;b:线性)

为验证该模型与频带宽度关系的正确性，分别对扫描长度18 s与起始频率为2、3、4、5、6、7、8、10、12、15、20、25 Hz及终止频率为84 Hz的线性扫描信号进行傅里叶变换，求取

每个频率的振幅强度,再进行曲线拟合,并将横轴的频宽求倒数后开方,绘制曲线,结果如图2.2所示。振幅与频宽倒数1/2次方根呈明显的线性关系。

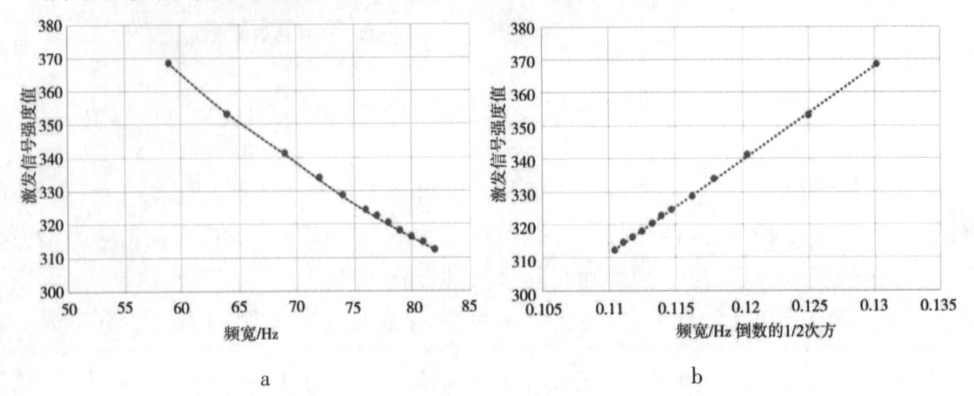

图2.2　傅里叶变换振幅 A 与扫描频宽 W 关系曲线
(a:非线性;b:线性)

2.2　可控震源激发与信噪比关系

在野外原始地震记录中,有效信号往往在噪音背景上出现,这些噪音既有随机的,也有非随机的。而信噪比是指一张剖面图或一张地震记录上信号振幅与噪音振幅的比值,它是衡量地震资料好坏的一个重要指标。常规地震勘探中的噪音干扰主要来源于系统噪音、环境噪音和激发干扰,系统噪音包括记录仪噪音、采集站噪音和大采集链等;环境噪音包括风力噪音、电力噪音和各种机械干扰等;激发噪音包括激发产生的伴生干扰和因表层介质不均匀、地表障碍物引起的次生干扰等。而可控震源在激发过程中,由于可控震源工作机理的特殊性,在生产中除产生自身的机械干扰外,还会产生谐波干扰和表层响应噪声两种典型的特征干扰,这使得可控震源激发的地震波传播到大地系统不可避免地会产生谐波畸变,这种谐波畸变很大程度上降低了可控震源资料的信噪比。

可控震源属于低振幅信号激发源,它可通过震源组合台数、增加叠加次数与扫描长度等方法提高地震反射波强度,提高资料信噪比。在地震勘探时,用数台可控震源组合激发可大幅提高地震资料信噪比,而且,信噪比随着组合台数的增加而提高。从统计效应分析,振动次数相当于垂直叠加次数,n 次振动对随机干扰的压制能力提高$\sqrt{n}$倍,即有效波的振幅相对于随机噪声补偿了$\sqrt{n}$倍。一般地讲,震源振动次数叠加越多,相关后的地震记录信噪比越高,增加叠加次数对于增大浅层反射波信号能量作用比较显著,但对增强深层信号强度效果则大打折扣。另外,扫描长度受可控震源机械设备、易在信号采集时引入更多噪声以及施工效率等因素的限制,不可能无限增加扫描长度。

因此,在随机噪音条件下,可控震源激发信噪比S/N采用有效激发强度Ss(f)表示,即有

$$\frac{\mathrm{S}}{\mathrm{N}}=20\log_{10}\left[\mathrm{Ss}(f)\cdot\sqrt{\mathrm{Ns}}\right]=20\log_{10}\left[\mathrm{HP}(f)\cdot\mathrm{D}\cdot\mathrm{Nv}\cdot\sqrt{\frac{\mathrm{Ns}}{\mathrm{Sr}(f)}}\right]\tag{2.9}$$

式中,Ns为扫描次数。

从式(2.9)可知,可控震源激发信噪比随着震源峰值出力增大、震源组合台数增加、震源驱动幅度增大、扫描次数增加以及扫描频率相对时间变化率降低而提高。

而对于非随机噪声条件下,可控震源激发信噪比 S/N 可表示为

$$S/N = \frac{Signal(f)}{Noise(f) + E_H} \approx \frac{HP(f) \cdot D \cdot Nv \cdot \left(\frac{1}{Sr(f)}\right)}{\sqrt{\frac{1}{Sr(f)}} + E_H} \tag{2.10}$$

式中,E_H表示可控震源特征干扰。

可控震源激发会产生两种典型的特征干扰:①谐波干扰;②表层响应噪声。可控震源激发的地震波传播到大地系统后不可避免地产生谐波畸变,这种谐波畸变很大程度上降低了可控震源资料的信噪比。

谐波噪声干扰产生的根源主要来自两个方面:①可控震源非线性系统装置及液压系统装置震板输出力信号导致的带有谐波噪声的畸变信号;②震源平板－大地耦合系统的耦合响应畸变产生的谐波干扰噪声。

表层响应噪声是由于震板和地表结构的耦合差异,使得震板存储的震源信号与真正传播的可控震源畸变信号存在较大的差别;而且,如果振动器频率等于地表固有频率时,将会产生谐振干扰,该类谐波无法在震板中的力信号中存储下来,因此,也不能采用分离震板力信号的预测滤波等方法消除谐波噪声的影响,这种谐波噪声称为表层响应噪声。

下面从谐波干扰噪声和表层响应噪声的形成机理分析入手,通过理论模拟和实际试验资料分析说明可控震源特征干扰波对地震资料的影响。

2.2.1　机械系统谐波的形成机理

1. 机械系统形成谐波的机理

由于可控震源液压系统的原因,可控震源产生的信号为非正弦扫描信号,根据傅里叶级数展开原理,任何非正弦信号都可以进行傅里叶级数展开(图2.3),展开式中最小正周期等于原函数周期的部分称为基波或一次谐波,最小正周期等于原函数周期若干倍的部分称为高次谐波,例如,谐波频率是基波频率3倍的谐波称为三次谐波。

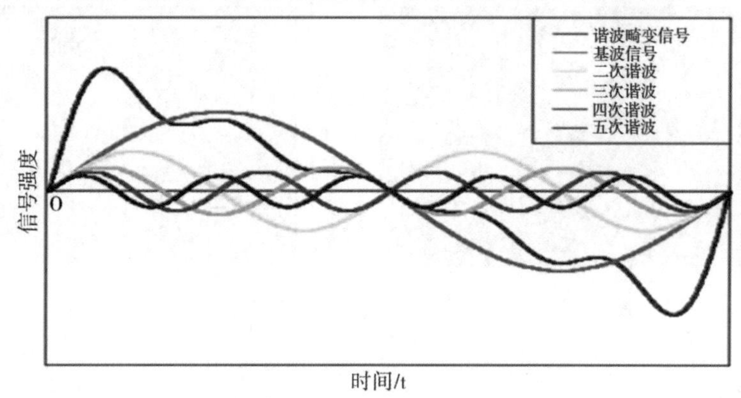

图2.3　非正弦信号傅里叶级数变换

引起可控震源机械系统产生信号畸变的原因主要包括以下几个方面:

①编码器；

②液压系统的压力、储能器；

③电系统的伺服阀与加速度传感器；

④重锤与活塞皮囊耦合不好。

因此，可控震源输出的振动信号本身就含有谐波畸变，在物理层面上是不可避免。

图2.4a为理想扫描信号，图2.4b为可控震源实际野外采集资料中记录的力信号，可控震源通过振动平板实际输出的力信号与信号发生器生成的信号存在明显的差异，这也是可控震源采集过程中机械系统生成谐波干扰的原因。

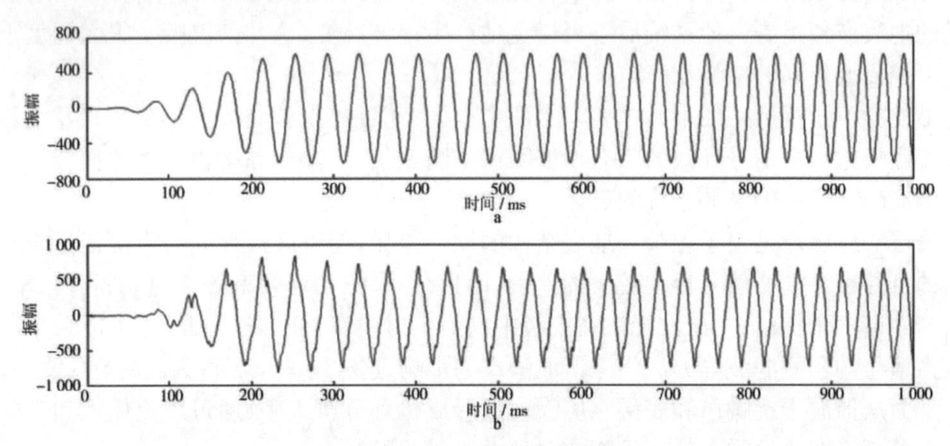

图2.4　时域信号

（a：理想扫描信号；b：实际力信号）

图2.5显示了图2.4进行时域分析的结果，因为谐波能量远小于基波能量，特别是高次谐波，为了更好地展示谐波与基波频率的关系，需将基波主要能量去除。图2.5a显示理想扫描信号的时频分析结果，图2.5b中①、②和③分别表示二次谐波、三次谐波和高次谐波的时频分析结果，基波信号与各次谐波信号在时频图上以不同的斜率出现。

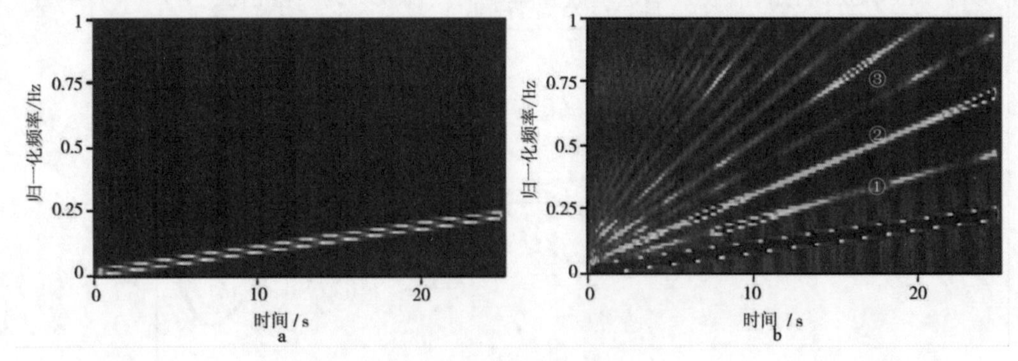

图2.5　时频分析结果

（a：理想扫描信号；b：谐波信号）

2. 机械系统谐波特征

可控震源扫描信号持续时间很长，通常满足固定的时间函数表达式。假设使用的是

正弦扫描信号,扫描信号$S_1(t)$的表达式为

$$S_1(t)=\alpha_1(t)\sin[2\pi\,\varphi_1(t)+\varphi_1] \tag{2.11}$$

式中,$\alpha_1(t)$为振幅随时间的表达式;$\varphi_1(t)$为扫描信号相位;φ_1为初始相位;t为扫描时间,$0\leqslant t\leqslant T$,其中,T为扫描长度。

$$\varphi_1(t)=\left(f_1+\frac{f_2-f_1}{2T}t\right)\mathrm{t} \tag{2.12}$$

式中,f_1为起始频率,f_2为终止频率。

根据k次谐波与扫描信号的关系,k次谐波的表达式为

$$S_k(t)=\alpha_k\sin[2\pi\,\varphi_k(t)+\varphi_k] \tag{2.13}$$

式中,$S_k(t)$为第k次谐波,α_k为第k次谐波的振幅,$\varphi_k(t)$为第k阶谐波的相位,φ_k为第k阶谐波的初始相位。

式(2.13)中,k为1是基波信号,k等于2或3分别为二次谐波和三次谐波,$k>3$为高次谐波。k次谐波的频率为扫描信号频率的k倍。

在畸变信号中存在少量不是基波频率整数倍的信号分量,称为间谐波,但不影响谐波分析与压制,一般可忽略。

在力信号中还存在少量不规则或随机震荡信号,这种信号会在整个地震记录中存在。

谐波畸变信号由基波信号和各次谐波信号组成,因此,谐波畸变可表示为

$$S(t)=\sum_{k=1}^{K}a_k\sin[2\pi\,\varphi_k(t)+\varphi_k] \tag{2.14}$$

式中,k为1时,表达式为基波信号;K为所不能忽略的最高阶次谐波;$0\leqslant t\leqslant T$。

图2.6为机械系统谐波信号模拟示意图,采用线性升频扫描信号,起始频率f_1取5 Hz,终止频率f_2取72 Hz,扫描长度T为1s。为更好地展示谐波部分,对各次谐波的能量进行了相对放大。

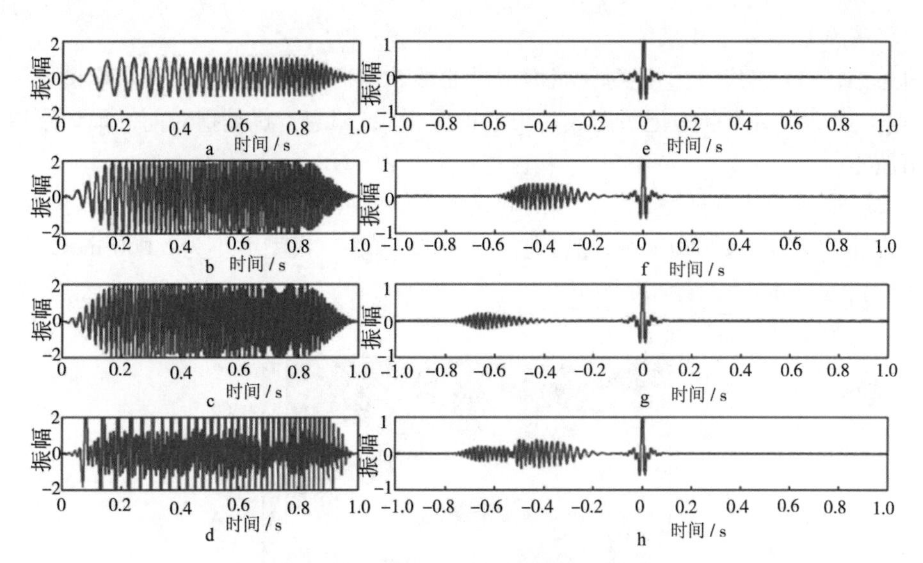

图2.6 机械系统谐波信号模拟示意

(a:扫描信号;b:二次谐波;c:三次谐波;d:畸变信号;e:扫描信号自相关;
f:二次谐波与扫描信号互相关;g:三次谐波与扫描信号互相关;h:畸变信号与扫描信号互相关)

在图 2.6 中,将图 e 与图 f、g、h 对比,采用线性升频扫描信号,相关后谐波产生在负时间轴,因此,当采用滑动扫描等高效采集方式时,后一炮产生在负时间轴上的谐波与前一炮混叠在一起,对前一炮的结果造成污染;二次谐波产生的时间早于三次谐波和高次谐波产生的时间;各次谐波产生的时间混叠在一起没有完全分开。

图 2.6 展示了机械系统谐波的出现时间是有规律的,将扫描信号与畸变信号的数学表达式互相关,即可得到机械系统谐波干扰出现的时间区间为 $-T2 \sim -T1$(线性升频扫描),或者 $T1 \sim T2$(线性降频扫描),$T1$ 和 $T2$ 的数学表达式为

$$T1 = \frac{(k-1) \cdot T \cdot f_1}{\Delta f} \tag{2.15}$$

$$T2 = \frac{(k-1) \cdot T \cdot f_2}{k \cdot \Delta f} \tag{2.16}$$

式中,Δf 为扫描频宽,取值为$f_2 - f_1$,f_1和f_2分别为扫描信号的起始频率和终止频率。

由以上公式可以得到结论:

对于二次谐波分量,当$f_1/\Delta f = 1$ 时,$T1 = T2$,此时,不存在二次谐波干扰。对于三次谐波分量,当$f_1/\Delta f = 0.5$ 时,不会存在三次谐波干扰。基于此分析,如果将扫描频宽降至一个倍频程时,将不存在谐波干扰。

f_1越大,谐波出现的时间越晚;f_2越大,谐波结束的时间越晚;Δf 越大,谐波出现越早,结束越早;T 越大,谐波出现时间越长,谐波开始时间、终止时间越晚。谐波干扰以二次谐波为主,二次谐波更早出现。

机械系统谐波与基波不仅在振幅与频率上存在不同,在相位上也存在一定差异,随着谐波畸变振幅的增加,相位谱 $P_k(w)(k=2,3,\cdots,K)$ 会大幅偏离基波相位谱 $P_1(w)$。通过数值计算,相位谱存在如下关系:$P_{k+1}(w) > P_k(w)$。

3. 机械系统谐波干扰模拟

机械系统产生的谐波干扰对原始炮记录的影响包括本炮谐波干扰和邻炮谐波干扰两种,本炮干扰是指对当前炮记录造成污染的谐波干扰,邻炮干扰是指对前一炮记录造成污染的谐波干扰。

图 2.7 所示的速度模型存在较多的起伏地层,在中深层存在一个椭圆形高速异常体,高速异常体的速度为 5 000 m/s,围岩速度为 3 000 m/s。模型大小为 5 000 m×2 500 m,采用的网格为 5 m×5 m。

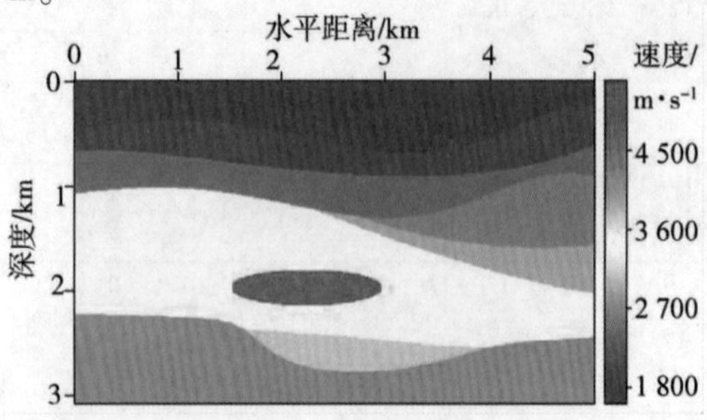

图2.7　某工区速度模型

分别采用线性升频扫描信号和线性降频扫描信号进行模拟，图 2.8a 为用线性升频扫描信号得到的单炮模拟记录，2.8b 为用线性降频扫描信号得到的单炮模拟记录，图中红色虚线框所示为谐波干扰。对比图 2.8a 和图 2.8b，采用线性升频扫描信号谐波产生在时间负轴，采用线性降频扫描信号谐波产生在时间正轴。

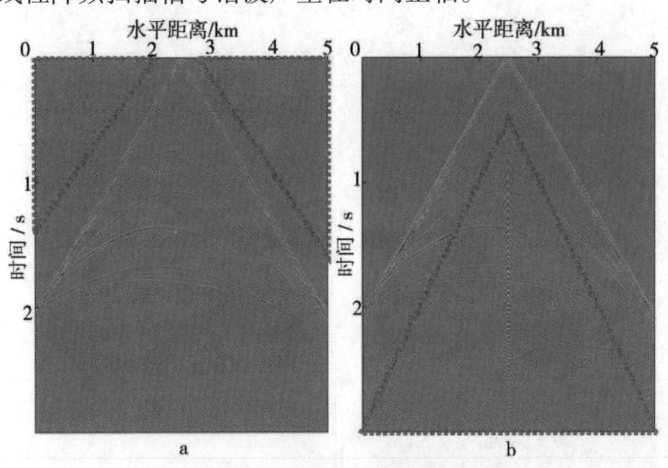

图 2.8　可控震源模拟单炮

（a：应用线性升频扫描信号；b：应用线性降频扫描信号）

野外施工中，一般采用线性升频扫描信号以降低可控震源机械损耗，因此，可控震源机械系统谐波产生在时间负半轴，主要表现为邻炮谐波干扰，但即使采用线性升频扫描信号，深部地层产生的谐波干扰也会与浅部有效反射混叠在一起干扰有效能量，称为本炮谐波干扰，这种谐波干扰明显弱于邻炮谐波干扰，分布于整个剖面，因此，本炮产生的机械系统谐波干扰可以忽略不计。

目前机械系统谐波干扰的压制主要针对邻炮谐波干扰。邻炮机械系统谐波干扰主要分布于近道处（注意：这里的近道指的是产生谐波干扰炮的近偏移距而不是受污染炮的近偏移距）。

对图 2.7 所示的速度模型采用可控震源的滑动扫描方式进行模拟，正演模拟的参数如下：采用线性升频扫描方式，起始频率 f_1 为 5 Hz，终止频率 f_2 为 80 Hz，扫描周期 T 为 10 s。滑动时间和记录时间都是 3 s，时间采样间隔为 0.5 ms，可控震源分别在 1 km、2 km、3 km、4 km 处激发。正演模拟得到的可控震源滑动扫描多炮记录如图 2.9 所示，图 2.9a 为与扫描信号互相关前的记录，图 2.9b 为图 2.9a 所示的原始记录与扫描信号互相关后的相关记录。

图 2.10 是实际资料中机械系统产生的谐波，谐波干扰产生在时间轴负半轴上，与前几炮记录的有效信号混叠在一起，对前几炮记录的有效信号造成干扰，如图 2.10a 中每炮红框位置所示；图 2.10b 为红框区域的频谱分析图。

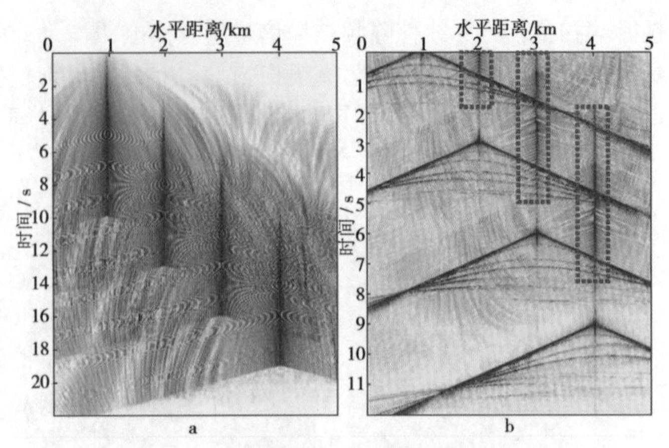

图 2.9　可控震源滑动扫描模型多炮记录
(a:原始记录;b:原始记录与扫描信号互相关后的记录)

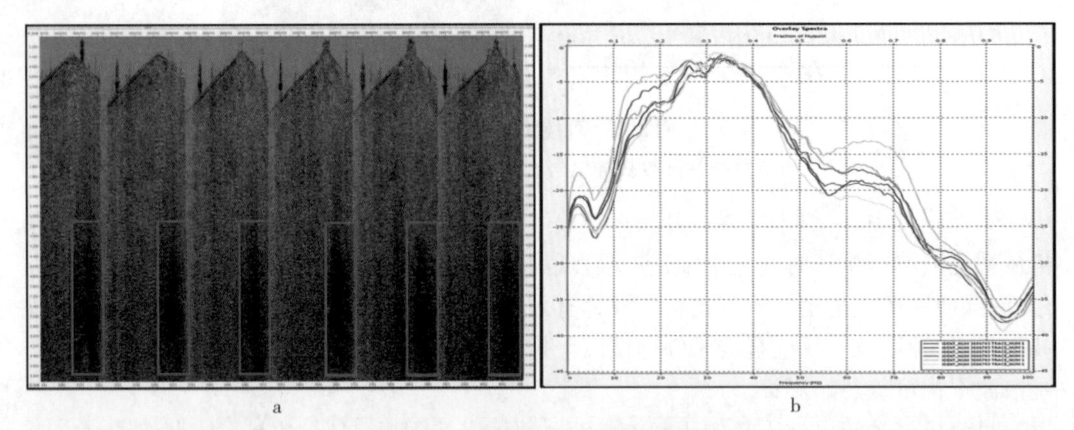

图 2.10　可控震源信号频谱分析
(a:实际炮记录;b:谐波区域频谱图)

4. 机械系统谐波特征

可控震源机械系统产生的谐波干扰主要特征表现在以下五个方面:

①谐波分量的频率范围为有效波频率范围的整数倍,如二次谐波分量的频率范围为有效波频率范围2倍,三次谐波分量的频率范围为有效波频率范围的3倍,k次谐波分量的频率范围为有效波频率范围的k倍,且谐波频率随有效波频率的变化而变化;

②线性升频扫描谐波产生在负时间轴;

③谐波频率跟基波存在相位差异;

④谐波在实际单炮记录上成片出现;

⑤谐波分布于整个剖面,近偏移距处尤为明显。

5. 机械系统谐波压制

可控震源机械系统谐波特征可用于指导机械系统谐波干扰的压制与消除。机械系统谐波的出现时间可以通过表达式求取,实际施工需要利用采集参数优化以避免或减少机械系统谐波干扰的产生。

机械系统谐波与基波在相位上的差异有其规律性,因此,可以通过相移法对机械系统谐波干扰进行压制。可控震源激发时平板电脑记录的地面力信号中包含基波信号和机械系统谐波信号,相移法利用记录的地面力信号预测得到影响地震记录的机械系统谐波干扰,再用包含谐波的原始地震记录减去预测的谐波干扰,就可以去除机械系统谐波干扰。

2.2.2　表层响应谐波的形成机理

1. 表层响应谐波的形成机理

可控震源输出力信号向下传播时,由于可控震源震板与地表间可能存在耦合效果差,极易发生共振现象,它导致地震波向下传播时相当于出力信号与一个或者多个畸变信号叠加,此时,会产生谐波畸变信号,这类谐波就是表层响应谐波。这里,只考虑谐波情况,为了简化,假设大地只存在一个固有频率。

表层响应噪音与地表的特殊耦合关系有关,图 2.11 展示的是可控震源扫描系统与大地系统的响应关系图。可控震源激发过程中向地表加载的力可表示为

$$S(t)=S_0\cdot\sin\left[2\pi\cdot\left(f_1+\frac{f_2-f_1}{2T}\cdot t\right)\cdot t\right] \tag{2.17}$$

式中,$S(t)$表示加载到大地上的力信号,S_0表示加载力的振幅,f_2 表示终止频率,f_1 表示起始频率,t 为时间。

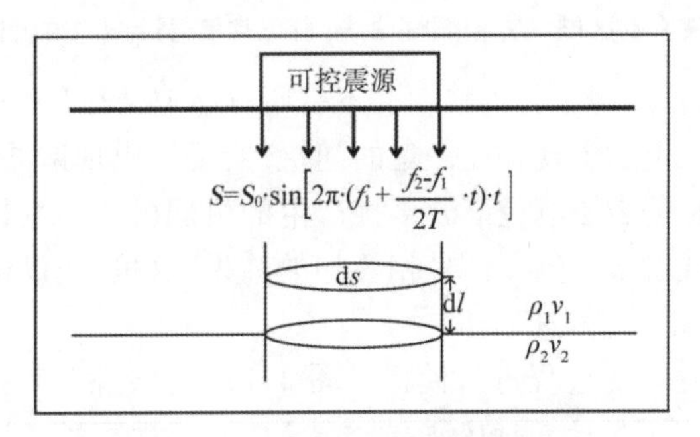

图 2.11　可控震源表层响应系统图

可控震源扫描系统和地表耦合响应 B 的表达式可由下式给出:

$$B=\frac{S_1}{\sqrt{4\,b^2w_1^2+(k^2+w_1^2)^2}} \tag{2.18}$$

其中:　$S_1=\dfrac{S_0}{\rho_1\mathrm{d}s\mathrm{d}l},b=\dfrac{\rho_1v_1+\rho_2v_2}{2\rho_1},k=\sqrt{\dfrac{E}{\rho_1}},w_1=2\pi\cdot\left(f_1+\dfrac{f_2-f_1}{2T}\cdot t\right)$。

式中,ρ_1表示第一层介质密度,ρ_2表示第二层介质密度,v_1表示第一层介质中传播速度,v_2表示第二层介质中传播速度,E 表示杨氏模量参数,dl 表示长度,ds 表示横截面积。

如果$\rho_1v_1>\rho_2v_2$,式(2.18)存在极大值。当大地的固有频率与可控震源扫描频率相同时,既形成共振响应系统,此时,可控震源采集数据则受谐振噪声影响。

2. 表层响应谐波的特征

首先对谐波能量进行分析,如图 2.12 所示。图 2.12a 为含谐波的单炮记录,图中红框和蓝框分别表示受谐波影响窗口和未受谐波影响窗口。图 2.12b 为红框和蓝框窗口均方根振幅曲线(红线和蓝线分别对应图 2.12a 中红框和蓝框窗口数据的均方根振幅曲线),谐波能量远远高于正常信号能量。为了清楚展示,将两曲线分开作图,分别为图

2.12c和图2.12d。谐波能量高达420000,而无谐波区域的能量值仅为260。谐波在单炮记录上连成片,基本分布在近偏移距附近,这对谐波在炮域的识别和压制极为不利。如果在炮域强行去除谐波强能量,去噪效果不佳,且极易损伤有效信号,保幅性很差。

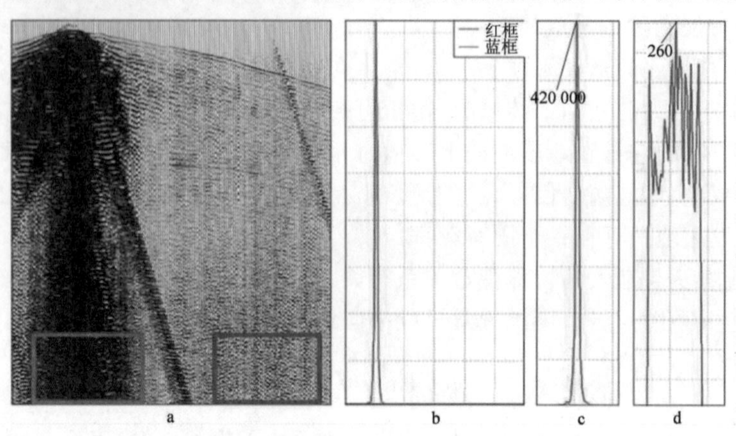

图2.12 谐波能量

(a:含谐波的单炮记录;b:a中红框和蓝框内相应的均方根振幅曲线;
c:谐波影响区域均方根振幅曲线;d:正常信号区域均方根曲线)

从空间分布上,可控震源采集资料中并不是所有炮记录都存在表层响应谐波干扰,表层响应谐波在单炮记录上的出现存在一定的随机性,是否出现谐波与地表情况和可控震源机械状态等有关。根据表层响应谐波干扰产生的机理可知,表层响应谐波相当于可控震源出力信号与一个或者多个畸变信号相叠加的结果,这里,假设机械系统谐波不存在。换言之,可控震源出力信号就是扫描信号。

对表层响应谐波的畸变过程进行模拟。图2.13a为线性升频扫描信号,图2.13b为地表谐振信号,这是一个25 Hz的单频信号,图2.13c为地表耦合谐波信号,图2.13d为线性升频基波信号(图2.13a)与地表谐振信号(图2.13b)及地表耦合谐波信号(图2.13c)叠加形成的畸变信号。这里只模拟谐波出现的位置,为更好地展示谐波,对谐波信号进行了相应放大处理。

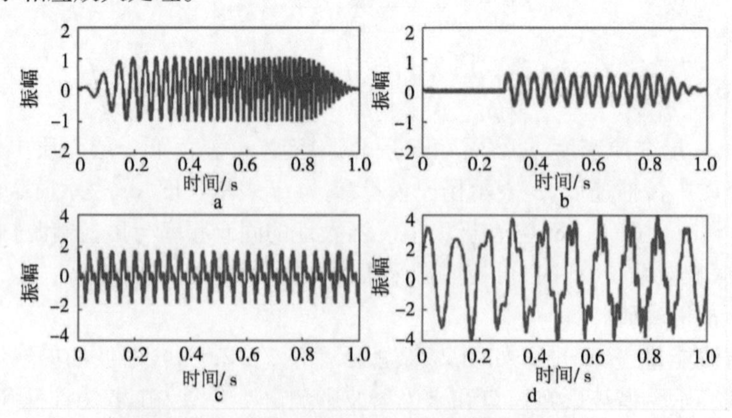

图2.13 扫描信号与表层相应谐波畸变过程

(a:线性升频扫描信号;b:地表谐振信号;c:地表耦合谐波信号;d:畸变信号)

现将扫描信号与畸变后信号进行相关,如图2.14所示,相关后的信号存在谐波干扰,在图中用蓝色椭圆标注,这种谐波干扰在时间轴正轴和时间轴负轴都存在,主要集中在正时间轴,对本炮记录造成干扰。

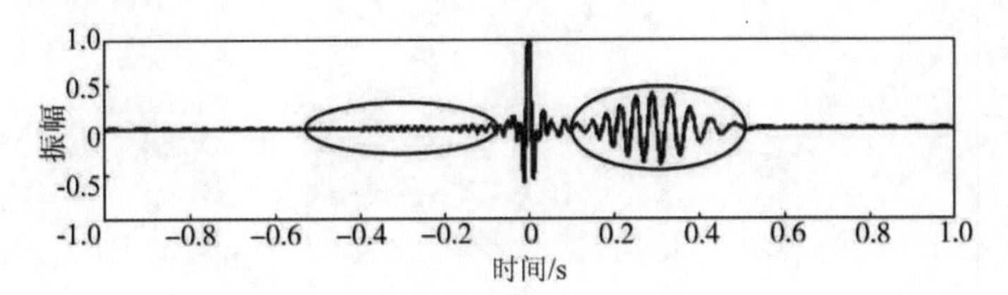

图2.14　畸变信号与扫描信号相关

对比图2.15中扫描信号与畸变信号的振幅谱,其频率存在明显差异,表层畸变信号的频谱在某个频率段的振幅明显增强。

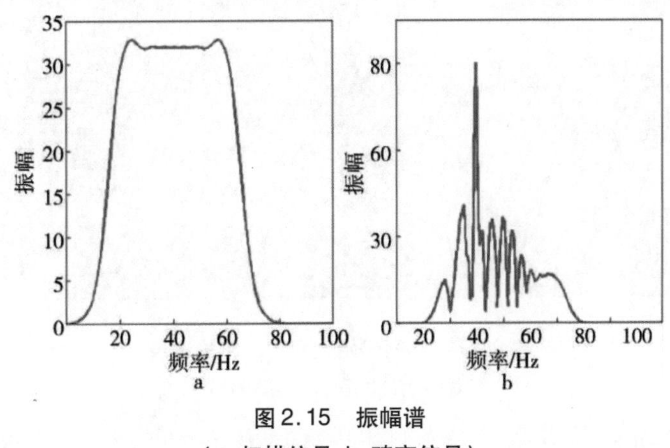

图2.15　振幅谱
(a:扫描信号;b:畸变信号)

表层响应谐波存在两个明显特征:

①在炮集上表层响应谐波干扰能量较强且集中分布,但在单炮记录上的出现存在一定随机性;

②表层响应谐波干扰主要集中在某个狭窄的频率段内。

3. *表层响应谐波正演模拟*

为研究影响谐波的因素,对扫描参数中不同起始频率、扫描长度、终止频率、地表疏松情况进行对比。对比信号的参数如下:起始频率 f_1 为6 Hz,终止频率 f_2 为84 Hz,扫描长度 T 为12 s,共振频率为25 Hz。在由线性升频信号的基础上,添加不同的谐波畸变因素进行正演模拟。

(1)不同的起始频率

f_1 分别为4 Hz、6 Hz、8 Hz时所得到的单炮记录如图2.16所示。当起始频率变化时,谐波出现的时间随之变化,而且,起始频率越低,谐波出现的时间越晚。

图2.17为不同起始频率下的实际单炮记录,谐波的出现时间也具有类似特征。

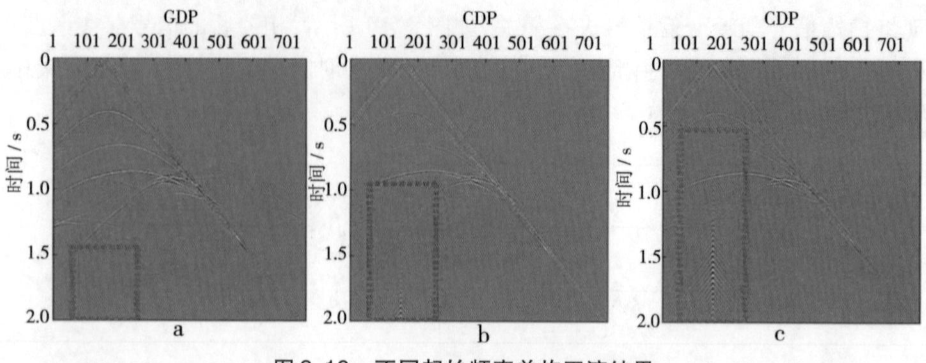

图 2.16 不同起始频率单炮正演结果

(a:4 Hz;b:6 Hz;c:8 Hz)

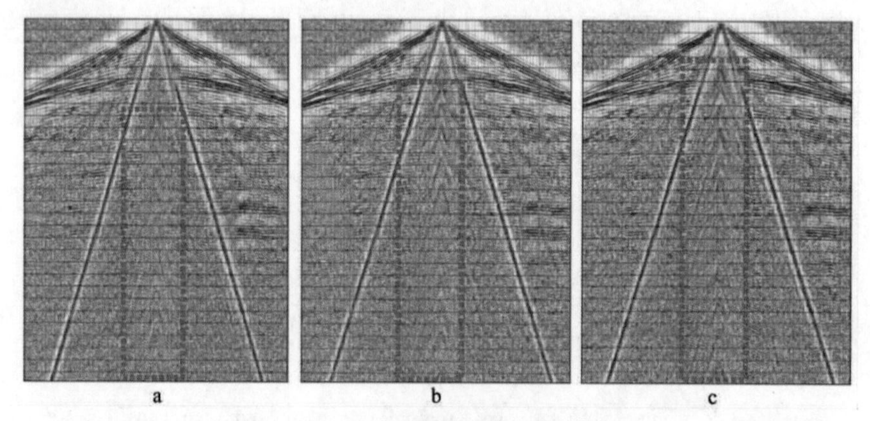

图 2.17 不同起始频率实际单炮记录

(a:4 Hz;b:6 Hz;c:8 Hz)

(2)不同的终止频率

由 f_2 分别为 66 Hz、84 Hz、96 Hz 模拟所得单炮记录如图 2.18 所示,图 2.19 为不同终止频率下的实际单炮记录。

图 2.18 和图 2.19 从理论模拟和实际资料说明了谐波出现的时间随终止频率升高而变早,适当降低终止频率,有利于压制谐波干扰。

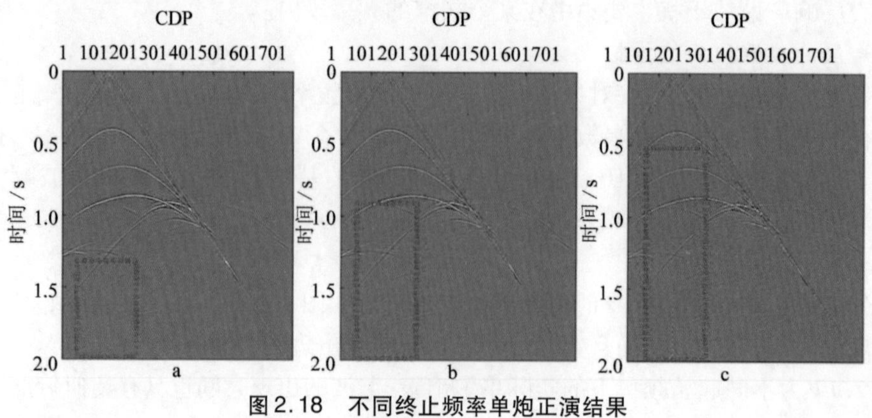

图 2.18 不同终止频率单炮正演结果

(a:66 Hz;b:84 Hz;c:96 Hz)

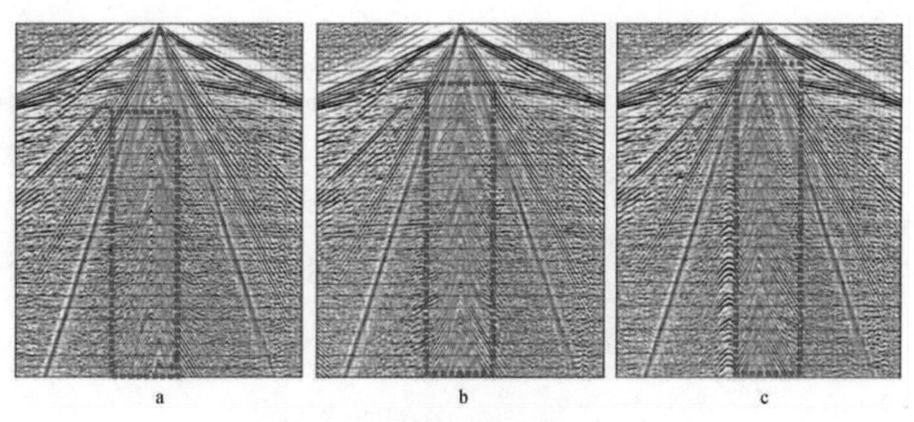

图 2.19　不同终止频率实际单炮记录
(a:66 Hz;b:84 Hz;c:96 Hz)

(3)不同的扫描长度

图 2.20 为控制变量分别采用扫描长度 T 为 8 s、12 s、16 s 模拟的单炮记录,图 2.21 为不同扫描长度下的实际单炮记录。

图 2.20 说明当扫描长度变化时,谐波出现时间随之变化,而且,扫描长度越长,谐波出现的时间越晚。其原因是同一个物理共振频率是固定的,当可控震源振动达到该频率时,震板与大地共振产生谐波。周期越短,可控震源激发频率达到这个频率需要的时间越短,谐波产生得越早。

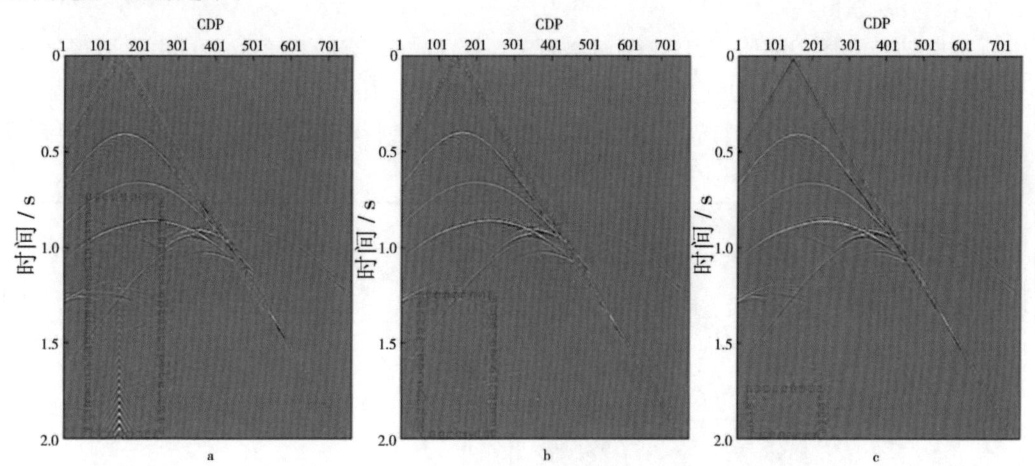

图 2.20　不同扫描长度单炮正演结果
(a:8 s;b:12 s;c:16 s)

图 2.21 由实际资料展示了增加扫描长度推迟了谐波出现的时间,降低了谐波干扰。

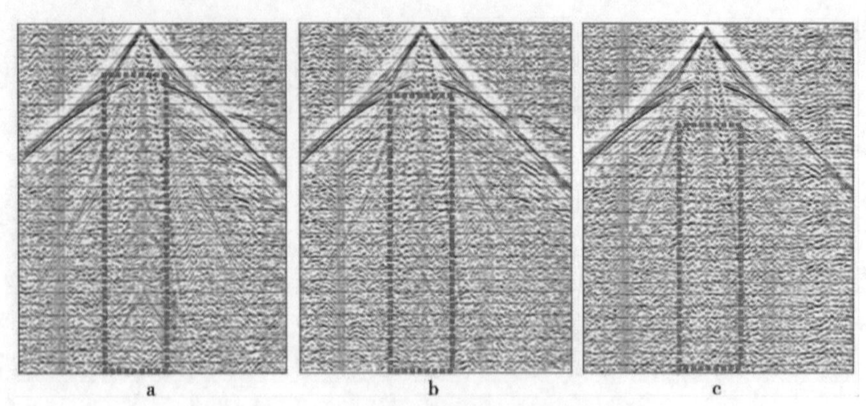

图 2.21　不同扫描长度所得实际单炮记录
(a:8 s;b:12 s;c:16 s)

(4)不同的衰减程度

利用粘声介质正演,用衰减因子 Q 变量对衰减程度进行衡量,Q 分别取为 500、Q_1 和 Q_2 测试,其中,Q_1、Q_2 定义如下:

$$Q_1 = 14 \times \left(\frac{V_P}{1000}\right)^{3.0} \tag{2.19}$$

$$Q_2 = 7 \times \left(\frac{V_P}{1000}\right)^{1.0} \tag{2.20}$$

式中,V_P 为纵波速度。

根据粘声介质正演原理,$1/Q$ 为衰减程度,当 Q 越大,衰减程度越小。由此可得,Q 取 500 为弱衰减模型,Q_1 为中衰减模型,Q_2 为强衰减模型。

图 2.22 是对实际资料谐波干扰区域(红框区域)进行分析。频谱图显示在某频率段有明显的异常极大值,炮集上不同排列频率基本一致。

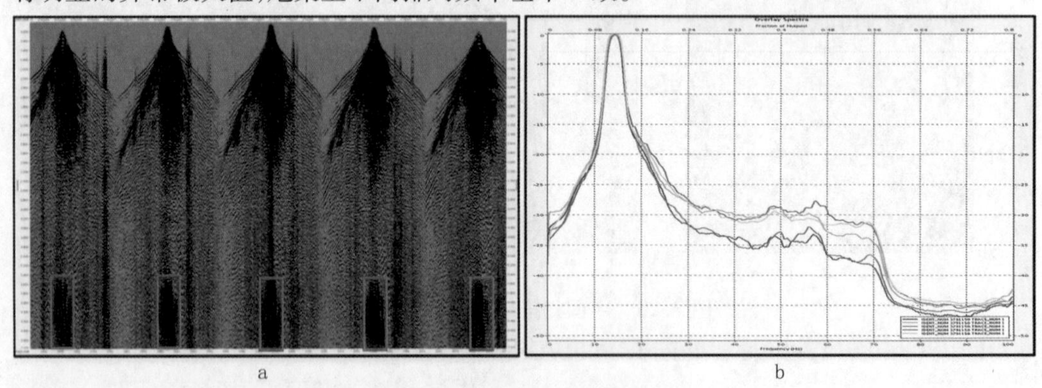

图 2.22　实际资料单道谐波干扰
(a:实际资料炮记录;b:谐波区域频谱图)

4. 表层响应谐波特征

可控震源激发因表层响应畸变产生的谐波干扰特征主要表现在以下四个方面:

①谐波频率主要集中在某一段较狭窄的频率范围内;

②线性升频扫描谐波干扰主要集中在正时间轴；

③谐波能量强，集中分布在近偏移距附近；

④并不是所有炮都存在表层响应谐波干扰，是否出现谐波跟地表情况有关，且在单炮记录上的出现存在一定的随机性。

5. 表层响应谐波特征压制

由表层响应谐波的特征可用于指导表层响应谐波干扰的压制与消除。

①适当降低扫描信号的起始频率，推迟谐波产生时间，有利于压制谐波干扰；

②适当降低扫描信号的终止频率，有利于压制谐波干扰；

③增加扫描信号的扫描长度，推迟谐波产生时间，有效压制谐波干扰。

根据表层响应谐波的能量分布与频率分布特征，将采集数据转换到人工分选道集（共中心点道集和共偏移距道集等）上，谐波干扰在人工分选道集上并不连片出现，因此，对不同频率段采用随机噪声压制技术进行谐波干扰压制。

2.2.3　实际资料中的谐波特征

为了研究谐波干扰对实际资料的影响，对常规扫描和滑动扫描中的单炮资料进行分析。图 2.23 为常规采集产生的单炮母记录以及相关后的地震记录，相关后单炮在时间轴零时刻上方产生了明显的谐波干扰，与图 2.8 所示的机械系统谐波信号模拟结果一致。

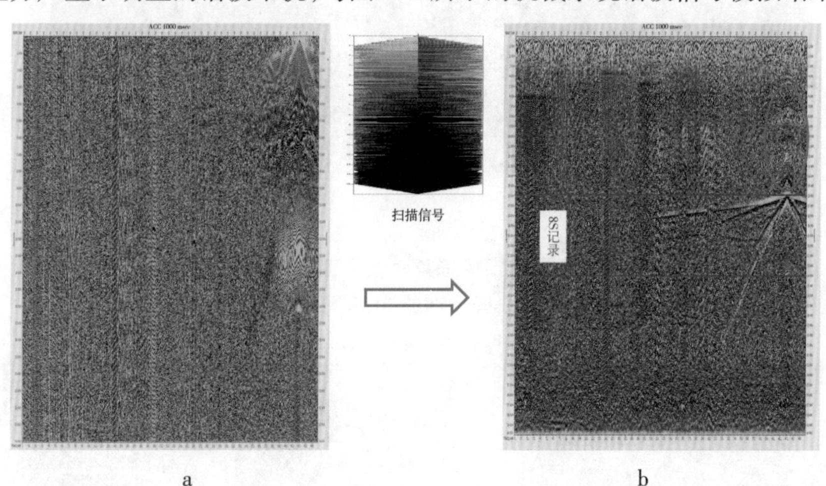

图 2.23　常规采集单炮母记录 a 及相关后结果 b

图 2.24 是滑动扫描采集单炮母记录及相关后结果，后一炮产生谐波干扰的位置正好与前一炮有效信号发生重叠。当截取 8 s 记录后，单炮记录产生了明显的谐波干扰，如图 2.25 所示。

根据谐波分析中谐波产生时间的计算公式，结合滑动扫描采集施工参数，扫描长度为 16 s，扫描频带为 6 ~ 72 Hz，理论计算谐波产生的开始时间为 -1.45 s，结束时间为 -17.45 s，这与实际采集资料是吻合的，如图 2.26 所示。

除了滑动扫描采集，可控震源常规采集和交替扫描单炮也存在谐波干扰，这不是因为上一炮与下一炮在时间上发生重叠，而是因为本炮来自深层地震反射信号的谐波畸变影响到了本炮的炮记录，如图 2.27 所示。

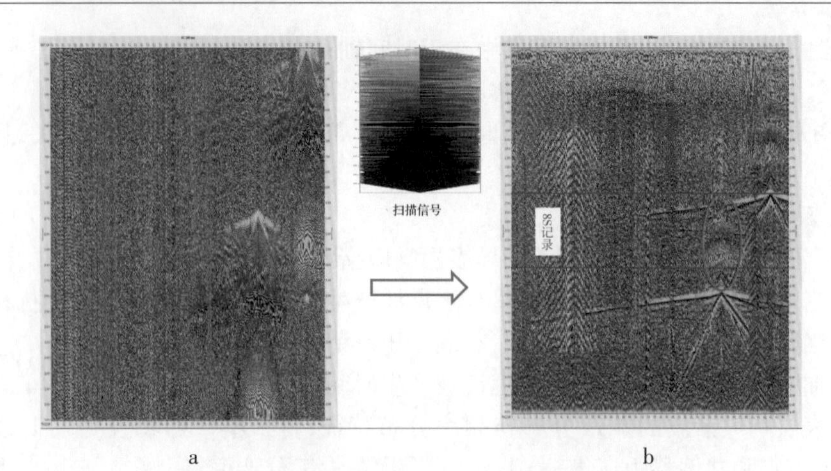

a　　　　　　　　b

图 2.24　滑动扫描采集单炮母记录 a 及相关后结果 b

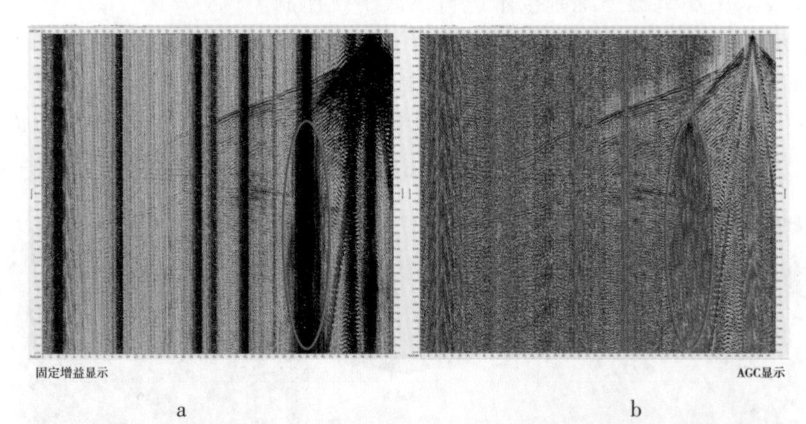

a　　　　　　　　b

图 2.25　滑动扫描采集单炮中存在的谐波干扰
(a:固定增益;b:AGC)

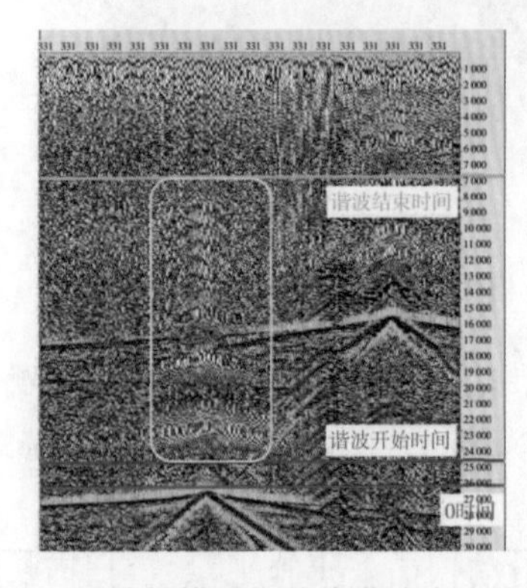

图 2.26　滑动扫描采集单炮谐波产生位置

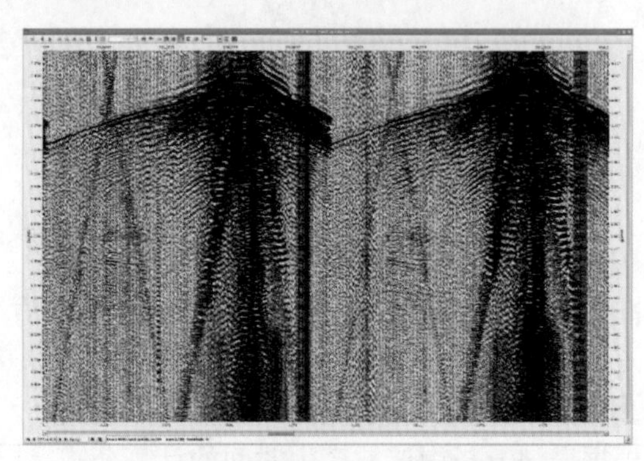

图 2.27　交替扫描单炮中存在的谐波干扰

滑动扫描产生的谐波畸变与常规采集单炮自身产生的谐波畸变有相似的特征,谐波畸变能量强,集中分布在近偏移距附近。因此,在地震采集中,合理地设计采集方法,包括滑动时间和滑动距离规则,把相邻炮间的谐波干扰避开主要目的层,即可大幅减弱谐波干扰的影响,有效地提高地震资料信噪比。

2.3　可控震源激发参数选择

地震勘探过程中,需根据具体地质任务、地表条件、深层地质条件设置不同的激发参数,可控震源的激发台数、扫频频率、振动次数、扫描长度、驱动幅度等参数对资料的能量和品质影响程度较大,正确选择激发参数可最大限度地提高可控震源资料的分辨率及地震记录的信噪比。实际生产中,一般结合丰富的系统试验分析获取适合具体工区的激发参数,本节介绍不同激发参数选取原则。

2.3.1　扫描频率

根据生产前试验数据分析有效波和干扰波的特点,选择扫描信号的初始频率和终止频率,为提高地震资料的分辨率,应充分考虑地震地质条件和可控震源性能与地表条件,选择主频高和频带宽的扫描信号进行激发采集。而可控震源的高频信号输出实际上受到多方面的制约,如机械和液压系统的调整与响应、大地响应、能量约束问题等。

以准噶尔盆地 WLG 地区勘探为例。该区为石炭系火成岩储集层,泥质岩、烃源岩发育,侏罗系地层发育,较厚的煤层造成能量屏蔽严重,石炭系上部火成岩对下部沉积地层的能量屏蔽作用造成石炭系内幕反射能量弱,主要由于火成岩与上覆地层存在变化大的波阻特征,使得绝大多数地震信号传播时都按原射线路径反射。但是,低频信号具备波长长的特点,当低频信号波长与火成岩厚度相当时,低频信号更容易发生透射,低频是当前解决火成岩下成像的主要手段。因此,低频也是目前解决火成岩类地区能量透射的主要技术手段之一。

通过不同起始频率单炮的频谱对比,在相同终止频率下,起始频率越低,激发频带越宽,频率变化率越大,相同频段震源震动时间越短,频谱的相对能量越弱,即随着激发频带变窄,激发能量越大(图 2.28 和图 2.29)。频谱分析的相对振幅显示,在相同终止频率下,起始频率越低,主频越低,能量越向低频方向集中。

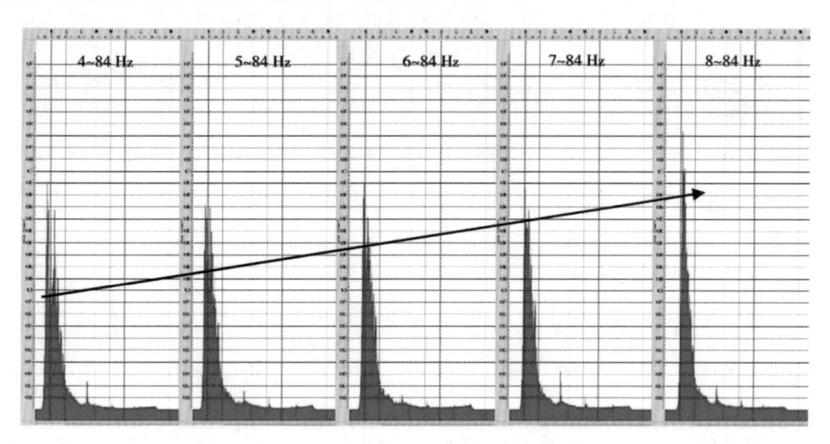

图 2.28　不同起始频率单炮频谱(绝对振幅)

从该区某测线低频滤波剖面以及全频带剖面(图 2.30)可知,采用低频激发较好地保障了深层目的层能量,有利于该区深层石炭系火成岩内幕反射的获取,得到更丰富的深层有效反射信息。

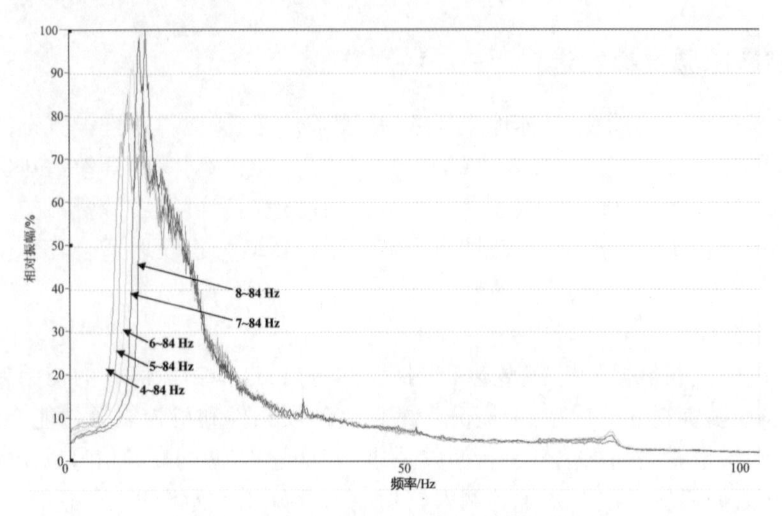

图 2.29　不同起始频率单炮频谱(相对振幅)

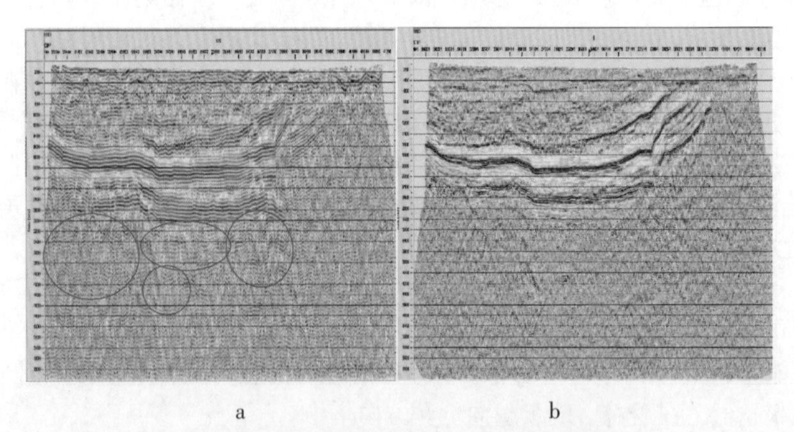

图 2.30 NE283 线低频扫描剖面与全频剖面对比
(a:4 ~8 Hz;b:全频段)

2.3.2　振动台数与次数

在可控震源施工中,为解决振动能量及噪音压制方面的问题,往往需要多组震源按照一定间隔分开,在同一个激发点振动数次,形成扫描组,然后,对各次记录相关求和后产生单张地震记录。

1. 振动台数

可控震源是一种弱功率信号源,在激发过程中采用多台震源是加强下传能量的重要手段。这种激发方式可以避免单台震源出力太大,能量过多地消耗在地表破碎带,提高对地表干扰波的压制效果。

振动台数与信号能量成正比,增加可控震源激发台数既提高了有效信号的能量,也提高了震源自身干扰的能量。台数的选择首先要保证目的层的能量,但同时应考虑组合效应对频率的影响以及震源自身干扰的强度。

图 2.31 为不同振动台数时采集单炮的固定增益展示,图中从左到右依次为 1 台、3 台、4 台、5 台和 7 台,随着激发台数增加,激发能量呈增强趋势。

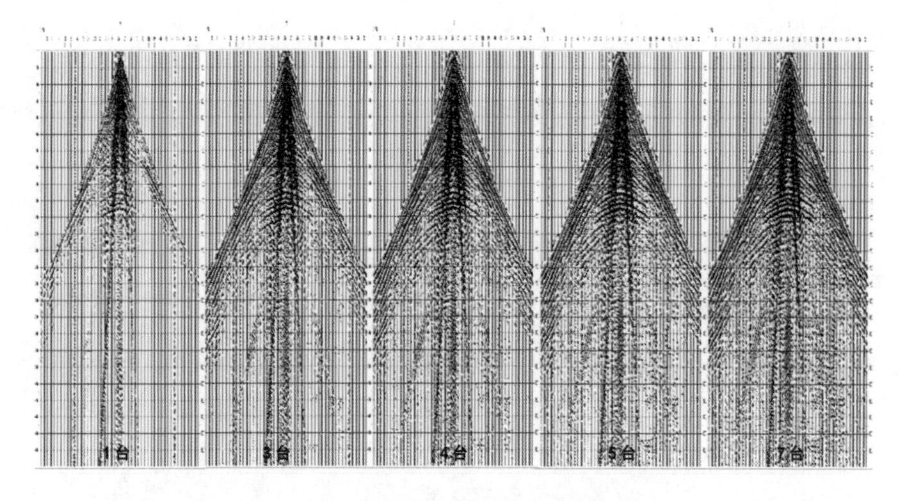

图2.31　不同震动台数单炮展示(固定增益)

2. 振动次数

从统计效应分析,振动次数相当于垂直叠加次数。m 次振动对随机干扰的压制能力提高$\sqrt{m}$倍,即有效波振幅相对于随机噪声补偿了$\sqrt{m}$倍。

图 2.32 展示了不同振动振次单炮固定增益显示,图中从左到右依次为 1 次、2 次、4 次和 8 次。随着激发次数增加,激发能量呈增强趋势。

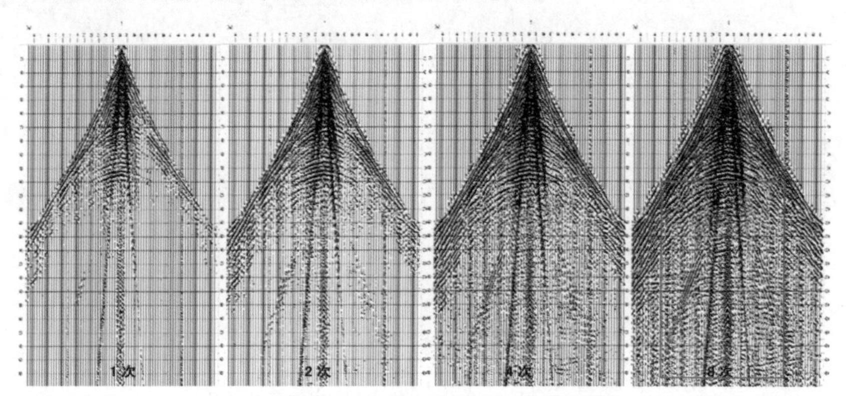

图2.32　震动次数单炮展示(固定增益)

震源多次组合加强了能量,并压制随机噪音,信噪比提高$\sqrt{m}$倍。但对于震源自身产生的干扰无法压制,并且,干扰强度随振动次数的增加而加强。从目前的发展趋势看,采用炮点加密代替多次扫描,通过高覆盖次数叠加取代多次振动可有效提高最终地震成像信噪比。

2.3.3　扫描长度

激发信号的扫描长度代表可控震源激发能量的大小。扫描长度越长,激发能量越强;扫描长度越短,激发能量越弱。

在设计扫描时间长度时,主要考虑到以下两个方面:

①时间长度要满足最大扫描速率,可控震源所限定的最大扫描速率值由可控震源液

压伺服系统所限定。

②避免相关虚像对记录质量的影响。在可控震源振动过程中，当介质表现为弹性或者塑性时，如果越出了弹性形变的范围，振动信号除了产生所需要的扫描振动信号外，还伴有分频信号和倍频信号，若倍频与基本扫描频率有重叠，将在记录中产生二次谐波虚像；若分频与基本扫描频率有重叠，将在记录中产生"多初至"虚像。通过改变扫描时间的长度，将记录产生的相关虚像出现在有效记录之外，减少"多初至"对勘探目的层反射波的影响。

2.3.4　振动台次与扫描长度匹配分析

从式(2.9)可知可控震源激发信噪比 S/N 与可控震源扫描参数的关系。通过增加扫描长度、降低激发台数和次数以保障激发信号能量，降低近道干扰，减少组合效应，压制谐振干扰；同时，可以提高生产效率，并为实现可控震源高效采集提供基础。

根据系统试验资料分析，采取可控震源少台、少次、长扫描激发方式且加强低频信号能量，获得的地震剖面成像效果优于多台多次采集的地震剖面，如图 2.33 所示。

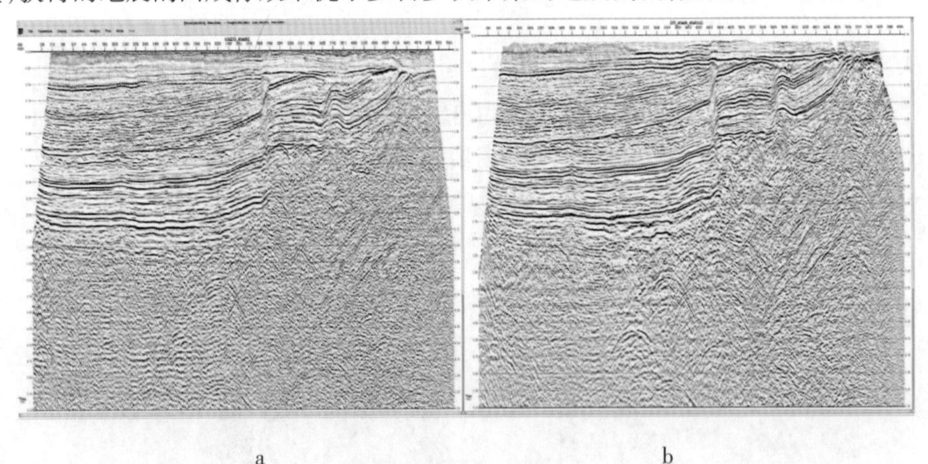

a　　　　　　　　b

图 2.33　WLG 工区剖面
(a:老剖面;b:新剖面)

WLG 工区老剖面采用 6 台 2 次 16 s 扫描，扫描信号频宽为 8 ~ 84 Hz，覆盖次数为 120 次；新剖面采用 3 台 1 次 28 s 扫描，扫描信号频宽为 4 ~ 84 Hz，覆盖次数为 240 次。新剖面的地层信息更丰富，波组特征更明显，相对老剖面，成像效果取得较大改善。

第三章　可控震源宽频扫描信号设计

可控震源扫描信号是有限带宽信号,通过扫描信号的优化设计,提高可控震源激发效果一直是地球物理勘探工作者追求的目标。Sallas J 与 Nicolas Tellier 认为,影响可控震源频率输出的因素较多,低频段受重锤行程、液压流量等机械性能限制,而高频段受伺服阀、驱动结构、地表响应等限制。Claudio、Anton Ziolkowski、Wang Jingfu 等通过低频扫描信号设计克服了机械性能的影响,使常规可控震源能够激发出低频信号。Lebedew、陶知非、D. Boucard、Z Wei 等通过改善可控震源振动器等硬件设备提高震源控制性能,提高机械和液压系统的调整与响应能力,一定程度改善了可控震源高频输出信号品质。针对高频扫描信号设计,一般采用对数或指数扫描公式设计,或是进行非线性扫描因子的量化分析,求出地震波能量随频率变化的衰减曲线,对指数或对数扫描信号优化,加入了衰减补偿,从而达到对高频信号进行补偿的目的。

中国石化自 2013 年以来持续加大可控震源高品质扫描信号的研究力度,在低频信号优化、目标层频率响应、高频信号拓展及相关子波优化等方面取得了较大的进展,在实际生产中得到全面推广应用,获得较好的地震地质勘探效果。

3.1　扫描信号设计方法及基础知识

3.1.1　扫描信号设计基本原则

如何设计扫描信号是可控震源地震勘探过程的关键步骤,它直接关系到地震采集资料品质。以往扫描信号的设计重点考虑如何设计扫描信号的初始频率和终止频率,而忽略了其他一些重要的影响因素。

扫描信号设计的基本频带宽度应大于 2.5 个倍频程,起始频率的设计应尽量避开强面波的固有频率,扫描信号长度(或称扫描时间)应满足激发能量和信噪比需求。在实际设计中,还有一些容易忽视的原则问题,特别是在对扫描信号的理论子波形态的评估与信号品质评价方面,没有引起设计人员的足够重视。

本节将重点介绍扫描信号设计过程中应注意的问题。

1. 扫描信号类型的选择

从物理概念上看,地震勘探采用的扫描信号有一定的限定,并不是任意的数学信号都可以用于地震勘探激发。从数学概念上看,扫描信号一般是严格单调的信号,即严格递增(升频扫描)或严格递减(降频扫描)信号,也就是说,在整个信号频带内任意一个点的频率都是唯一的,在不同的时刻不可能出现相同的频率。然而,随着可控震源装备的进步,扫描信号已经允许使用非严格单调信号进行地震激发,如伪随机扫描信号。

可控震源扫描信号按照其频率特征主要分为三种:线性扫描信号、非线性扫描信号和伪随机扫描信号。扫描信号类型的选择主要取决于勘探精度的要求以及信号的可实现程度。

(1)线性扫描信号

扫描信号的速率在扫描时间(长度)内保持恒定不变,其物理意义表现为激发频带内任意一个频率点或段内的振幅(能量)保持恒定不变,可分为线性升频扫描信号与线性降频扫描信号。

线性激发信号基本能够满足大部分地区的应用需求,其不足之处在于未能考虑到信号在整个传输路径中的振幅或能量衰减补偿问题。线性信号本身在激发过程中对系统的约束要求考虑较少,特别是低频或是高频段的系统响应问题。例如降频扫描时,相关谐波会出现在记录初至时间之后,影响目的层资料品质,因此,一般情况下,均选择升频扫描信号进行扫描。

(2)非线性扫描信号

非线性扫描信号主要特征是扫描信号的速率是时间的函数,其物理意义表现为激发带内任意一个频率点或频率段内的振幅(能量)随时间或函数关系而变化,能量在整个激发带内分布不均。

需要注意的是,并非所有的非线性信号都可以作为地震勘探用扫描信号。采用非线性激发信号的目的在于利用非线性信号振幅的可塑性,通过对激发信号振幅的整形,达到补偿激发信号在传输过程中(主要指大地)的振幅衰减问题,以拓展接收信号的频带宽度或改善相关子波边叶,从而有利于改善和提高激发信号对地质目标的分辨能力和信噪比。

(3)伪随机扫描信号

伪随机扫描信号是一种非严格单调地震激发信号,是采用随机方式生成后被重新记录且固定在存储器中反复使用的扫描信号,其物理特征就是伪噪音。

伪随机扫描信号所生成的信号频率成分在可控震源所激发的信号频带内不一定呈现出某种函数关系变化规律,它是随机变化的。在同样的激发信号驱动幅度、扫描信号长度下,伪随机扫描信号所产生的能量比正弦扫描信号所产生的信号能量小得多,而且,由于随机扫描信号不会像正弦扫描信号那样激发出某种谐振频率能量,因而,不会对公共设施和建筑造成破坏,因此,伪随机扫描信号可用于对地震信号敏感区域的地震勘探,如城镇、居民区、水坝等建筑物密集地区。

2. 扫描信号频率的选择

扫描信号频率具体指扫描信号起始频率与终止频率,它是可控震源扫描信号设计的重要参数。

(1)起始频率

对于地震资料的分辨能力而言,低频和高频同等重要,所以,起始扫描频率的选取应考虑四方面因素。

①对资料分辨能力的地质要求。

②低频干扰(面波)的影响。

通过选取不同的起始扫描频率,达到衰减低频干扰的目的,但应考虑保留足够的低频成分。

③机械装置的性能指标。

不同的震源装置具有不同的低频指标，常规可控震源起始扫描一般为4～8 Hz，低频可控震源起始频率一般为1～4 Hz。

④扫描斜坡长度对低频的影响。

随着勘探程度的深入，低频地震勘探技术已成为解决复杂地质难题的勘探利器，具有明显的资料优势，因此，扫描信号起始频率一般要求为1.5～2 Hz。

(2)终止频率

终止扫描频率与起始扫描频率一起，决定扫描信号的频率宽度，也就决定信号的分辨能力。应按下述原则选择终止扫描频率：

①考虑对资料分辨能力的地质要求，满足下式：

$$F_{\max} = 1.43 \times \frac{V}{4 \times d} \tag{3.1}$$

式中，$F_{\max}$ 为分辨地层要求的最大频率，d 为要分辨的最小地层厚度，V 为相应地层的地层速度。

②对试验或以前的资料做频谱分析，了解资料的频谱范围。

③扫描谐波长度对高频的影响。

④扫描频宽应大于2.5个倍频程。

随着可控震源机械性能的提高以及宽频激发技术的推广应用，宽频扫描信号一般要求具有5～6个倍频程。

3. 扫描长度的选择

激发信号的扫描长度代表可控震源激发能量的大小，如一个延续时间为 $\Delta t = t_2 - t_1$ 的地震信号的能量，扫描长度 Δt 越大，扫描能量越强，反之，扫描能量越弱。

$$E = \int_{t_1}^{t_2} s^2(t)\,\mathrm{d}t \tag{3.2}$$

式中，E 为扫描信号能量，s 为扫描信号，$\Delta t = t_2 - t_1$ 为扫描长度。

扫描信号的能量与震源台数、扫描长度等因素有关。随着可控震源高效采集技术的应用，扫描台数一般在1～2台，扫描次数为1次。因此，扫描长度是保证激发能量的主要因素。

扫描长度的选择所涉及的因素包含如下四个方面。

(1)目的层深度

(2)震源类型

(3)试验分析

包括定性分析和定量分析，定性分析是从记录的面貌上分析主要目的层能量是否足够，以及不同扫描长度记录的能量差异。

(4)谐波干扰

尽量使谐波出现在目的层外。

线性扫描信号自相关函数的旁瓣较为明显，在地震剖面上旁瓣会掩盖邻近区域的微弱信号，降低可控震源地震勘探的分辨率。因此，在使用线性扫描信号之前，必须对该信号进行优化设计，找出最佳的设计参数。

4.扫描信号斜坡的选择

扫描信号斜坡即斜坡函数，斜坡函数的应用能够较好地抑制扫描信号频谱的 Gibbs 现象，并且改善扫描信号相关子波形态。

(1)斜坡类型

斜坡函数(窗函数)的应用使斜坡函数内在靠近两端的激发信号逐步衰减到零。常用的斜坡函数类型主要有：三角形窗(bartlett window)、汉宁窗(hanningwindow)、汉明窗(hamming window)和布莱克曼窗(Blackman window)等。

①三角形窗。

$$w(n)=\begin{cases}\dfrac{2n}{N-1}, 0\leqslant n\leqslant\dfrac{N-1}{2}\\ 2-\dfrac{2n}{N-1}, \dfrac{N-1}{2}<n\leqslant N-1\end{cases}\tag{3.3}$$

式中，N 为斜坡长度，n 为采样点。

②汉宁窗。

$$w(n)=\frac{1}{2}\left[1-\cos\left(\frac{2n\pi}{N-1}\right)\right]\tag{3.4}$$

式中，$0\leqslant n\leqslant N-1$。

③汉明窗。

$$w(n)=\left[0.54-0.46\cos\left(\frac{2n\pi}{N-1}\right)\right]\tag{3.5}$$

式中，$0\leqslant n\leqslant N-1$。

④布莱克曼窗。

$$w(n)=\left[0.42-0.5\cos\left(\frac{2n\pi}{N-1}\right)+0.08\cos\left(\frac{4n\pi}{N-1}\right)\right]\tag{3.6}$$

式中，$0\leqslant n\leqslant N-1$。

以上四种窗函数曲线如图 3.1 所示。

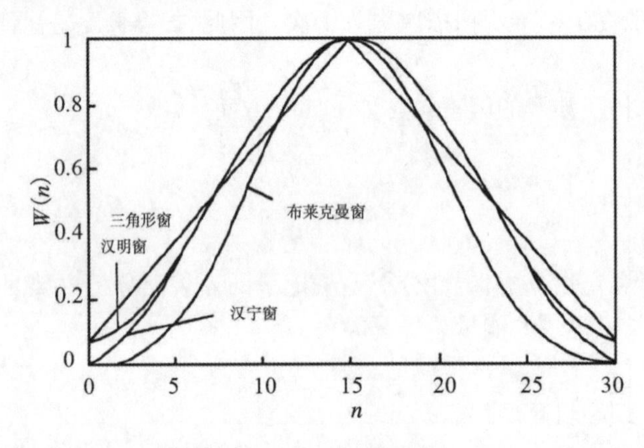

图3.1 四种窗函数曲线

扫描斜坡可分为线性斜坡和非线性斜坡两类。对于线性扫描,扫描起始斜坡长度与终了扫描斜坡长度一般相同,当然,也可以不同。因非线性斜坡是一阶光滑的,效果优于线性斜坡。提倡生产中使用非线性斜坡。常用的非线性斜坡包括余弦斜坡和布莱克曼斜坡。

余弦斜坡函数:

$$W_t = \begin{cases} 0.5 - 0.5\cos(\dfrac{\pi t}{T_1}) & 0 \leqslant t \leqslant T_1 \\ 1 & \text{其他} \\ 0.5 - 0.5\cos\left[\dfrac{\pi(T-t)}{T_2}\right] & T - T_2 \leqslant t \leqslant T \end{cases} \tag{3.7}$$

式中, W_t 为斜坡函数, T_1 、T_2 分别为起、止斜坡长度,T 为扫描长度。

布莱克曼斜坡函数:

$$W_t = 0.42 - 0.5\cos(\frac{2\pi t}{T_0 - 1}) + 0.08\cos(\frac{4\pi t}{T_0 - 1}) \tag{3.8}$$

式中, W_t 为斜坡函数, T_0 为起止斜坡总长度。

早期余弦镶边函数用的较多,目前常用的 VIBPRO 与 VE464 等电控系统中,布莱克曼斜坡函数应用最多。

(2)斜坡长度

扫描斜坡长度的选择一般应考虑以下几个因素:

①扫描起始、终止频率。

②低频干扰频率范围和能量强度。

若低频干扰严重,可设定合适的斜坡长度抑制。

③扫描长度和扫描频宽。

扫描频宽与扫描长度的比值是扫描速率,扫描速率越小,斜坡可取的越大些;扫描速率越大,斜坡越小。

④ Gibbs 现象。

根据斜坡长度的定量分析,对于 6 s 的扫描长度,扫描频宽 90 Hz 的扫描信号,300 ms 的斜坡长度在频谱域有振荡现象,500 ms 的斜坡长度基本消除了振荡现象。对于 10 s 以上的扫描长度,500 ~ 800 ms 的斜坡长度是一推荐长度。对于 5 s 以下的扫描长度,300 ~ 500 ms 是可以考虑的选择。

从影响理论相关子波形态的观点出发,起始与终止斜坡函数的长度之和等于激发信号的扫描长度,这样的子波形态最好,激发信号具有三角型谱的特征。从实际应用看,激发信号在传输过程中并不是理想化的,存在不确定性的能量衰减,由于信号衰减导致接收信号的带宽与理论带宽的差距较大,极大地损失了接收信号的信噪比,通常意义下的斜坡选择一般只考虑激发信号的起始与终止段。

因此,在选择激发信号的斜坡长度时,不仅应考虑斜坡函数类型,还应考虑在斜坡长度影响下,设计频率与实际有效频率差的问题。

在采用线性扫描信号时,斜坡长度一般不大于 0.5 s,通常在 0.2 ~ 0.5 s 之间;而采用非线性扫描信号时，斜坡长度应根据扫描信号起始速率的情况反复核算才能最终确定。

3.1.2 线性扫描信号设计

1. 理论计算

理论上，可控震源扫描信号可用频率连续变化的正弦函数表示，它具有相对稳定的振幅、信号频率随时间呈线性变化等特点。

正弦线性扫描信号是可控震源地震资料采集中主要的扫描形式，所谓线性扫描就是扫描的频时曲线是线性递增的或线性递减的。线性递增的叫作升频扫描，线性递减的叫降频扫描。线性扫描信号一般由频率范围、扫描长度、斜坡和振幅函数构成，结合扫描升、降频方式及初始相位，生成完整的扫描信号。

线性扫描频谱特征是振幅谱为平直的，即对于每一个频率点能量分配是相等的，可用频率连续变化的正弦函数表示。

扫描信号为

$$S(t) = A\sin\left[2\pi\int_0^t f(\tau)\,\mathrm{d}\tau\right] = A\sin\left[2\pi\left(f_1 + \frac{f_2 - f_1}{2T}t\right)t\right] \tag{3.9}$$

式中，A 为扫描信号幅度，$f(t)$ 为时频函数，t 为时间变量，f_1 为起始频率，f_2 为终止频率。

瞬时相位为

$$\varphi(t) = 2\pi\int_0^t f(\tau)\,\mathrm{d}\tau = 2\pi(f_1 + \frac{f_2 - f_1}{2T}t)t \tag{3.10}$$

瞬时频率为

$$f(t) = \frac{1}{2\pi}\frac{\mathrm{d}\varphi(t)}{\mathrm{d}t} = f_1 + \frac{f_2 - f_1}{T}t \tag{3.11}$$

可见，$f(0) = f_1$，$f(T) = f_2$，且 $f(t)$ 是 t 的线性函数。

2. 线性扫描信号特征分析

可控震源地震勘探中，扫描信号专用于描述瞬时频率随时间单调变化的等幅连续振荡信号。线性扫描是指瞬时频率是时间的线性函数的扫描。式(3.9)为线性扫描的数学表达式。

扫描信号频带宽度 Δf 为

$$\Delta f = f_2 - f_1 \tag{3.12}$$

扫描信号中心频率 f_0 为

$$f_0 = (f_2 - f_1)/2 \tag{3.13}$$

在地震勘探中，线性扫描信号的自相关函数可近似表达为

$$\emptyset(\tau) = \frac{A^2}{2}\frac{T\sin\pi\Delta f\tau}{\pi\Delta f\tau}\cos 2\pi(f_1 + \frac{\Delta f}{2T})\tau \tag{3.14}$$

式中，$0 \leqslant |\tau| \leqslant T$。

取起始频率为 5 Hz，终止频率为 96 Hz，扫描长度为 18 s，起止斜坡均为 300 ms，对该扫描信号进行设计。图 3.2 所示为扫描信号波形图，图 3.3 所示为扫描信号频谱分析图，图 3.4 为扫描信号自相关子波图。

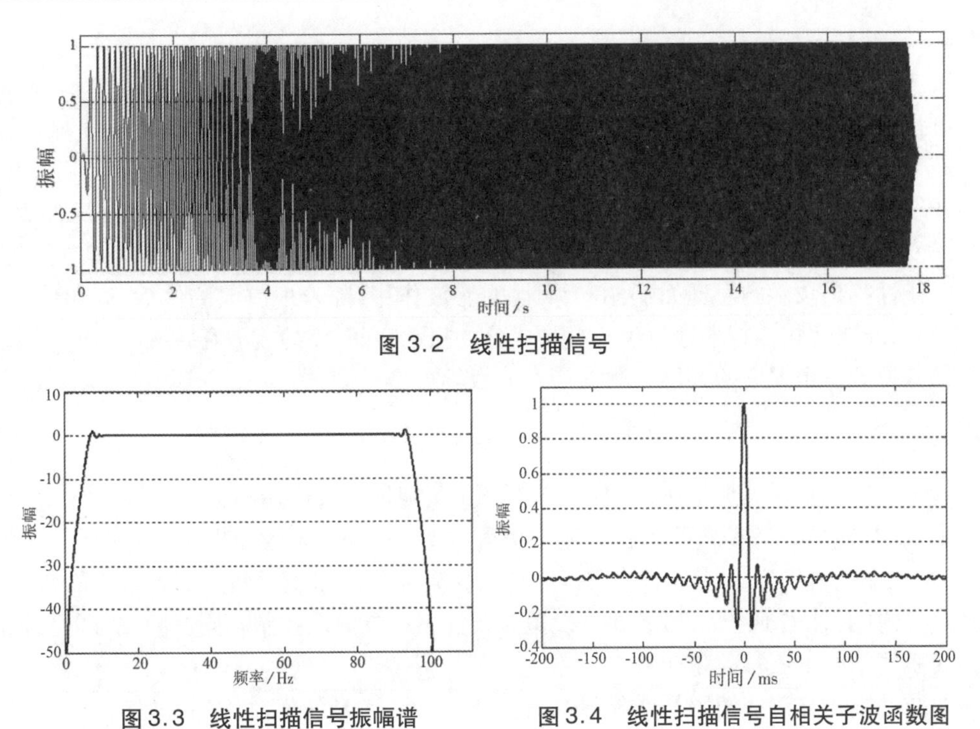

图 3.2　线性扫描信号

图 3.3　线性扫描信号振幅谱

图 3.4　线性扫描信号自相关子波函数图

3. 线性扫描信号谐波畸变分析

由于震源机械振动装置的非线性振动以及振板与大地的耦合问题，在震源向地下输入能量的同时，也产生了谐波畸变。这种畸变以扫描信号频率范围的倍数出现，分别叫做二次谐波、三次谐波……N 次谐波。为此，应该从谐波干扰的特性出发，研究谐波干扰分布特点，通过优化扫描参数降低谐波干扰。

在线性扫描中，频率变换方式有两种：一种是由低到高，称之为升频扫描；另一种是由高到低，称之为降频扫描。

其升频形式为

$$f_i = f_1 + \frac{f_2 - f_1}{T} t \tag{3.15}$$

$$s_1(t) = A(t)\sin\left[2\pi(f_1 + \frac{f_2 - f_1}{2T} t) t\right] \tag{3.16}$$

其降频形式为

$$f_i = f_2 + \frac{f_1 - f_2}{T} t \tag{3.17}$$

$$s_2(t) = A(t)\sin 2\pi\left(f_2 + \frac{f_1 - f_2}{2T} t\right) t \tag{3.18}$$

式中，f_1 为起始频率，f_2 为终止频率，T 为扫描长度，f_i 为瞬时频率。

谐波信号以扫描信号频率范围的倍数增长，其数学形式、特征及畸变的影响见 2.2.1 节，这里不再赘述。

3.1.3 非线性扫描信号设计

1. 理论分析与计算

可控震源地震勘探的线性扫描技术由于简单易用,在实际工作中率先得到了应用,但由于其分辨率太低,人们自然把目光转向了非线性扫描。

非线性扫描是指通过控制激发信号不同频率的振动时间,一般是延长高频振动时间,提高激发地震信号的高频成分,达到提高分辨率地震勘探的目的。

非线性扫描技术的原理如下:由于大地的滤波作用,随着地震波的传播,高频成分不断被吸收,非线性扫描技术通过延长高频成分的振动时间,使地震波在传播过程中损失的高频部分得到一定程度的补偿。激发信号的数学模型为

$$S(t) = A(t)\sin\left[2\pi\int_0^t f(\tau)\,\mathrm{d}\tau\right] \tag{3.19}$$

式中,$A(t)$ 为扫描信号振幅函数,$f(t)$ 为扫描信号时间 - 频率函数,t 为时间变量。

由式(3.19)可知,提高可控震源激发信号的高频能量,应增加高频信号的作用力幅度(即增大驱动幅度),或使用非线性扫描延长高频部分的作用时间。前者采用的作用力幅度是有限的,且也不经济;后者通过设置非线性扫描参数及控制不同高频成分的扫描时间提高激发信号以获得高频能量。

非线性扫描方法的使用是受限制的,有前提条件,不是任何时候都有好的效果,使用不当或错误地应用往往得不到好的效果,甚至效果更差。

实践经验证明,在进行非线性扫描时,需要对各种参数进行认真选择,而且对于每一个新勘探区,都需要进行野外试验,重新配置参数。

实际生产中,当波前逐渐远离激发源后,信号形态发生改变,部分能量转化为热量。大地吸收和扩散作用使得激发能量随频率和传播距离呈衰减关系。高频部分逐步衰减殆尽。

$$A = A_0\,\mathrm{e}^{-\pi Q^{-1}ft} \tag{3.20}$$

式中,A 为瞬时振幅,A_0 为初始振幅,Q 为吸收因子,f 为频率,t 为时间。

为了补偿大地的吸收,增加高频能量,震源的振动时间就不能像线性扫描那样按频率平均分配,而要求能量损失较小的低频具有较短的震动时间,能量损失较大的高频具有较长的振动时间。非线性扫描频率与扫描时间的函数关系不再是线性关系,而是非线性关系。

$$f(t) = f_1 + \frac{1}{c}\ln\left\{\left(\exp(c(f_2 - f_1) - 1) \times \frac{1}{T}\right) + 1\right\} \tag{3.21}$$

式中,$f(t)$ 为时频函数,f_1 为起始频率,f_2 为终止频率,c 为补偿因子,T 为扫描长度。

在非线性扫描信号设计中,最常用的设计方法是振幅谱法,其具体设计思路如下:

①对各个频率的扫描时间,按照其与该频率成分要求的振幅呈正比关系分配:

$$\mathrm{d}t = kA(f)\,\mathrm{d}f \tag{3.22}$$

式中,k 为计算使用比例常数;$A(f)$ 为子波频谱;f 为可控震源扫描信号瞬时频率;$\mathrm{d}f$ 为可控震源扫描信号瞬时频率微分。

②由各个频率成分在扫描信号中的出现时间,求出 $t(f)$ 函数:

$$T = k\int_{f_1}^{f_2} A(f)\,\mathrm{d}f \tag{3.23}$$

$$t(f) = \frac{T\int_{f_1}^{f} A(f)\,\mathrm{d}f}{\int_{f_1}^{f_2} A(f)\,\mathrm{d}f} \tag{3.24}$$

式中，T 为扫描长度。

③求扫描信号中的瞬时频率，也就是 $t(f)$ 的反函数 $f(t)$ 。实际上，是由式(3.24)求解 $f(t)$ 的表达式。

④根据时频函数 $f(t)$ 求取扫描信号：

$$S(t) = A(t)\sin 2\pi\int_0^t f(\tau)\,\mathrm{d}\tau \tag{3.25}$$

式中，$S(t)$ 为扫描信号，$A(t)$ 为扫描信号振幅函数，T 为可控震源扫描长度，$0 \leqslant t \leqslant T$ 。

2. 指数与对数形式扫描信号

可控震源有多种形式的非线性扫描信号，常用的可以分为指数变频(DB/OCT)扫描和对数变频(DB/Hz)扫描两类。定量求取非线性扫描因子的一般步骤是:先利用扫描的时频关系公式导出扫描信号的理论公式，然后，加上由能量分析得到的地震波变化规律的约束，求出最佳扫描因子。

(1)指数变频扫描

其扫描信号的瞬时频率为

$$f(t) = \sqrt[n]{f_0^n + \frac{t}{T}(f_1^n - f_0^n)} \tag{3.26}$$

式中，f_0 为起始频率，f_1 为终止频率，T 为扫描时间，n 为正常数。

指数变频扫描是非线性扫描中的一种形式，在设计当中，应以地层的频率衰减曲线为约束条件，确定最佳参数 n 。

实际应用有平方根变频扫描（$n = 2$）和立方根变频扫描（$n = 3$）两种。下面以平方根变频扫描为例分析指数扫描的特点。

平方根扫描信号频率变化如图 3.5 所示，平方根变频扫描信号如图 3.6 所示。

由图 3.5 可见，平方根变频扫描信号频率变化在扫描起始点最快，而后随时间逐渐增长减慢，因此，高频能量得到加强。

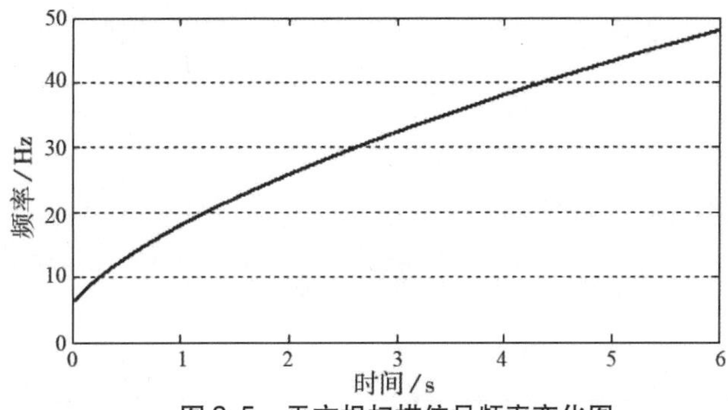

图 3.5　平方根扫描信号频率变化图

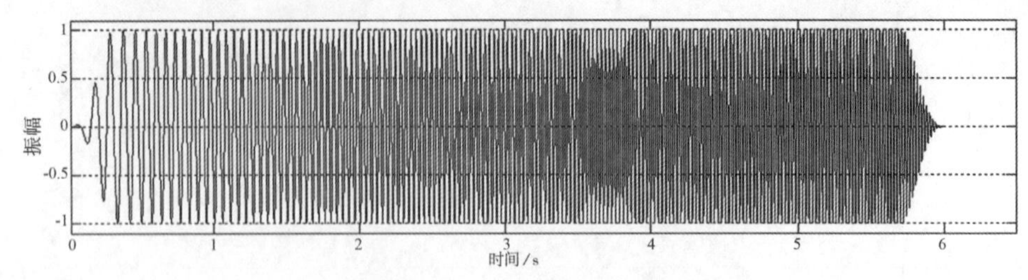

图 3.6 平方根变频扫描信号图

平方根变频扫描的频谱和自相关函数,如图 3.7 所示。

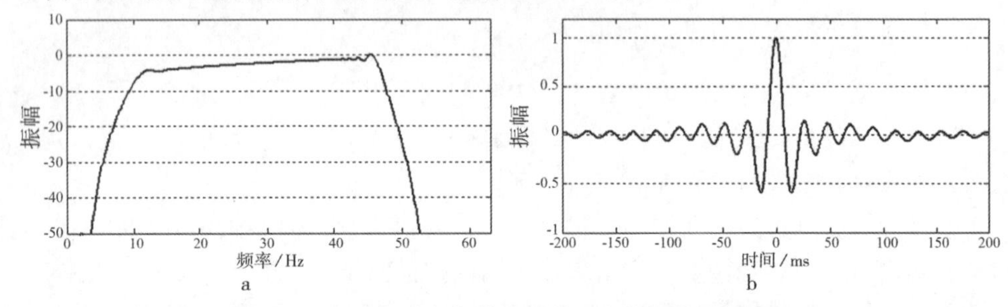

图 3.7 平方根变频扫描的频谱 a 和自相关函数图 b

(2)对数变频扫描

当扫描频率每增加 1 Hz 时,对数变频扫描对应的能量增加一个固定的分贝数,设此分贝数为 K,根据此信号的定义得到:

$$K = \frac{20\lg\left(\frac{A_t}{A_0}\right)}{f_E - f_0} \tag{3.27}$$

式中,K 为补偿分贝数,A_t 为扫描 t 时刻的输出能量,A_0 为扫描 t 为零时刻的输出能量,f_0 为起始频率,f_E 为终止频率。

设 R_0 为扫描起始频率变化率,R_t 为扫描 t 时刻的频率变化率,由于 $A_t / A_0 = R_0 / R_t$,则有:

$$R_t = \frac{R_0}{\exp\left[\frac{k\ln 10}{20}(f_t - f_0)\right]} \tag{3.28}$$

又因为 $R_t = \frac{\mathrm{d}f_t}{\mathrm{d}t}$,对上式积分得:$\int_{f0}^{ft} exp\left[\frac{K\ln 10}{20}(f_t - f_0)\right]\mathrm{d}f_t = \int_0^t R_0 \mathrm{d}t$,即

$$R_0 t = \frac{20}{K\ln 10}\left\{\exp\left[\frac{K\ln 10}{20}(f_t - f_0)\right] - 1\right\} \tag{3.29}$$

取边界条件为 $t = T$ 时,$f_t = f_E$,于是得:

$$R_0 = \frac{20}{K \cdot \ln 10 \cdot T}\left\{\exp\left[\frac{K\ln 10}{20}(f_E - f_0)\right] - 1\right\} \tag{3.30}$$

可以求得:

$$f(t) = f_0 + \frac{20}{K\ln 10}\ln\left\{1 + \frac{t}{T}\left[\exp\frac{K\ln 10(f_E - f_0)}{20} - 1\right]\right\} \tag{3.31}$$

对上式进一步化简得到：

$$f(t) = c_1 \ln(c_2 + c_3 t) \tag{3.32}$$

其中：

$$c_1 = \frac{20}{K\ln 10} \tag{3.33}$$

$$c_2 = \exp\left(\frac{f_0}{c_1}\right) \tag{3.34}$$

$$c_3 = \frac{1}{T}\left[\exp\left(\frac{f_E}{c_1}\right) - \exp\left(\frac{f_0}{c_1}\right)\right] \tag{3.35}$$

式(3.32)的数学形式是一对数曲线。假设 $f_0 = 8$, $f_E = 58$, $T = 6$，扫描补偿系数 K 取不同值时，得到扫描信号瞬时频率如图 3.8 所示，对应的扫描信号为图 3.9 所示。

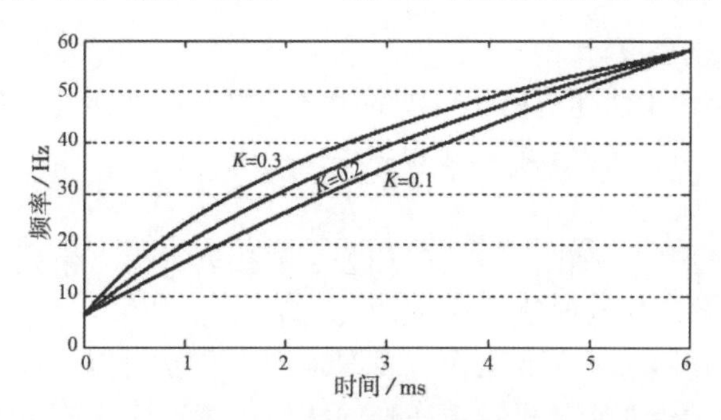

图 3.8　扫描信号时频曲线图

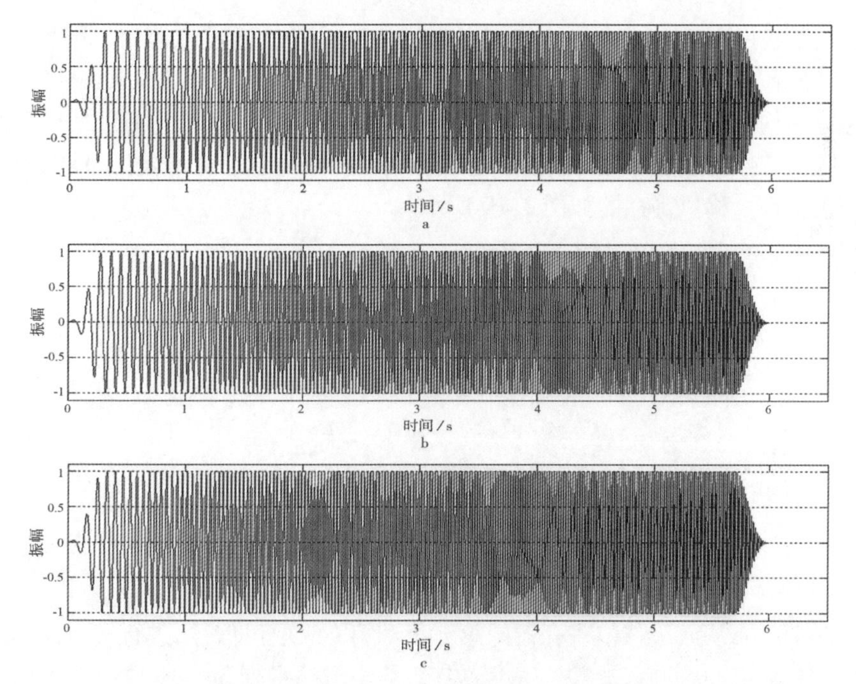

图 3.9　k 取不同值时对应的对数扫描信号

(a: k=0.1; b: k=0.2; c: k=0.3)

在实际应用中,此种形式的扫描补偿系数 K 要慎重选择。K 值选择太低则达不到补偿高频的目的,选择太高会使大部分扫描能量集中于高频端,造成低、中频能量损失过重,既降低扫描倍频程数,又压制有效波主频能量,且增加高频干扰。

以上两种非线性扫描的实质都是扫描频率随时间非线性变化,因此,扫描驱动幅度一定时,分配于不同频率输入地下的能量也不相同。但非线性扫描与线性扫描一样,其总能量都取决于扫描时间长度,非线性扫描补偿高频能量是以降低低频部分能量实现的。

指数变频扫描和对数变频扫描形式的共同点是:它们都是对低频部分作较高的频率变化,而对高频部分作较低的频率变化,即都是对高频进行补偿的曲线,其补偿分贝数预先给定,非常直观,并且都是连续曲线,便于实际应用;不同点是由于能量补偿曲线形式不同,因而,每种曲线对各个频段的补偿程度不同。

3.1.4　伪随机扫描信号设计

自20世纪70年代末伪随机序列扫描的构想被提出后,由于该序列具有优异的自相关函数,因此,人们把目光转向其在地震勘探中的应用。

1. 伪随机序列的定义

伪随机序列有良好的“随机性”,它的相关函数接近白噪声相关函数,即有窄的高峰或宽的功率谱密度,易于从其他信号或干扰中分离出来。如果一个序列,一方面它的结构(或形式)是可以预先确定的,并且是可以重复地产生和复制的;另一方面它又是某种随机序列的随机特性(即类似于随机噪声序列的统计特性),称这种序列为伪随机序列(伪随机码)。

由于伪随机序列具有上述特性使其在伪码测距、导航、遥控遥测、扩频通信、多址通信、分离多径、数据加密、信号同步、误码测试、线性系统测量、天线方向图测量、各种噪声源检测等方面均有一定的应用。伪随机序列是由0和1两个元素组成的二元序列,它是具有某种随机特性的确定序列,是由移动寄存器产生的确定序列,然而,却具有某种随机序列的随机特性。移位寄存器如图3.10所示。

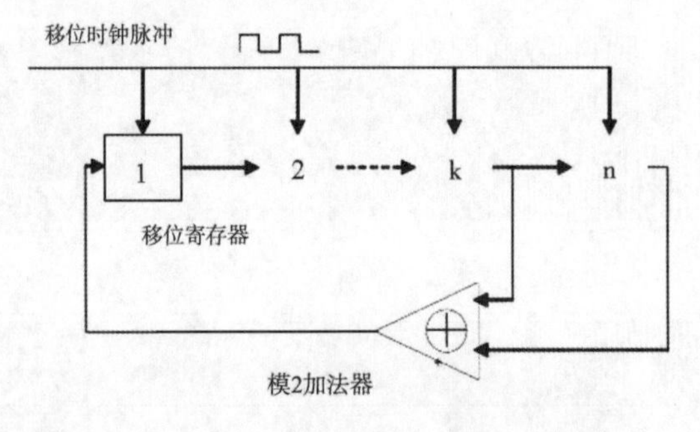

图3.10　移位寄存器

在图3.10中,从 n 级移位寄存器的第 n 级和第 k 级取出信号,进行模2相加后,反馈至第一级,当输入为脉冲后,在移位寄存器各级的输出端得到 $2n-1$ 位伪随机信号,所谓模2相加就是表3.1所示真值表的逻辑运算。

表 3.1　模 2 相加的真值表

A	B	A⊕B
0	0	0
0	1	1
1	0	1
1	1	0

假设 $n=4$，$k=3$ 时，四级移位寄存器的各级所呈现的状态如下：

首先，把反馈式移位寄存器的初始状态置于高电平“1”状态，那么初态为[1111]，此时模 2 加法器输出端处于低电平“0”，第一级输入端同样为“0”状态。

第一个移位时移位脉冲加入后，第一级输出端由原来的“1”变成“0”，第一级的输入同样为“0”状态。

第二个移位时移位脉冲加入后，各级移位寄存器状态右移，第一、二级为“0”，第三、四级为“1”，模 2 相加后输出为“0”，第一级输入为“0”。

第三个移位时移位脉冲使各级移位寄存器状态右移，第一、二、三级输出为“0”，第四级为“1”，模 2 相加器输出为“1”。第一级输入为“1”。以后移位时脉冲加入后，各级状态以此类推。各级状态如表 3.2 所示。

表 3.2　移位寄存器状态表

级数	状态															
	1	2	3	4	5	6	7	8	9	10	11	12	13	14	15	16
1	1	0	0	0	1	0	0	1	1	0	1	0	1	1	1	1
2	1	1	0	0	0	1	0	0	1	1	0	1	0	1	1	1
3	1	1	1	0	0	0	1	0	0	1	1	0	1	0	1	1
4	1	1	1	1	0	0	0	1	0	0	1	1	0	1	0	1

从表 3.2 中可以看出，此四级移位寄存器的每一级输出均有 15 个状态，到了第 16 个状态后便开始重复，各级状态组成的信号除了有相位差外其他均相同，第二级输出的状态延迟第一级一位，第三级延迟第二级一位，依此类推，若从第四级输出端取出信号，其信号为：111100010011010。

2. 伪随机扫描序列及其相关函数

伪随机序列在一个周期内的信号是纯随机的，但各个周期内信号完全相同。伪随机序列具有接近于白噪声的相关函数，但却具有可确定性和可重复性，伪随机序列特征如下：

①每一周期内 0 和 1 出现的次数近似相等；

②这些序列以 $2N-1$ 个状态码元呈周期性变化（N 为正整数）；

③每个周期包含奇数个随机排列的状态码元。

伪随机扫描序列由两个信号相乘得到，一个是恒频载波信号，另一个是周期为 $2N-1$ 的伪随机编码信号。伪随机扫描序列的自相关函数为

$$\varphi(\tau)=\begin{cases}\dfrac{A^2}{2}\left[\left(1-\dfrac{2^N f_c\tau}{2^N-1}\right)\cos 2\pi f_c\tau+\dfrac{2^N}{2\pi(2^N-1)}\sin 2\pi f_c\tau\right] & \left(0\leqslant|\tau|<\dfrac{1}{f_c}\right)\\ -\dfrac{A^2}{2(2^N-1)}\cos 2\pi f_c\tau & \left(\dfrac{1}{f_c}\leqslant|\tau|<\dfrac{T}{2}\right)\end{cases} \tag{3.36}$$

式中，f_c 为载波信号频率，信号周期为 $(2N-1)f_c$，A 为载波信号幅度，τ 为记录时间。

伪随机扫描序列的自相关函数与线性扫描序列的自相关函数相似，但是，其旁瓣是一个等幅、单频的时间函数，频率是载波信号频率。伪随机序列的旁瓣与扫描信号相比要小很多，这主要归功于相同数量的随机安排的正负码元，正是这些码元在自相关的非零值处消除了一个又一个的旁瓣。由于其具有一定的周期性，在每个周期内又是随机的，因此，其自相关函数接近白噪声的自相关函数，即脉冲函数。如果处理得当，可以完全消除伪随机序列自相关函数的旁瓣，因此，具有良好的应用前景。

3.2　基于目的层频谱特征扫描信号设计

常规可控震源非线性扫描信号设计主要针对高频吸收衰减，并根据振幅随频率的变化关系，求出能量每个倍频程或每种能量的衰减分贝数，进而，求取非线性扫描信号。然而，针对高频吸收严重和低信噪比地区，常规非线性扫描信号激发效果一般，无法获取更高品质地震资料。为此，提出了一种面向勘探区域目的层频谱需求的可控震源信号设计方法，主要以提高勘探区域目的层能量与信噪比为主要目的，尤其是构造特征复杂的工区，可根据目的层频谱特征进行针对性的扫描信号设计以提高可控震源激发效果。

3.2.1　设计原理

可控震源将激发信号传播到地下，经检波器接收，传输到仪器，最后形成单炮记录，这一系列过程均会对地震信号的低频或是高频产生影响。在时间域（图 3.11），单炮是由参考信号与母记录相关形成；而在频率域（图 3.12），单炮频谱是由扫描信号频谱与母记录频谱相乘形成，其中图 3.11 ⊗代表相关运算，图 3.12 × 代表普通运算。因此，母记录频谱决定了单炮频谱。

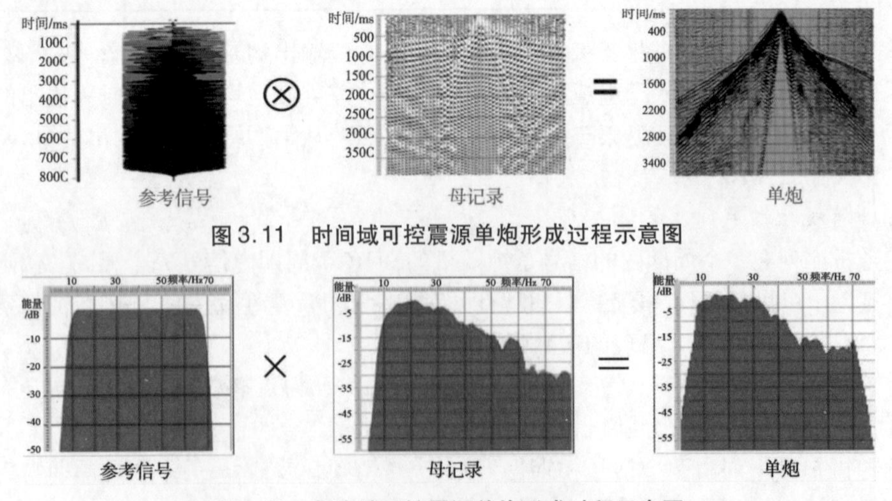

图 3.11　时间域可控震源单炮形成过程示意图

图 3.12　频率域可控震源单炮形成过程示意图

影响母记录频谱的因素较多,如检波器、仪器、大地滤波等,地震信号经过实际的大地传播与仪器接收后,理论频谱和实际频谱相差较大(图 3.13),检波器与地震仪器对接收信号低频端有影响,检波器组合与大地滤波对高频信号有影响,因此,类似于带通滤波作用。采用线性扫描时,高频与低频能量损失较多,即使对扫描信号进行高低频补偿,但接收到的地震信号还是发生了较大改变。

基于目的层频率特征扫描信号设计方法主要依据目的层的频谱进行设计,重新分配频率、能量,类似于将大部分能量设计在频率的通放带以内,突出了目的层信息。

基于目的层频率特征扫描信号设计流程如图 3.14 所示,根据采集区域剖面、VSP 测井资料或典型单炮的各目的层频谱综合分析,选取各频谱的包络作为扫描信号的频谱曲线,设计出的扫描信号在优势频带内具有较长的扫描时间。与常规线性与非线性扫描信号相比,基于目的层频率特征扫描信号在优势频带内扫描时间较长,优势频带内具有较强能量,从而能提高可控震源地震资料品质。

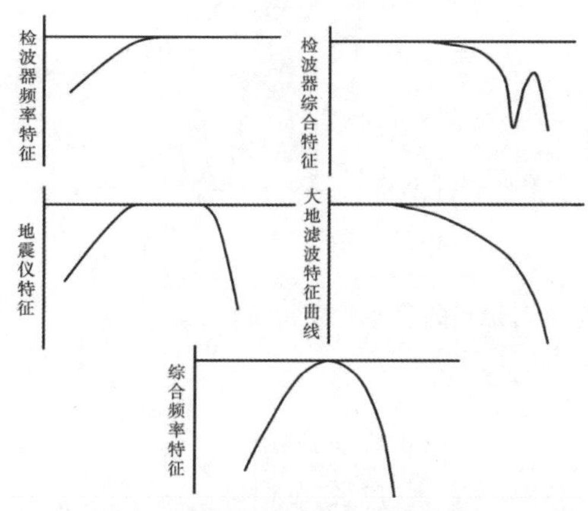

图 3.13　地震勘探综合频率特征曲线

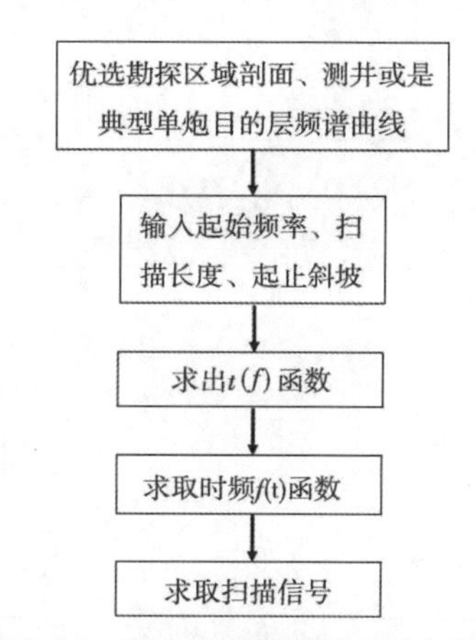

图 3.14　基于目的层频谱响应扫描信号设计流程

3.2.2　设计方法

基于目的层频谱特征扫描信号设计方法,具体思路如下:

①优选勘探区域剖面、VSP 测井资料或是典型单炮进行目的层频谱分析,并拟合出频谱曲线 $A(f)$;

②根据工区频率及能量要求,设计起始频率、扫描长度及起止斜坡长度;

③求出每个采样频率所对应的时间函数 $t(f)$;

$$T = k\int_{f_1}^{f_2} A(f)\,\mathrm{d}f \tag{3.37}$$

$$t(f) = \frac{T\int_{f_1}^{f} A(f)\,\mathrm{d}f}{\int_{f_1}^{f_2} A(f)\,\mathrm{d}f} \tag{3.38}$$

式中,T 为扫描信号长度,k 为比例常数,f_1 为扫描信号的起始频率,f_2 为扫描信号的终止频率,$A(f)$ 为子波频谱,f 为扫描信号瞬时频率。

④将时间函数 $t(f)$ 进行反变换求取时频函数 $f(t)$；

⑤通过对时频函数 $f(t)$ 进行积分，求取瞬时相位，进而，求取正弦扫描信号。

$$S(t) = A(t) \cdot \sin[2\pi\int_0^t f(\tau)\mathrm{d}\tau] \tag{3.39}$$

式中，$S(t)$ 为可控震源扫描信号，$A(t)$ 为布莱克曼斜坡函数，t 为时间变量，$0 \leqslant t \leqslant T$。

3.2.3 扫描信号实例分析

为了验证该扫描信号设计方法的有效性，利用西部准噶尔盆地某区 VSP 测井资料分别提取浅、中、深目的层的频谱进行扫描信号设计，并与常规线性扫描信号对比分析。

图 3.15 为 VSP 测井资料提取的浅、中、深目的层的频谱，计算各目的层频谱包络曲线，并将该曲线进行综合，如图 3.16 所示。

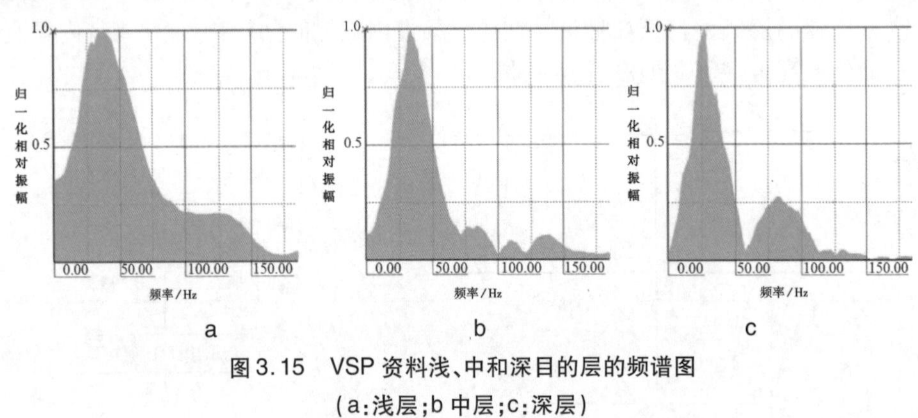

图 3.15　VSP 资料浅、中和深目的层的频谱图
（a：浅层；b 中层；c：深层）

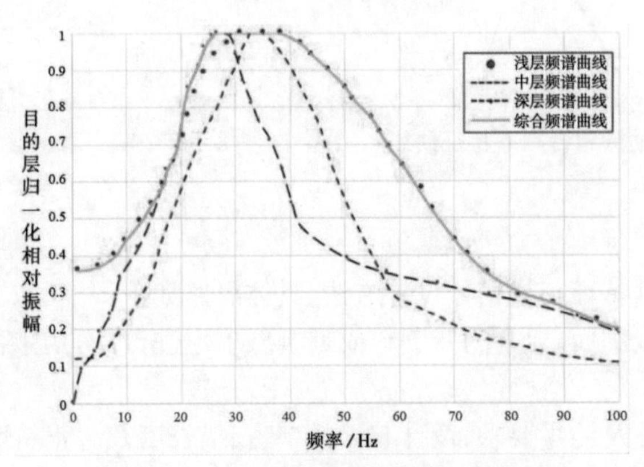

图 3.16　浅、中、深目的层的频谱曲线

根据图 3.16 中不同目的层的综合频谱曲线，拟合求取扫描信号的频谱函数。利用该函数，求各个频率成分在扫描信号中的出现时间，得到扫描函数的瞬时频率 $f(t)$；根据时频函数 $f(t)$ 求取扫描信号的相位，输出正弦可控震源扫描信号，得到如图 3.17 的扫描信号，并将其与线性扫描信号进行频谱、自相关子波对比，如图 3.18 所示。

通过这两种扫描信号的对比（图 3.18a、图 3.18b）可发现，虽然两种信号起止频率一致，但频谱分布不一致，其频谱与自相关子波发生了较大的改变；基于目的层频谱特征设计的扫描信号在低频与高频段的频谱值稍低，但 20～60 Hz 频带能量较强，也就相当于对优势频带进行了能量补偿;从自相关子波图(图3.18c)可以看出,该方法设计的扫描信号子波形态较好,清晰度较高。

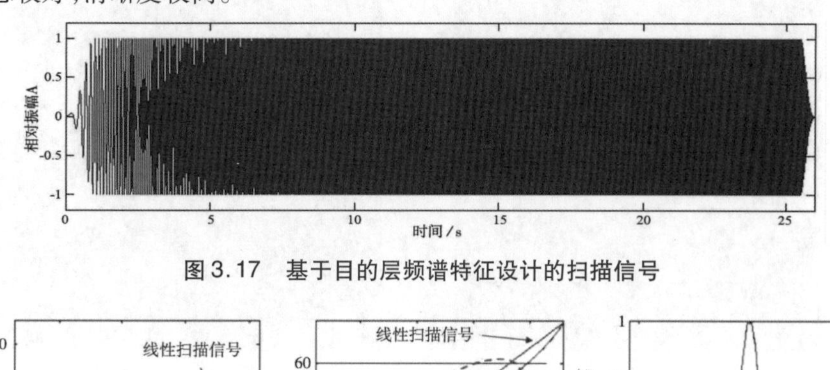

图3.17　基于目的层频谱特征设计的扫描信号

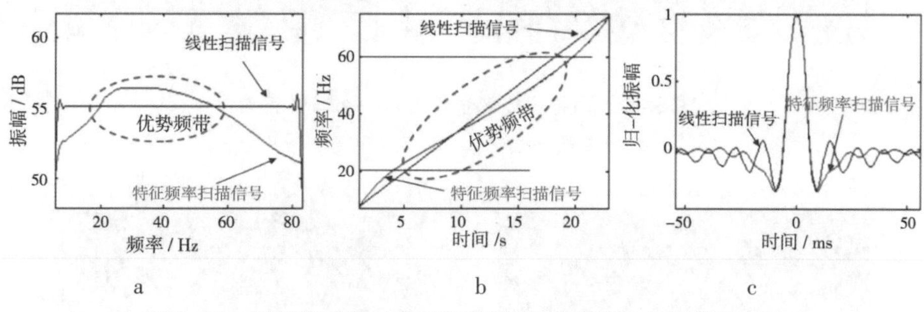

图3.18　两种扫描信号的时频曲线、频谱曲线及自相关子波图
(a:时频曲线;b:频谱曲线;c:自相关子波图)

1. 试验1

在西部D6目标区块,设计两种扫描信号,参数分别为:扫描长度为26 s,扫描频率为3~96 Hz,起止斜坡分别为1000 ms与500 ms,震源出力60 %,采用3台1次,线性信号中心频率为49.5 Hz,设计信号主频为32 Hz。

从单炮(图3.19~图3.21)对比分析看,基于目的层频谱特征设计的可控震源扫描信号的谐波干扰相对较弱。

从分频扫描资料来看,基于目的层频谱特征设计的可控震源扫描信号的单炮20~60 Hz优势频段略有优势。

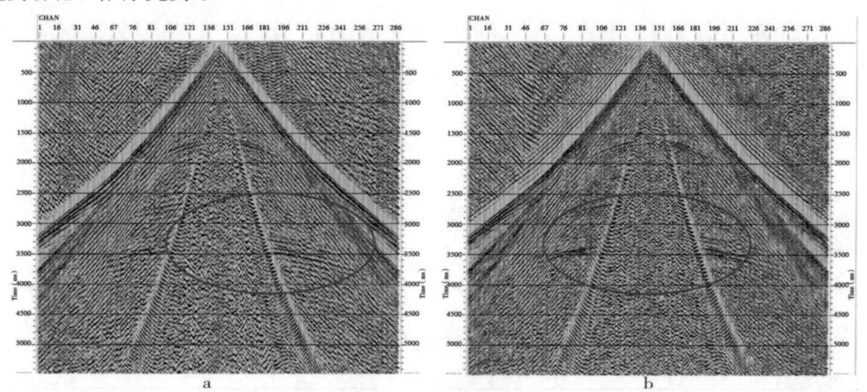

图3.19　两种扫描信号单炮AGC记录
(a:线性扫描信号;b:本方法扫描信号)

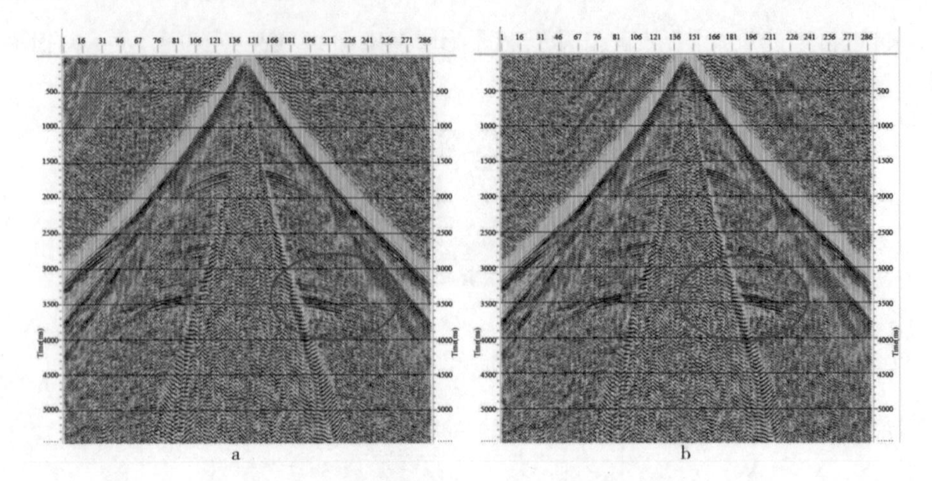

图 3.20　两种扫描信号单炮 20 ~40 Hz 记录
（a:线性扫描信号;b:本方法扫描信号）

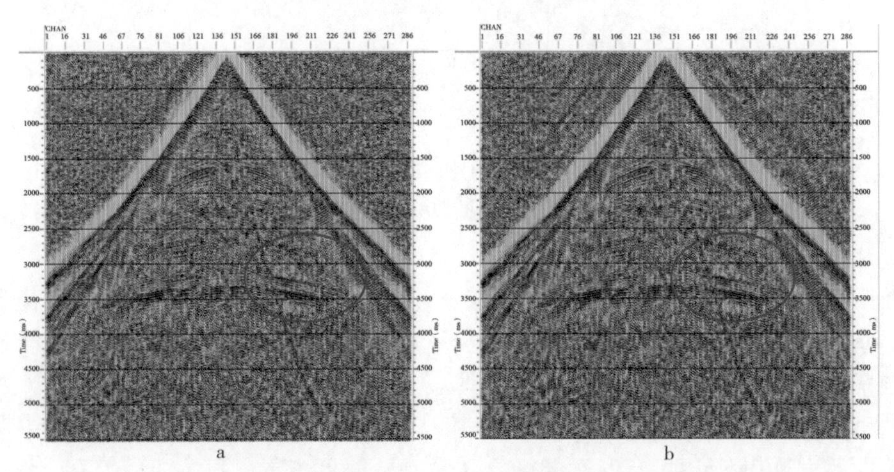

图 3.21　两种扫描信号单炮 30 ~60 Hz 记录
（a:线性扫描信号;b:本方法扫描信号）

从图 3.22 定量分析看,基于目的层频谱特征设计信号激发的单炮品质较常规线性扫描信号单炮有较明显的提高,目的层连续性较好。

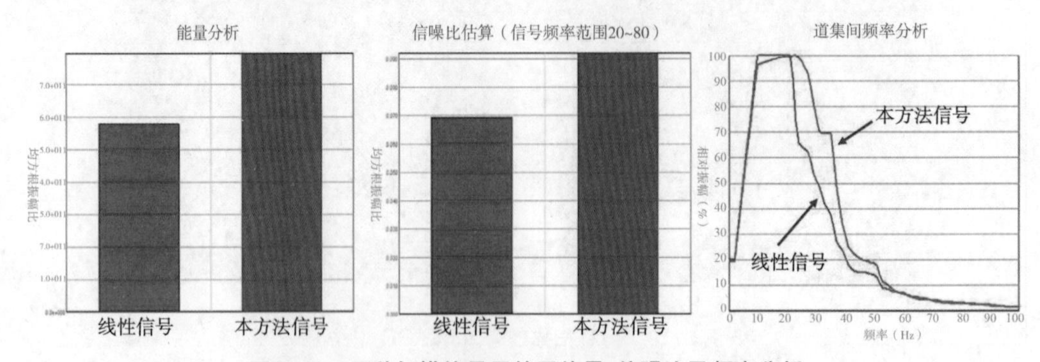

图 3.22　两种扫描信号目的层能量、信噪比及频率分析

2. 试验 2

HSD 地区基于目的层频谱特征的扫描信号试验,结果如图 3.23 所示。基于目的层频谱特征的扫描信号激发单炮信噪比明显高于线性扫描 4 ~ 84 Hz 的单炮,而且,扫描信号将能量集中到了优势频带内,因此,降低了扫描信号能量的损失,提高了单炮的信噪比。

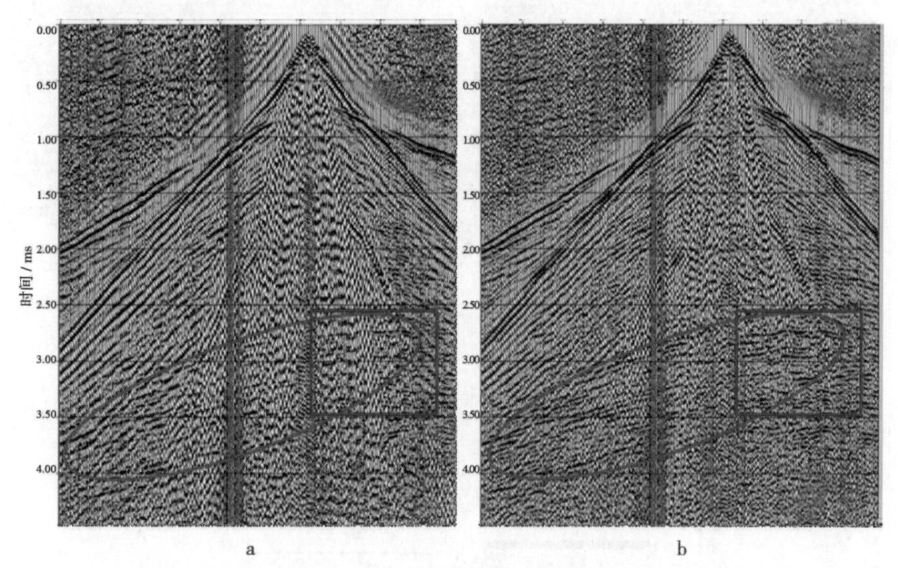

图 3.23　不同扫描信号单炮解编显示

(a:线性扫描信号;b:频谱特征扫描信号)

图 3.24 为线性扫描信号(图 3.24a)与频谱特征扫描信号(图 3.24b)单炮信噪比及频谱分析,基于目的层频谱特征的扫描信号在 15 ~ 40 Hz 内能量强于线性扫描信号单炮,信噪比更高。

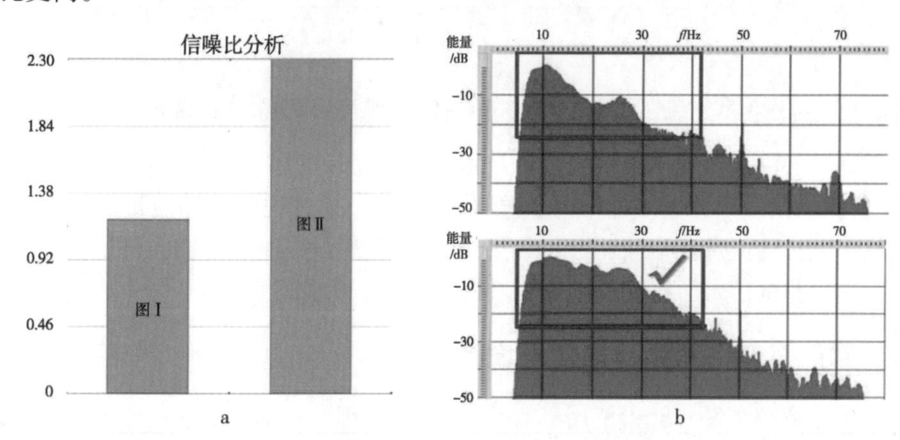

图 3.24　不同扫描信号单炮信噪比及频谱分析

(a:信噪比;b:频谱分析)

图 3.25 为两种扫描信号激发的叠加剖面,基于目的层频谱特征的扫描信号激发效果较好,主要目的层信噪比更高。图 3.26 为线性扫描信号与特征频率扫描信号激发叠加剖面频谱,基于目的层频谱特征的扫描信号激发达到了预期目的,主要目的层优势频带能量

得到加强。

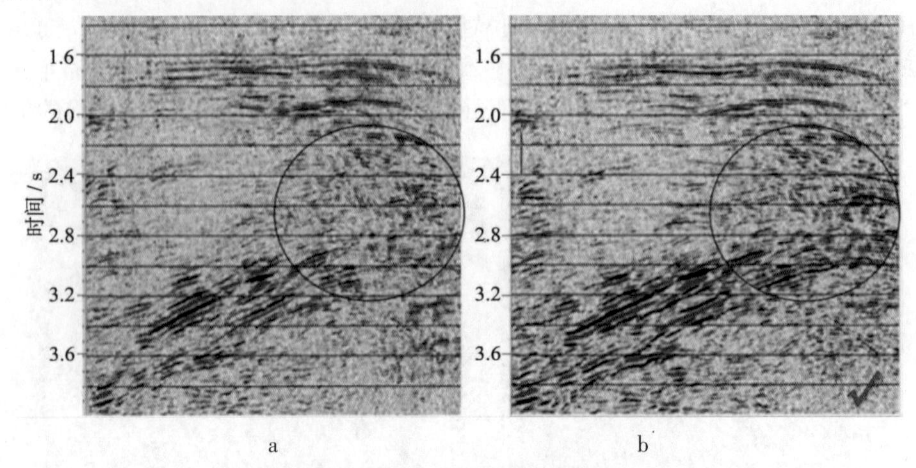

图 3.25　不同扫描信号激发叠加剖面

(a:线性扫描信号;b:频谱特征扫描信号)

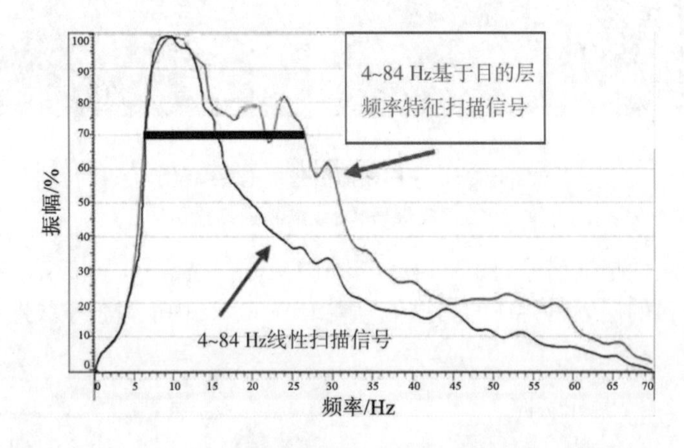

图 3.26　线性扫描信号与频谱特征扫描信号的单炮剖面频谱分析

基于目的层频谱特征扫描信号设计技术主要考虑目的层频率响应特征进行扫描信号的设计,使扫描信号频谱更接近母记录频谱,降低了扫描过程中整体能量的损失,以增强目的层优势频带的能量及信噪比。与常规线性扫描信号相比,在相同条件下,基于目的层频率特征响应扫描信号所得到的地震资料品质有了较大幅度改善。

3.3　低频能量补偿宽频扫描信号设计

可控震源宽频激发一般指使用具有 5 ~ 6 个倍频程的扫描信号进行激发,由于地震波高频分量在传播过程中很快衰减,扫描信号高频扩展效果受到一定限制,而低频成分衰减慢,只要克服可控震源自身机械性能的限制就能激发出丰富的低频成分,因此,对可控震源宽频勘探,提高扫描信号的低频成分更为现实。

斯伦贝谢 - 西方奇科公司(Schlumberger - Western - Geoco)在 2006 年推出了基于最大位移扫描(MD - Sweep)的信号设计技术,通过加强、改善可控震源低频扫描信号的能量，提高低频有效信号下传。瑞士 Spectraseis 公司在低频地震技术方面取得重大进展，2009 年与雪佛龙、埃克森美孚等公司联合开展了低频地震合作项目。2009 年，东方地球物理公司与壳牌合作开展的低频可控震源试验获得成功。2014 年，中国石化开始可控震源低频扫描信号的研究，形成了一种低频低畸变宽频扫描信号设计技术，不仅实现了常规可控震源低频激发，还降低了可控震源激发过程中的谐波畸变，取得较好的应用效果。

3.3.1　设计原理

可控震源低频信号是指激发信号最低频率低于 5 Hz 且具有一定下传能量的可控震源信号。可控震源在激发低频过程中，一般都会受到来自机械结构和液压系统方面的制约。

1. 震源达到满驱动时最低频率

$$F_{\min} = \frac{1}{2\pi} \times \sqrt{\frac{\min(HPF, HDW)}{Mm \times \frac{UsableStroke}{2}}} \tag{3.40}$$

式中，$F_{\min}$为满驱时最低频率(Hz)，HPF 为液压峰值力(kN)，HDW 为静载荷压重(kN)，Mm 为重锤重量(kg)，$UsableStroke$ 为重锤有效行程(m)。

从式(3.40)看出，震源达到满驱动时的最低频率取决于液压峰值力与静载荷压重的最小值、重锤的重量以及其有效行程。

2. 影响可控震源低频激发的五个因素

①静载荷压重；

②液压峰值力；

③伺服阀行程；

④重锤行程；

⑤泵流量。

图 3.27 为 Nomad 65 型可控震源低频激发时输出峰值力影响因素曲线，其中，主要决定因素是泵流量、重锤行程和静载荷压重三个因素。

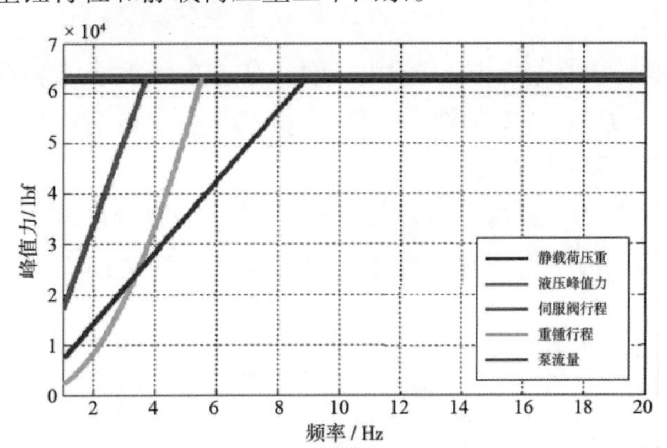

图 3.27　五个因素对低频激发频率的限制

3. 低频限制分析

随着信号频率的降低，重锤运动位移增大，当达到一定频率 F_{min} 时，重锤运动行程达到极限，则称 F_{min} 为重锤位移极限频率，因此，可控震源的机械结构限制了低频激发。

低频扫描开始时，需要的液压油流会急剧上升(从 0 到最大)，这时，振动泵响应时间可能会出现问题。供油压力会下降,驱动所需要的重锤加速度可能会不足,因此,液压油流也是影响低频激发的重要因素。

表 3.3 为 Nomad 65 型常规可控震源机械参数表,起始满驱动频率为 7 Hz。为适应低频扫描,重锤位移需要在重锤柱塞冲程限制范围内,油流应适应可控震源能力(振动泵和阀极限),也就是说,震动系统和液压系统仍然满足其机械要求。正是因为这些限制,低频段驱动幅度不能超过机械保护要求最大幅度进行设计。根据扫描频率、驱动幅度对每个频率所扫描的时间进行精确计算,实现每个频率输出能量的精确动态补偿,使各频率输出能量达到预期,从而获得理想的频谱;同时,通过平滑处理,提高信号扫描振动过程中重锤、液压油流、频率、出力等曲线的连续性,提高可控震源系统稳定性,降低设计信号低频扫描时的畸变。

表 3.3 Nomad 65 型常规可控震源机械参数表

峰值振动输出力 kN(lbf)	276(62000)	重锤平板质量比	2.62
活塞面积 $cm^2(in^2)$	133.4(20.67)	静载荷压重 kN(lbf)	276(62000)
有效行程 cm(in)	7.62(3)	车重 kg(lb)	28570(62930)
高低压差 bar(psi)	200(2900)	频率范围(Hz)	1~250
重锤质量 kg(lb)	4082(9010)	起始满驱动频率(Hz)	7

3.3.2 设计方法

低频低畸变宽频扫描信号设计基本流程如下:

①通过瞬时扫描频率与重锤位移以及泵流量限制关系,设计出低频段扫描频率与重锤位移以及泵流量的关系曲线,并转换为出力随频率的变化曲线 $A(f)$ 。

$$A(f) = \begin{cases} F_s/F_{\max}, & f_1 \leqslant f \leqslant f_0 \\ Q/Q_{\max}, & f_0 < f \leqslant f_2 \end{cases} \tag{3.41}$$

式中, $F_{\max}$ 为可控震源峰值输出力, F_s 为输出力, $Q_{\max}$ 为最大液压油流量, Q 为液压油流量, f_0 为当 $F_s/F_{\max} = Q/Q_{\max}$ 时的瞬时频率, f_1 为扫描信号的起始频率, f_2 为扫描信号终止频率, f 为扫描信号瞬时频率。

②根据扫描持续时间与震源出力的关系补偿,求出各个瞬时频率所对应的时间长度,按照所求取的时间长度对扫描信号的扫描时间重新分配,得到新的扫描时间与瞬时频率的关系 $t(f)$ 。

$$t(f) = \frac{\int_{f_1}^{f} (A(f))^2 \mathrm{d}f}{\int_{f_1}^{f_2} (A(f))^2 \mathrm{d}f} \cdot T \tag{3.42}$$

式中, $t(f)$ 为频率-时间关系函数, $A(f)$ 为期望输出的振幅谱, f_1 、f_2 为扫描信号起始频率, f 为瞬时频率, T 为扫描长度。

③将频时曲线 $t(f)$ 经过反变换求取时频曲线 $f(t)$,并将频率域的最佳出力 $A(f)$ 根据 $t(f)$ 曲线换算到时间域 $A(t)$,然后,对时频曲线与时间域的出力曲线进行三次五点平

滑及求导得到$f(t)$及$A'(t)$；对$f(t)$及$A'(t)$进行三次五点平滑，并积分得到新的时频曲线$F(t)$及出力曲线$A(t)$：

$$F(t)=\int_{t_0}^{t}f(\tau)\mathrm{d}\tau+f_0 \tag{3.43}$$

$$A(t)=\int_{t_0}^{t}A'(\tau)\mathrm{d}\tau+A_0 \tag{3.44}$$

式中，$f(\tau)$为扫描信号时频曲线，$f(\tau)$为扫描信号时频曲线$f(\tau)$的一阶导函数；$A(t)$为扫描信号出力；$A'(\tau)$为扫描信号出力曲线$A(\tau)$的一阶导函数；dt为扫描信号时间微分；f_0为扫描信号起始频率；A_0为扫描信号起始频率所对应的出力。

④根据时频函数$F(t)$求取扫描信号的相位，输出正弦扫描信号：

$$S(t)=B(t)\cdot A(t)\cdot\sin[2\pi\int_{0}^{t}F(\tau)\mathrm{d}\tau] \tag{3.45}$$

式中，$S(t)$为扫描信号，$B(t)$为布莱克曼斜坡函数。

3.3.3　扫描信号实例分析

1. 实例1

根据新疆某工区扫描频率需求，设计扫描信号分别为线性扫描6～72 Hz、低频扫描2～72 Hz两种信号。从图3.28和图3.29可以看出，低频扫描信号优化后扫描振动过程中重锤、液压油流、频率、出力等稳定性得到提高，整个扫描过程的畸变有效降低。

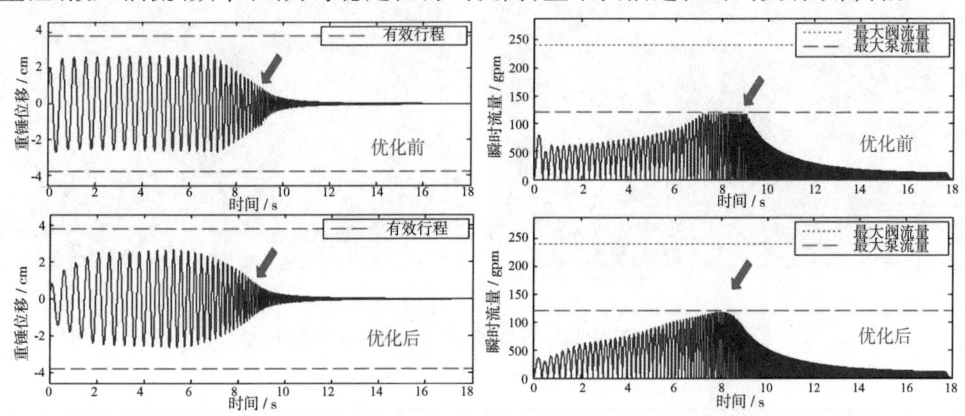

图3.28　低频扫描优化前后重锤行程位移(左)与液压瞬时流量供给曲线图(右)

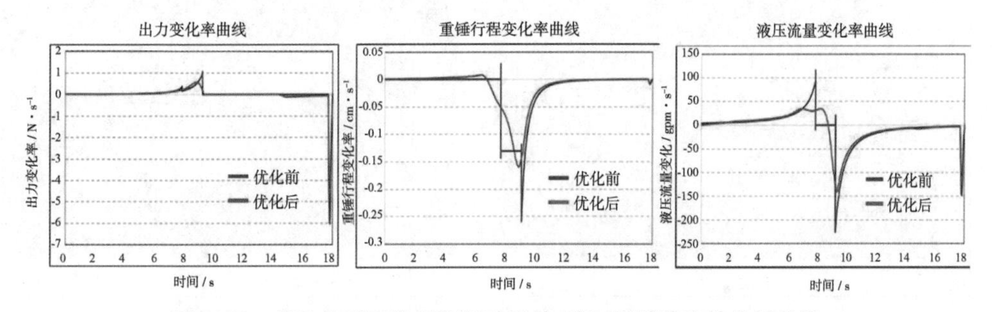

图3.29　优化前后可控震源振动系统、液压系统稳定性分析曲线

图3.30为优化前后的力信号，优化后实际扫描过程畸变降低，平均畸变减小

了28.4 %。

图 3.31～图 3.33 为单炮对比，低频扫描信号激发单炮在深层 3.5～4.5 s 之间资料信噪比高于线性扫描信号激发的单炮，低频段 10～20 Hz 滤波记录中低频信号激发单炮优于线性信号激发单炮，高频段滤波两者相差不大。

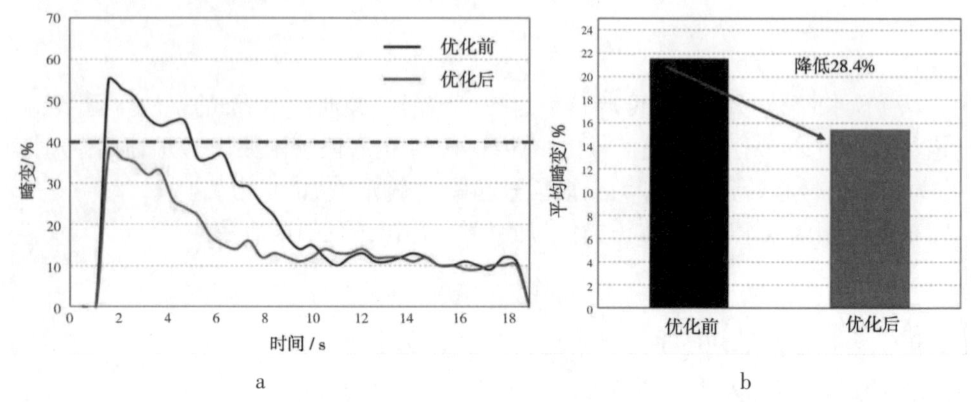

图 3.30　优化前后对比图

（a:力信号畸变分析曲线；b:平均畸变柱状图）

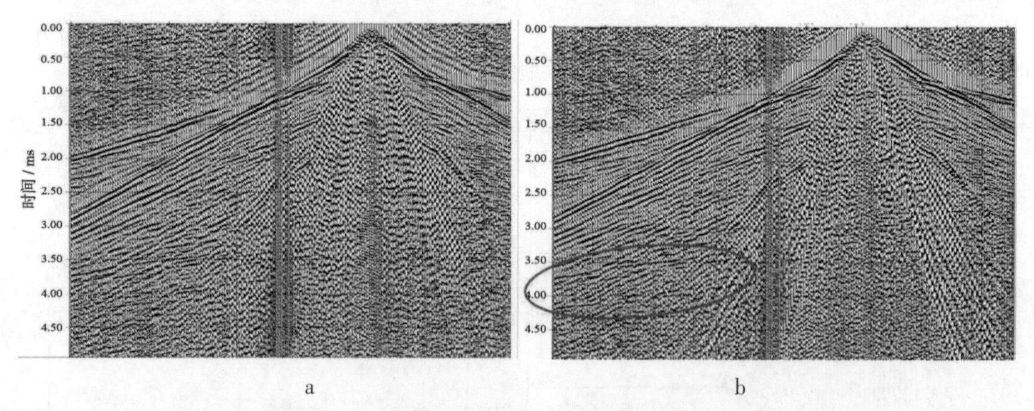

图 3.31　线性信号与低频补偿信号单炮解编记录

（a:线性信号；b:低频补偿信号）

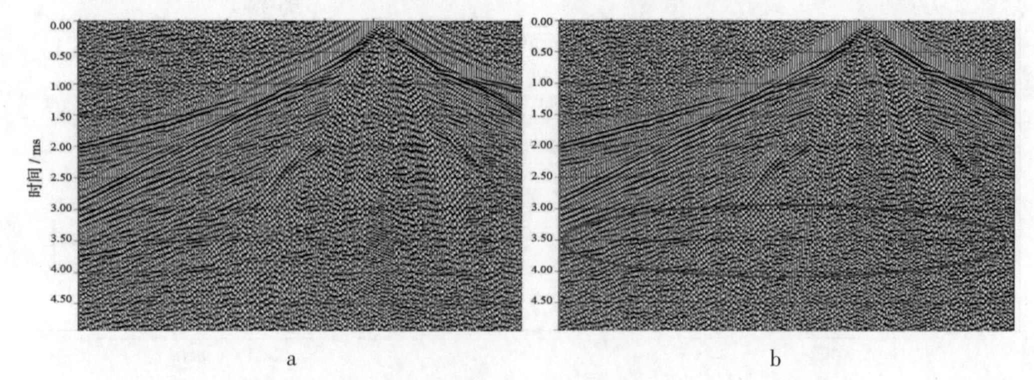

图 3.32　线性信号与低频补偿信号单炮 10～20 Hz 滤波

（a:线性信号；b:低频补偿信号）

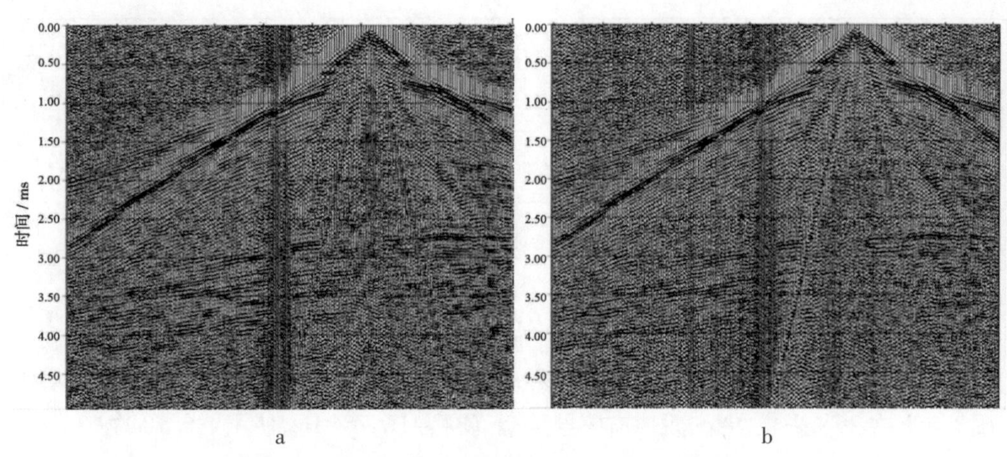

图 3.33　线性信号与低频补偿信号单炮 20 ~40 Hz 滤波
(a:线性信号;b:低频补偿信号)

2. 实例 2

腾格里沙漠南部武威盆地某二维测线工区,地表以沙漠为主,大多为格状沙丘链,分为流动、半固定、固定沙丘,高差约 10 ~20 m。采用 Nomad 65 型可控震源低频能量补偿扫描信号采集,频率范围为 2 ~84 Hz,扫描长度为 24 s,震动台次为 3 台 1 次,采集效果较好。

图 3.34 为新采集的测线与老测线剖面,虽然老资料采用井炮激发,但剖面频谱较窄,主要信息集中在 10 ~60 Hz,缺少低频与高频信息;而本次采用可控震源低频激发,有效拓宽了资料频带,新采集剖面的主要信息集中在 2 ~80 Hz,有效频带和优势频带都改善较大,新剖面信噪比较高,波组特征清楚,层间信息丰富,绕射齐全,尤其是深层资料改善较为明显。剖面浅、中、深层频带宽度明显拓宽(图 3.35)。

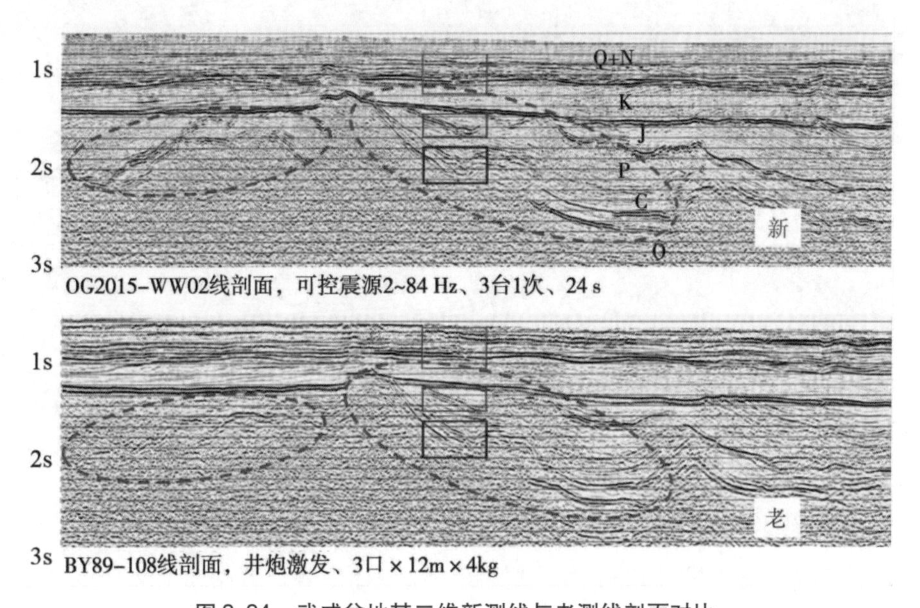

图 3.34　武威盆地某二维新测线与老测线剖面对比

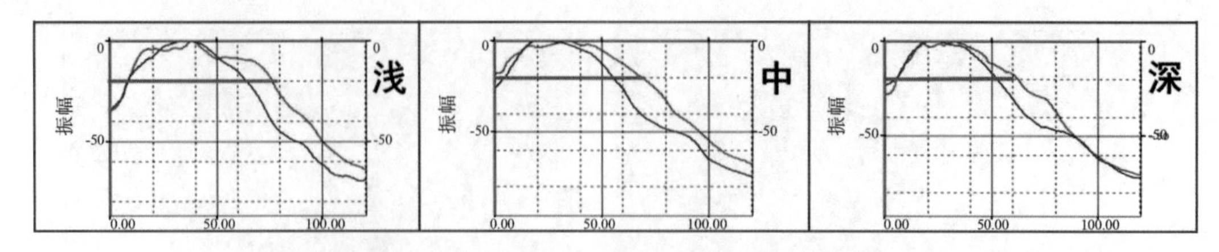

图 3.35　武威盆地某二维新测线与老测线剖面频谱分析

3. 实例 3

敦煌盆地某二维采集项目工区以戈壁为主、往北为沙丘红柳过渡区,北部为碱滩盐沼区。采用 Nomad 65 型可控震源低频能量补偿扫描信号进行施工,频率范围为 2 ~ 84 Hz,采用 3 台 1 次 26 s 采集,老剖面扫描信号频率范围为 12 ~ 64 Hz,使用 4 台 10 次 12 s 的扫描参数。

图 3.36 为采集的现场处理剖面,新采集的剖面浅、中、深反射波组齐全,连续性好,波组特征清晰,层间信息丰富,构造特征明显;较老剖面各目的层连续性更好,深层反射能量更强,更易连续追踪。

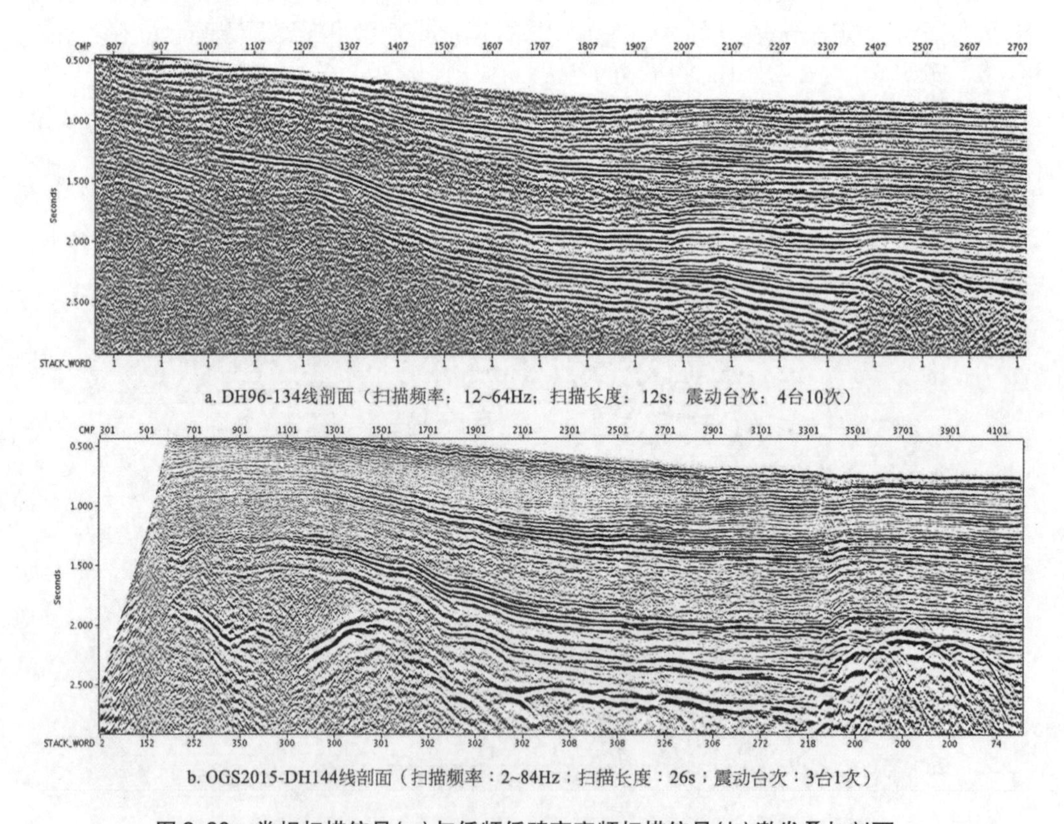

a. DH96-134线剖面（扫描频率：12~64Hz；扫描长度：12s；震动台次：4台10次）

b. OGS2015-DH144线剖面（扫描频率：2~84Hz；扫描长度：26s；震动台次：3台1次）

图 3.36　常规扫描信号(a)与低频低畸变宽频扫描信号(b)激发叠加剖面

从剖面频谱分析(图 3.37),频率域低频补偿扫描信号低频频率为 2 Hz,达到预期目标,该信号扫描剖面频带更宽,能量更强,信噪比更高,资料品质有了较大改善。

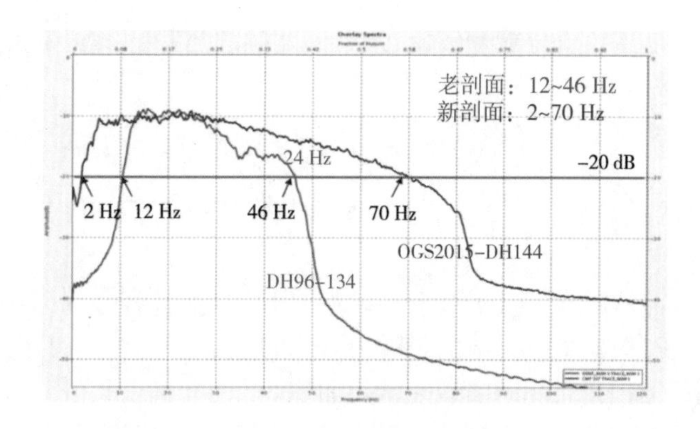

图3.37　敦煌地区DH96-134与OGS2015-DH144线剖面频谱分析

3.4　改进相关子波特征宽频扫描信号设计

如果一个扫描信号的相关子波旁瓣衰减很慢，经过相关后地震记录中反射信号的相关子波旁瓣将对相邻反射信号产生干扰。为了减少相关子波旁瓣，王华忠研究了客户定制反射子波的地震勘探理念，在实际地震数据采集过程中，应通过自适应地下介质变化反过来优化扫描信号，以预定的宽带反射子波作为目标进行扫描信号的制作；蔡敏贵将力信号作为反褶积算子与母记录进行反褶积运算压缩地震子波，提高地震资料的信噪比和分辨率。张宏乐分析信号及信号相关子波的特性，得出"旋转相位，对数分段"扫描信号符合这一要求，并通过分析、论证认为，"旋转相位，对数分段"扫描信号是一种能改善相关子波特征的扫描信号，试验结果表明，地震记录信噪比得到了改善。曹务祥等人提出了一种整形算法，以雷克子波波形特征设计扫描信号，通过不断的相位变化，求出信号的频谱与雷克子波频谱，进行多次迭代拟合实现。

以上设计思路与设计技术主要针对常规可控震源，非线性低频扫描信号逐渐得到推广和应用，但是，仍然没有实现子波形态、低频能量、频带宽度的最佳组合。雷克子波整形扫描信号的自相关子波频谱与雷克子波频谱一致，其低频段与高频段能量较低，激发单炮频带较窄，不利于高分辨率地震勘探。为此，将雷克子波改造成一种子波旁瓣极小、频带宽的阻尼雷克子波，并采用该子波结合低频扫描信号设计原理进行非线性扫描信号设计。通过资料对比分析，该方法所设计的扫描信号具有更好的激发效果，尤其是中深地震资料信噪比大幅提升。

3.4.1　设计原理

根据可控震源扫描信号原理可知，扫描信号的频谱与自相关子波的频谱是一致的，可根据相关子波进行扫描信号优化设计。自相关函数虽然是对同一个波形信号进行计算的，但不同波形的自相关函数是不同的，有些波形稍微相互移动就不相似了，有些波形的相似性随着相互移动的增大而周期性地出现，这种周期与波形本身的周期性是相同的，说明了自相关函数（子波）包含着关于信号频率成分的信息。相关子波边叶主要由于频率出现时间或是频谱分布不合理造成的，因此，只要对信号频谱进行合理分配就能得到理想的自相关子波。

雷克子波没有旁瓣，主峰突出，信号能量比较集中，是较为理想的相关子波，但其频带宽度较窄，其低频或是高频成分能量较低，不利于宽频地震勘探。宽带雷克子波（也称为俞氏子波），其时间域表达式如下：

$$y(t) = \frac{1}{q-p}\int_p^q [1-2(\pi f_0 t)^2]\cdot\exp[-(\pi f_0 t)^2]\mathrm{d}f \tag{3.46}$$

式中，$y(t)$ 为宽带雷克子波，p、q 为子波中心频率的积分上下限，f_0 为子波主频，t 为时间。

虽然宽带雷克子波频带较宽，子波形态较好，但其参数选择较为复杂。因此，在公式中加入一个阻尼因子，构建了一种新的子波，称为阻尼雷克子波，通过子波主频及阻尼因子调整子波频宽与子波形态，其时间域表达式如下：

$$R(t) = [1-2(\pi f_0 t)^2]\cdot\exp[-B\cdot(\pi f_0 t)^2] \tag{3.47}$$

式中，$R(t)$ 为阻尼雷克子波，B 是阻尼因子，f_0 为子波主频，t 为时间。当 $B=1$ 时，$R(t)$ 表达式为雷克子波表达式。

图 3.38、图 3.39 为阻尼雷克子波的波形及其频谱。随着阻尼因子及主频的变化，阻尼雷克子波均保持较好的形态，与雷克子波形态基本类似；随着阻尼因子的增加，频带宽度逐渐展宽，低频与高频能量逐渐增强，子波主瓣宽度不变，但旁瓣逐渐减小；随着主频的升高以及频宽的展宽，子波形态变得更加尖锐，宽度更窄。因此，在实际应用中，可根据勘探区域的频率要求进行阻尼雷克子波参数的选取。

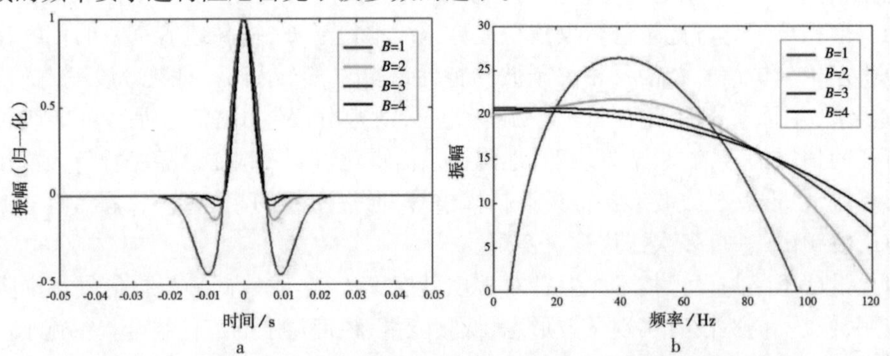

图 3.38　主频 40 Hz 的不同阻尼因子的阻尼雷克子波及其频谱

（a：子波波形；b：频谱）

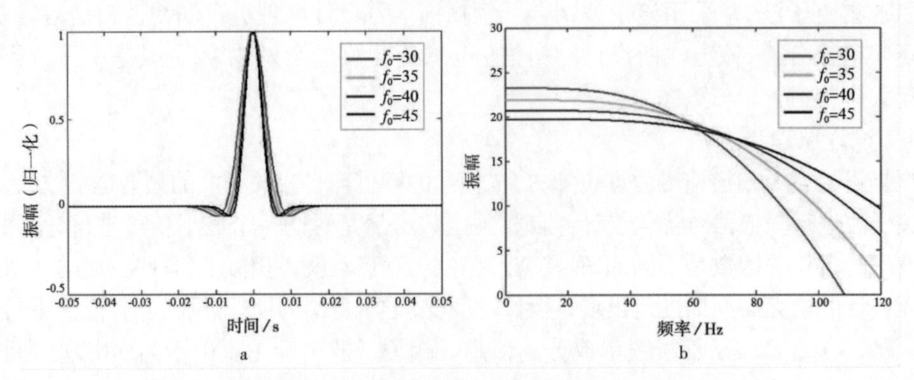

图 3.39　阻尼因子 B=3 的不同主频阻尼雷克子波及其频谱

（a：子波波形；b：频谱）

根据可控震源地震采集原理和扫描信号振幅谱与自相关子波振幅谱的关系，以阻尼雷克子波的频谱为目标，进行扫描信号的能量、频率重新分配，使最终扫描信号相关子波与阻尼雷克子波形态基本相似，并具有旁瓣小、低频丰富、宽频带特征。

3.4.2　设计方法

设计流程如下：

①根据勘探目标对于频带的要求，设计可控震源扫描信号基本参数，如起始频率、扫描长度、起止斜坡长度；

②优选阻尼雷克子波主频及阻尼因子；

③求取阻尼雷克子波的频谱 $A(f)$；

④根据可控震源低频性能，按照起始频率的要求进行低频能量补偿，并根据频谱强度重新分配每个频率段所对应的扫描时间，求取时间函数 $t(f)$；

⑤将时间函数 $t(f)$ 反变换到时频函数 $f(t)$；

⑥对时频函数 $f(t)$ 进行积分求取瞬时相位，进而计算可控震源扫描信号。

低频可控震源扫描时，可直接采用下式进行扫描时间与瞬时频率函数 $t(f)$ 的计算：

$$t(f) = \frac{\int_{f_1}^{f} A(f)\,\mathrm{d}f}{\int_{f_1}^{f_2} A(f)\,\mathrm{d}f} \cdot T \tag{3.48}$$

式中，$t(f)$ 为频率－时间关系函数，$A(f)$ 阻尼雷克子波的频谱，f_1、f_2 为扫描信号起止频率，f 为瞬时频率，T 为扫描长度。

常规可控震源低频扫描时，根据频率域低频能量补偿原理进行设计，补偿时间按照可控震源目标驱动幅度大小补偿，补偿后扫描时间与瞬时频率有如下关系 $t(f)$：

$$t(f) = \frac{\int_{f_1}^{f} \left[\frac{A(f)}{D(f)}\right]^2 \mathrm{d}f}{\int_{f_1}^{f_2} \left[\frac{A(f)}{D(f)}\right]^2 \mathrm{d}f} \cdot T \tag{3.49}$$

式中，$D(f)$ 为频率域扫描信号目标驱动幅度。

根据勘探目标对于频带的要求，结合 Nomad 65 型可控震源型号机械性能，确定可控震源扫描信号基本参数，如起始频率 2～84 Hz、扫描长度 24 s、终止斜坡长度 500 ms。根据频率域低频补偿技术，设计低频扫描信号，并优选阻尼雷克子波参数，如主频 f_0 为 35 Hz、阻尼因子 B 为 2.8。

图 3.40 为基于阻尼雷克子波、雷克子波及低频能量补偿三种 2～84 Hz 扫描信号的频谱分析。基于雷克子波扫描信号高频与低频能量较低；而阻尼雷克子波信号低频与高频能量得到改善，频带较宽，尤其是低频端与低频扫描信号基本一致。从相关子波分析可知，阻尼雷克子波扫描信号自相关子波形态最好；低频扫描信号自相关子波信噪比相对较低；而基于雷克子波整形扫描信号由于 2 Hz 以下及 84 Hz 以上信息缺失的原因，自相关子波旁瓣稍有增大，但整体上与阻尼雷克子波形态基本一致。

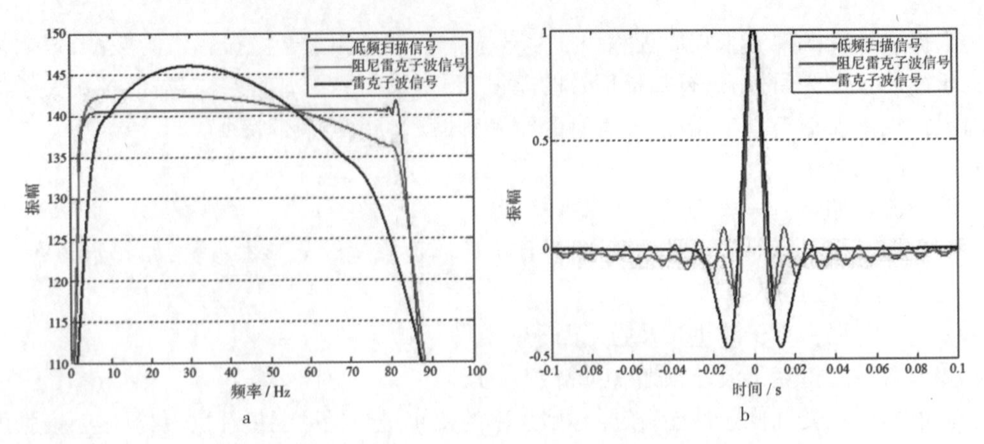

图 3.40　三种 2 ~ 84 Hz 扫描信号频谱分析 a 及相关子波分析 b

3.4.3　扫描信号实例分析

根据地震记录合成褶积原理，建立地质模型，参数如表 3.4。取采样率 1 ms，记录长度 3 s，并利用上节设计的三种扫描信号进行正演模拟，图 3.41 为获取的反射系数模型及相关前、相关后地震记录。

表 3.4　地质模型参数

层序号	厚度/m	速度/m · s^{-1}	反射系数	层序号	厚度/m	速度/m · s^{-1}	反射系数
1	80	800	0.80	5	500	2200	−0.30
2	100	1800	0.50	6	400	3000	−0.60
3	150	2050	0.05	7	100	4000	0.08
4	160	2100	0.25	8	1200	4600	0.05

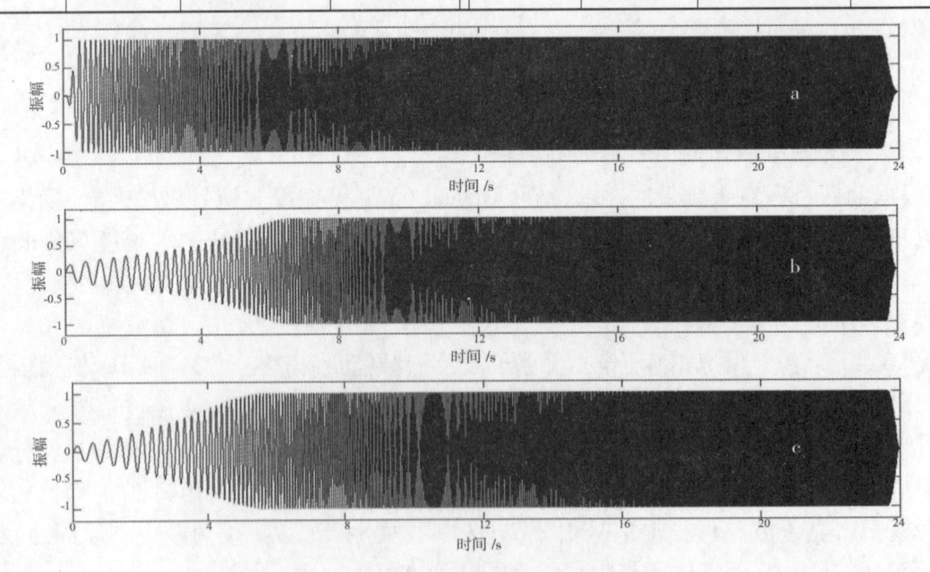

图 3.41　三种可控震源扫描信号波形图

（a：线性 4 ~ 84 Hz；b：低频 2 ~ 84 Hz；c：阻尼雷克子波 2 ~ 84 Hz）

根据 Nomad 65 型可控震源重锤冲程、液压流量等机械性能,设计低频扫描信号。低频 2 ~ 84 Hz 及阻尼雷克子波 2 ~ 84 Hz 扫描信号低频部分表现为低振幅特征,以适应可控震源机械要求。

图 3.42 对以上三种扫描信号进行频谱、自相关及时频曲线分析,线性 4 ~ 84 Hz 低频信息缺失,阻尼雷克子波 2 ~ 84 Hz 子波形态最好,低频部分频率变化率较低。

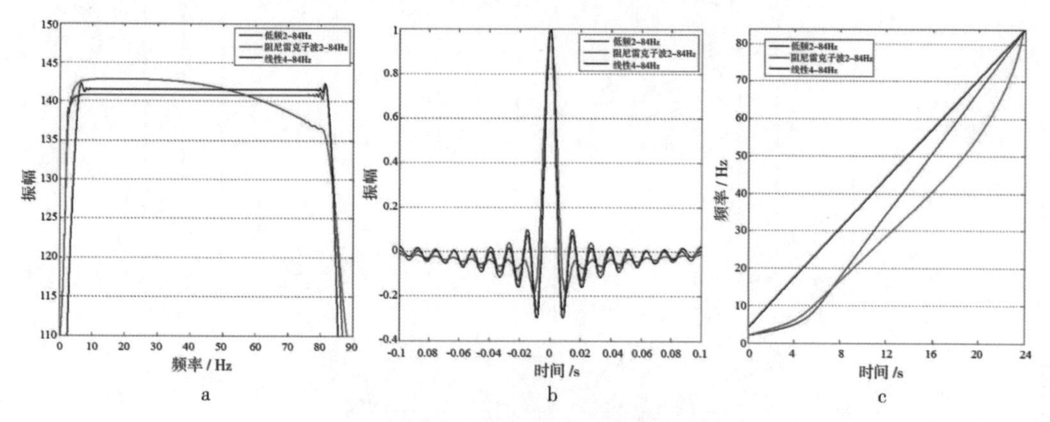

图 3.42　三种可控震源扫描信号属性图
(a:频谱分析;b:自相关子波分析;c:时频曲线分析)

将三种扫描信号与反射系数模型褶积,获得了相关前的地震记录(图 3.43),从相关前记录中无法识别反射信息。将相关前记录分别与三种信号进行相关运算得到相关后合成地震记录如图 3.44 所示,可以有效识别反射信息。a 子波旁瓣较大,随着低频能量补偿,频带变宽;b 旁瓣稍有改善;而 c 子波形态最好,相关噪音低,信噪比最高。

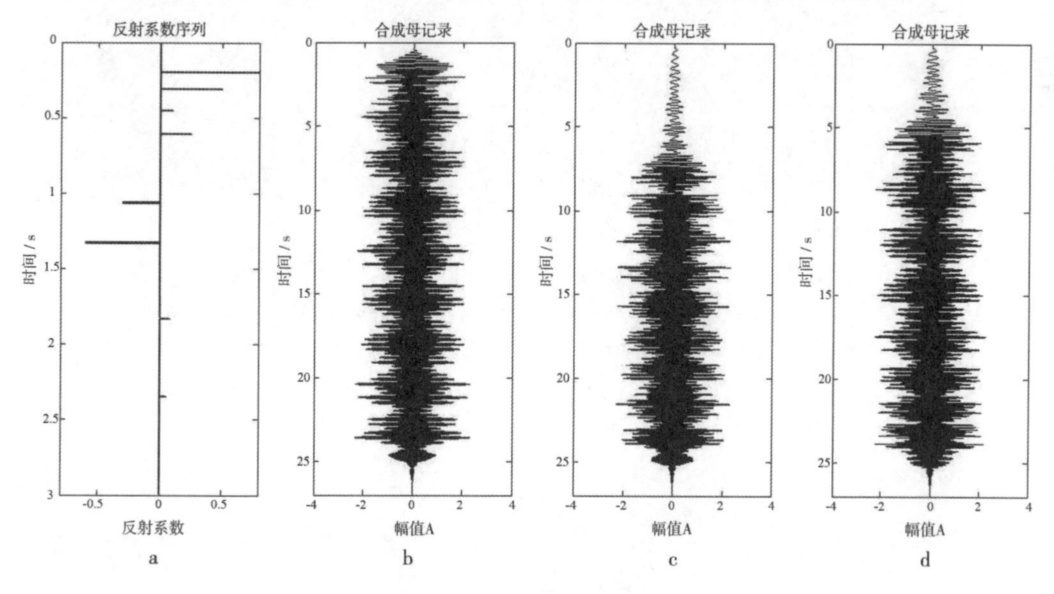

图 3.43　相关前单道记录
(a:反射系数;b:线性 4 ~84 Hz;c:低频 2 ~84 Hz;d:阻尼雷克子波 2 ~84 Hz)

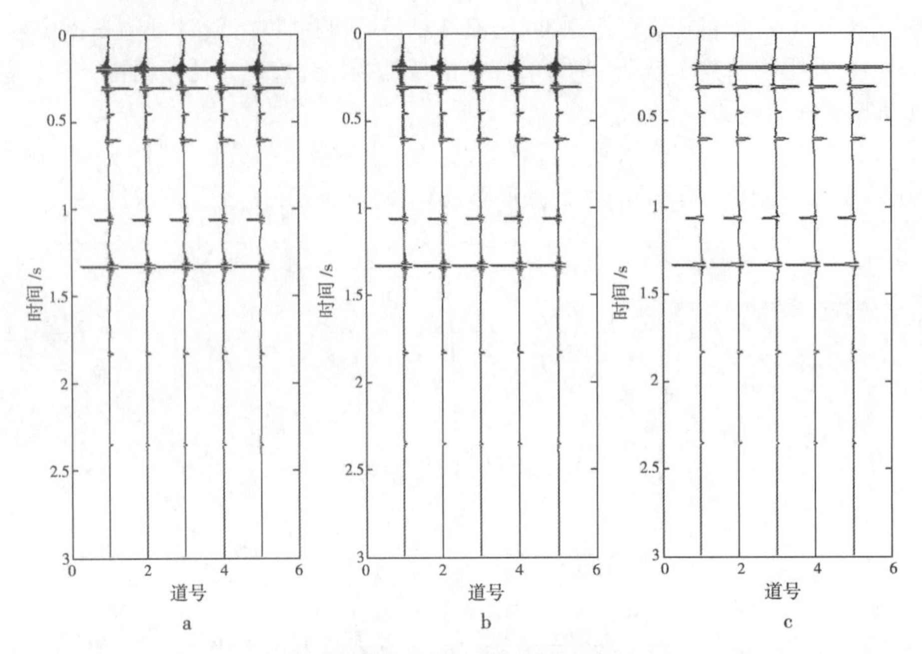

图 3.44 相关后地震记录

（a:线性 4 ~84 Hz;b:低频 2 ~84 Hz;c:阻尼雷克子波 2 ~84 Hz）

利用上述三种扫描信号在准噶尔盆地某戈壁区进行野外试验，得到图 3.45 原始单炮，AGC 解编记录差异不大，反射信息丰富，反射波组连续性较好。

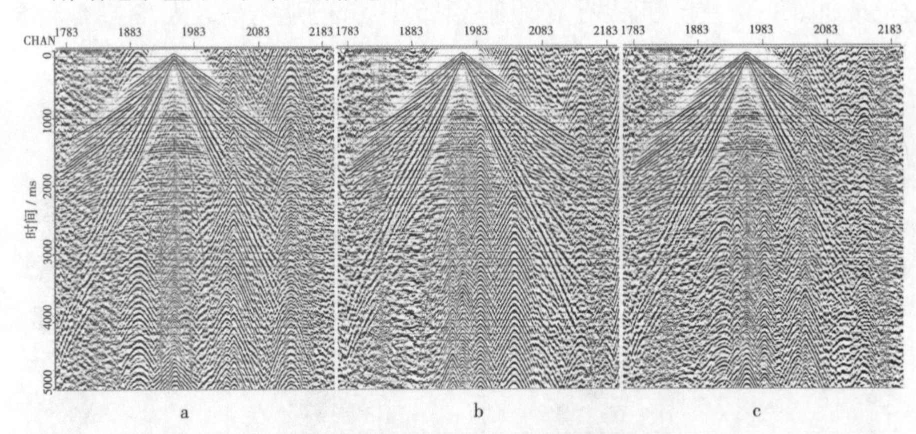

图 3.45 不同扫描信号获取的单炮记录

（a:线性 4 ~84 Hz;b:低频 2 ~84 Hz;c:阻尼雷克子波 2 ~84 Hz）

从图 3.46 中 2 ~5 Hz 滤波记录可以看出，采用非线性扫描信号均获得了较为丰富的低频信息，而对于 4 Hz 起振的线性扫描信号，地震记录低频信息缺失。

从图 3.47 所示 40 ~80 Hz 滤波记录可以看出，在 2 ~3 s 处，基于阻尼雷克子波设计的扫描信号获得了更高信噪比的地震数据，反射波组连续性更好。

另外，图 3.48 显示阻尼雷克子波激发的子波形态更好，单炮初至信息更加清晰，起跳更加干脆，有利于后期资料处理。

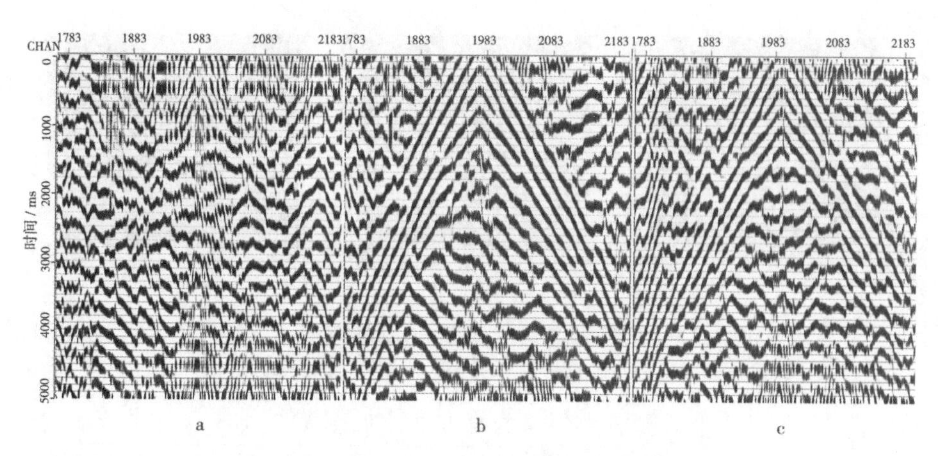

图 3.46　扫描信号获取的 2 ~ 5 Hz 单炮

(a:线性 4 ~ 84 Hz;b:低频 2 ~ 84 Hz;c:阻尼雷克子波 2 ~ 84 Hz)

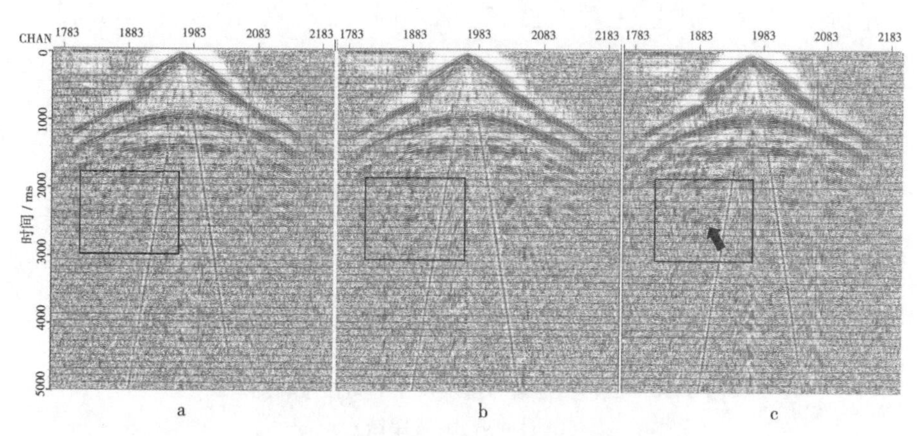

图 3.47　扫描信号获取的 40 ~ 80 Hz 单炮

(a:线性 4 ~ 84 Hz;b:低频 2 ~ 84 Hz;c:阻尼雷克子波 2 ~ 84 Hz)

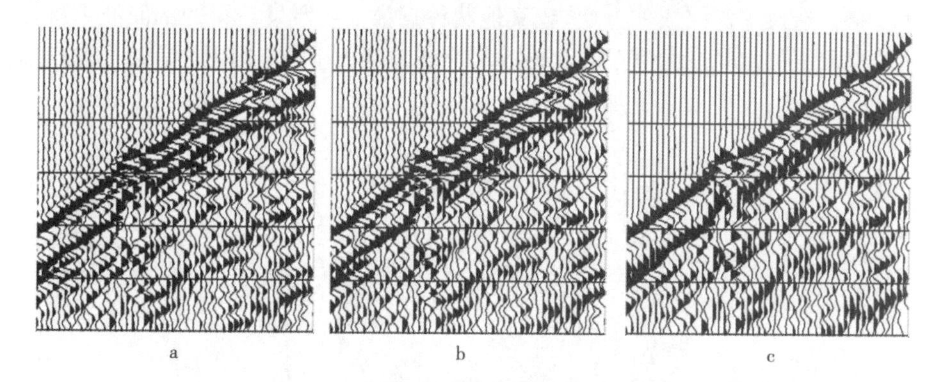

图 3.48　扫描信号获取的单炮初至对比

(a:线性 4 ~ 84 Hz;b:低频 2 ~ 84 Hz;c:阻尼雷克子波 2 ~ 84 Hz)

图 3.49 为三种扫描信号激发产生的力信号时频分析图,力信号中的谐波畸变能量明显,三种信号的谐波均以扫描频率整数倍形式出现,其中,二阶、三阶谐波能量最强。

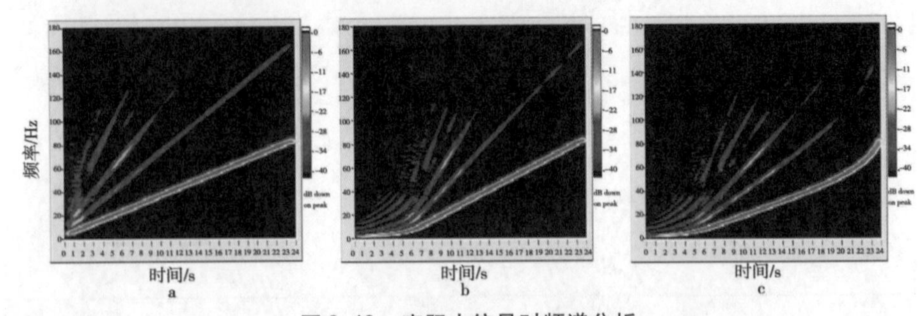

图 3.49　实际力信号时频谱分析

(a:线性 4 ~84 Hz;b:低频 2 ~84 Hz;c:阻尼雷克子波 2 ~84 Hz)

利用参考信号与力信号计算力信号的畸变曲线如图 3.50 所示。在时间域上,三种力信号畸变差异较大,尤其是扫描时间 15 s 以内的低频部分。由于这三种扫描信号每个时间所对应的频率不一致,将畸变曲线转换到频率域比较(图 3.50b),谐波畸变曲线特征较时间域特征发生变化,三种扫描信号激发的力信号畸变基本相当,均符合技术标准要求。

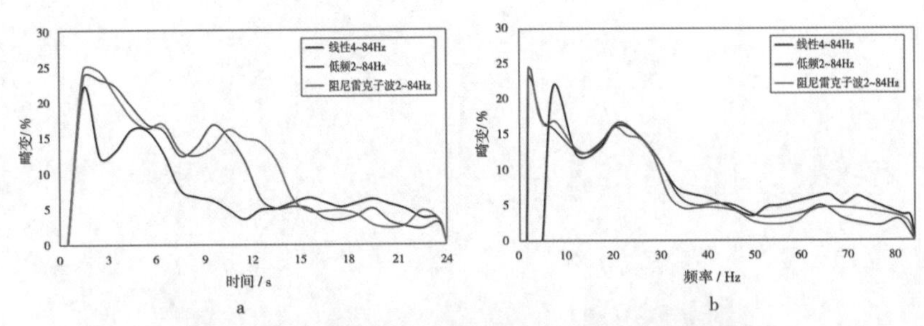

图 3.50　三种扫描信号激发产生的力信号畸变曲线

(a:时间域;b:频率域)

从图 3.51、图 3.52 叠加剖面可以看出,基于阻尼雷克子波扫描信号激发采集的地震剖面,在复杂构造及中深层成像方面,较其他两种扫描信号激发获得的剖面波组特征更加活跃,地质现象更加清晰。尤其是在 40 ~80 Hz 滤波剖面上,基于阻尼雷克子波扫描信号具有更高的信噪比,反射信息更加丰富。

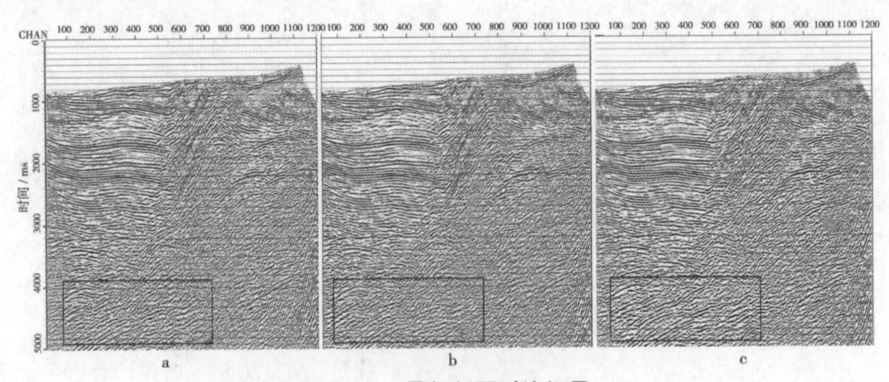

图 3.51　叠加剖面对比记录

(a:线性 4 ~84 Hz;b:低频 2 ~84 Hz;c:阻尼雷克 2 ~84 Hz)

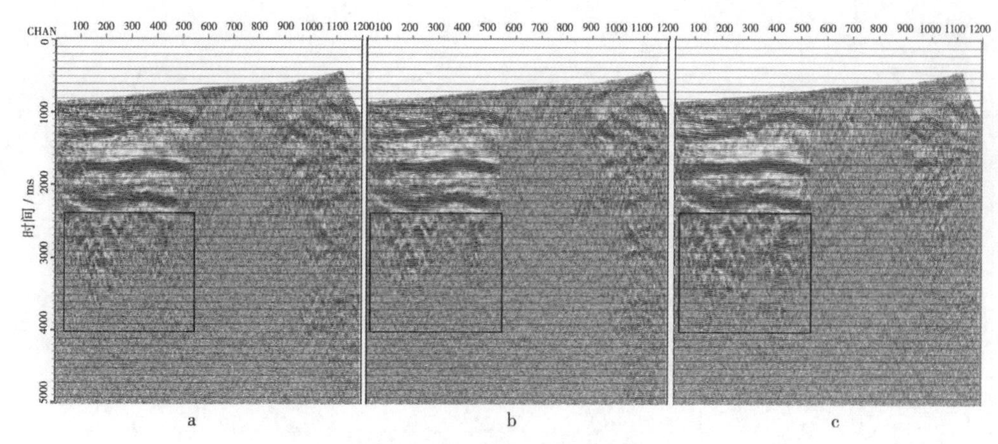

图 3.52 叠加剖面对比 40 ~80 Hz
(a:线性 4 ~84 Hz;b:低频 2 ~84 Hz;c:阻尼雷克子波 2 ~84 Hz)

3.5 低频谐波压制扫描信号设计

可控震源低频勘探技术已成为解决复杂地质难题的勘探利器,低频信息在实现深部目标清晰成像、获取更多的地层结构及细节信息、提供更加稳定的反演结果等方面优势明显。然而,由于可控震源伺服系统非线性、液压振动器的固有设计等原因,在使用非线性低频扫描信号时信号的失真水平较高,降低了可控震源扫描质量,影响了地震资料品质。

近年来,出现了一些解决方案防止或是降低这种失真的产生,如 Sercel 公司为代表的 SmartLF 技术能够降低扫描信号低频畸变,根据大量测试,预测伺服阀谐波畸变,在此基础上,电控箱体根据试验获取的参数自动修正输入伺服阀的可控震源扫描信号,降低谐波干扰。该方法是对可控震源电子设备固有的谐波进行建模、预测和校正,以确保可控震源输出信号尽可能接近所需信号,从而,降低低频失真。另一类方法就是在可控震源扫描信号设计过程中运用一些增强机械稳定性的优化技术,如低频低畸变宽频扫描信号设计技术,对低频扫描段的时频曲线及出力曲线进行优化,以增强机械系统稳定性,降低谐波畸变,虽然该方法能够一定程度降低信号失真,但改善空间仍然很大。

为此,我们研究了一种低频谐波压制可控震源扫描信号设计技术,该技术可极大降低低频谐波畸变,改善可控震源激发效果。

3.5.1 基本原理

根据大量实际力信号数据统计分析,可控震源力信号畸变一般出现在扫描信号的波峰或是波谷,表现为在扫描信号基础上振荡,振幅随着频率的升高而减弱;重锤加速度信号畸变较平板加速度更强,影响最大;在同一地区同一地表类型的每一次扫描,谐波畸变情况基本相当。

图 3.53 为低频段参考信号与力信号波形对比及重锤与平板加速度曲线图,实际力信号发生了畸变,尤其是在信号波峰或是波谷处,而且,在低频段重锤加速度信号畸变较平板加速度更大。

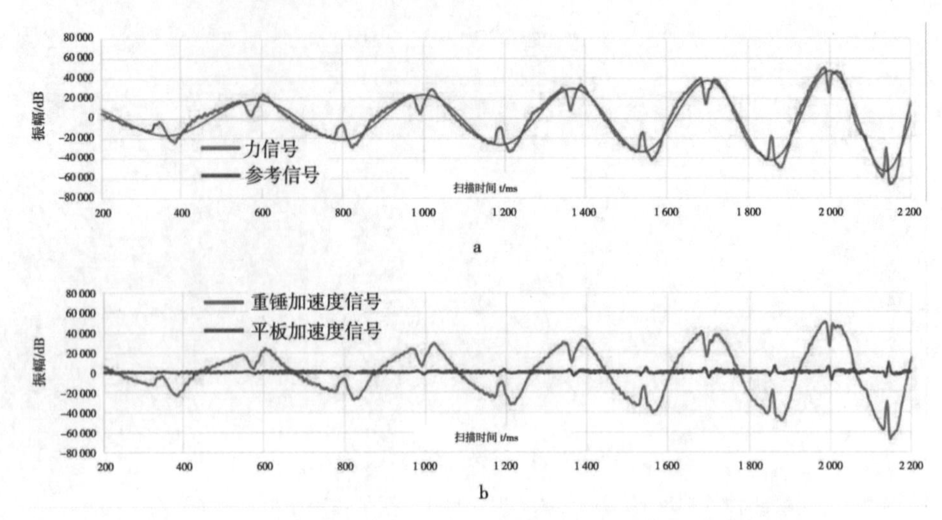

图 3.53　参考信号与力信号波形对比 a 重锤与平板加速度曲线 b

低频谐波压制可控震源扫描信号设计技术主要依据扫描信号谐波畸变特征，通过大量的力信号进行谐波畸变提取，获取同一地区同一类型地表下稳定的谐波畸变，将该谐波畸变进行 180°相位旋转并进行振幅加权，加入到原标准扫描信号之中，获得最终的低频谐波压制的扫描信号。该信号本身带有谐波畸变，经过伺服阀后与可控震源激发时产生的谐波畸变相互抵消或是部分抵消以降低谐波畸变强度，改善下传信号品质，从而提高可控震源激发效果。图 3.54 为低频谐波压制可控震源扫描信号设计原理示意图。

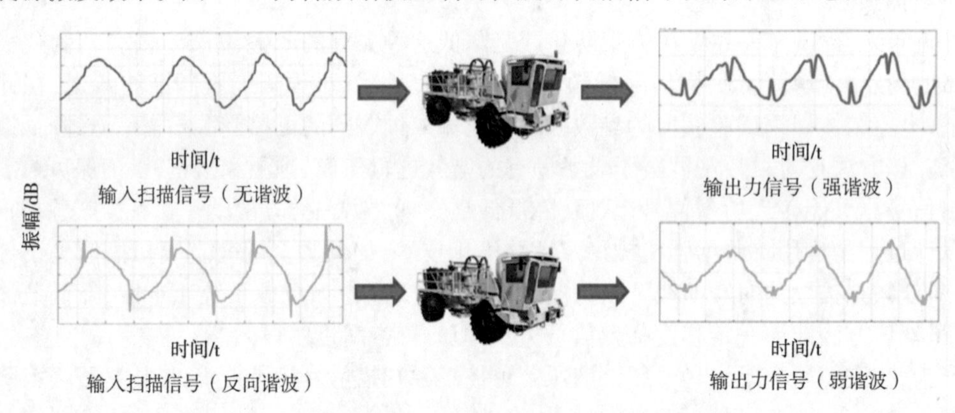

图 3.54　低频谐波压制可控震源扫描信号设计原理示意图

3.5.2　设计方法

基于力信号的低频谐波压制扫描信号设计流程如下：

①针对地质目标频宽和能量需求，确定起始频率、扫描长度等可控震源扫描参数，根据可控震源低频段重锤冲程及液压流量的机械限制，设计标准的低频扫描信号 $S_0(t)$，通过精确的扫描时间分配以提升较低出力段的能量，从而，获取各个频率能量一致的可控震源扫描信号；

②运用步骤 1 设计的标准低频扫描信号 $S_0(t)$，在工区内进行 5～10 次扫描，也可进

行更多次扫描,回收每次振动扫描的力信号;

③对步骤2中回收的所有力信号进行平均值计算,得到平均力信号 $F(t)$,平均力信号消除了外界或系统偶然因素产生的干扰,可代表系统自身谐波的力信号;

④运用信号分析方法,对平均力信号 $F(t)$ 进行基波与谐波分离,分别获取时间域内的基波信号 $F_0(t)$ 与谐波信号 $F'(t)$;

⑤将步骤4中获得的谐波信号 $F'(t)$ 相位进行180°旋转,并乘以加权系数 K(谐波压制系数),与基波信号 $F_0(t)$ 合并,形成谐波压制的可控震源扫描信号 $S(t)$:

$$S(t) = F_0(t) - K \cdot F'(t) \tag{3.50}$$

式中, K 为谐波压制系数,一般情况下,取0.7~0.9时,效果较好。

采用步骤⑤设计的谐波压制可控震源扫描信号 $S(t)$ 进行施工。

需要注意:地震仪器接收到的相关前地震记录含有弱谐波,将地震仪器记录的相关前地震数据与步骤①设计的标准扫描信号 $S_0(t)$ 相关,而不与扫描信号 $S(t)$ 相关。

3.5.3　扫描信号实例分析

1. 实例1

根据新疆准噶尔盆地某勘探区扫描频率要求,设计了标准的低频扫描信号,频率为1.5~96 Hz,扫描长度为24 s,如图3.55所示。

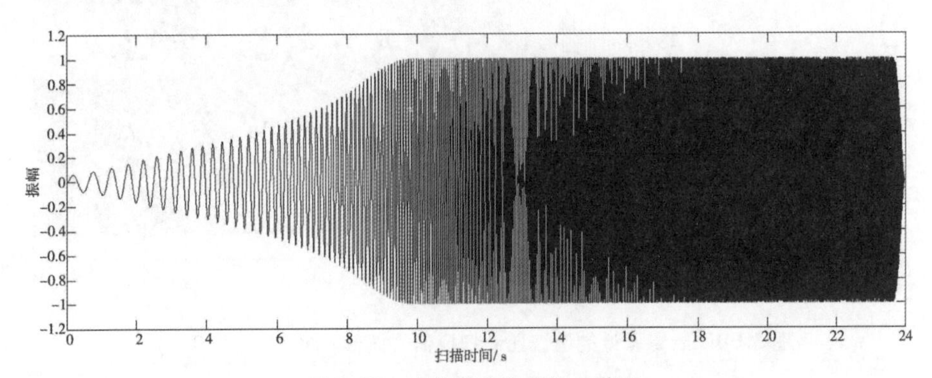

图3.55　理论低频扫描信号波形

采用理论低频扫描信号进行8次扫描获得力信号,对8次扫描力信号平均,获得反映可控震源谐波畸变的平均力信号曲线,如图3.56所示。

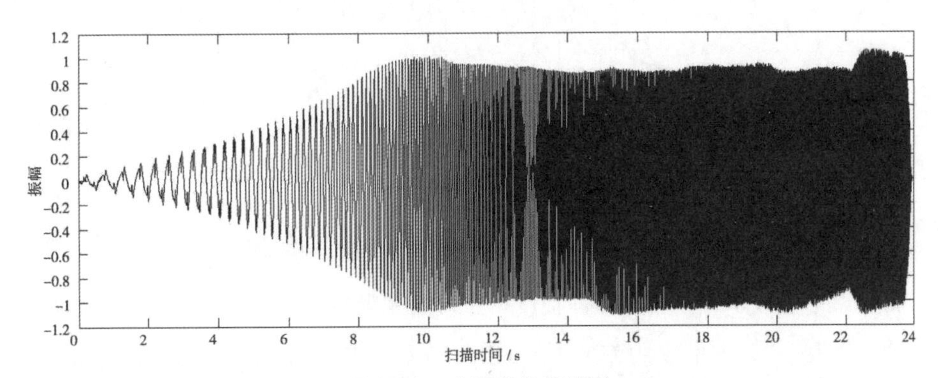

图3.56　实际力信号波形

运用相位算法提取实际力信号中的谐波信号，如图 3.57 所示。

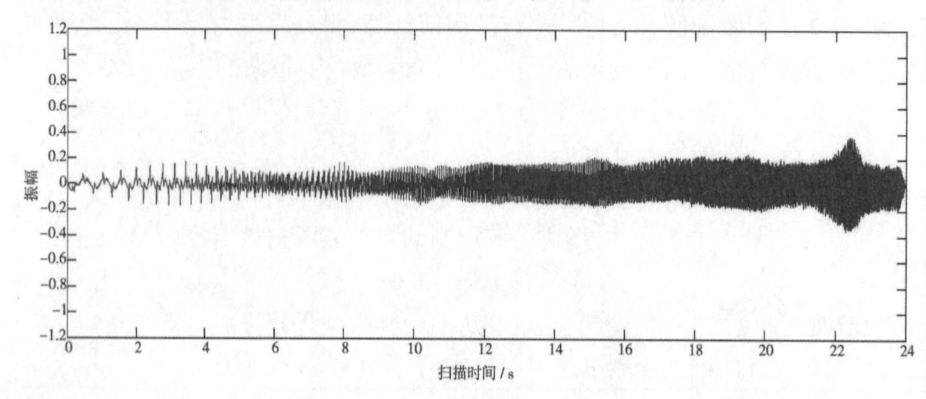

图 3.57　实际力信号提取的谐波

将谐波信号相位旋转 180°，然后谐波压制系数分别取 0.5、0.6、0.7、0.8、0.9，并将 0 ~ 9 s低频扫描段的谐波畸变与原设计标准扫描信号叠加，获得了最终基于力信号的谐波压制扫描信号，图 3.58 为谐波压制系数为 0.8 的谐波压制扫描信号波形图。

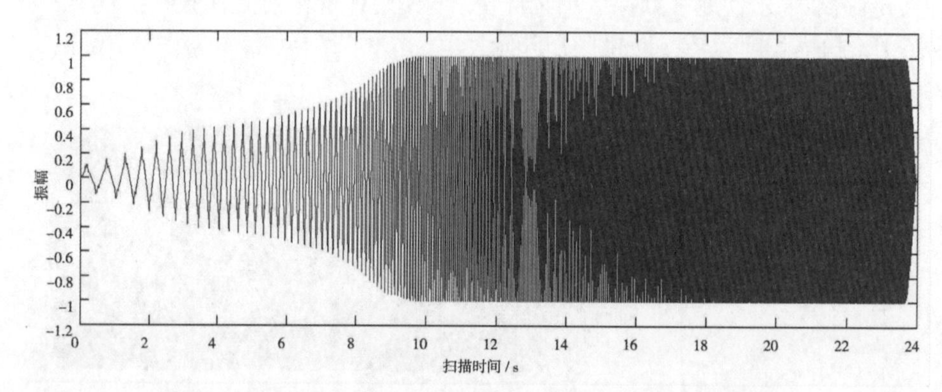

图 3.58　最终设计的谐波压制扫描信号波形（加权系数为 0.8）

分别采用原始设计信号及谐波压制系数为 0.5、0.6、0.7、0.8、0.9 的五种低频谐波压制扫描信号在同一点激发，图 3.59 为实际力信号低频段部分曲线图。

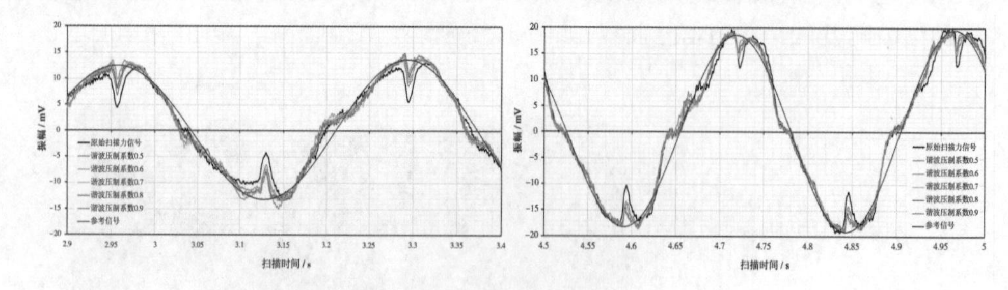

图 3.59　不同谐波压制系数力信号部分波形曲线

在实际力信号波形曲线图中，基于力信号的低频谐波压制扫描信号在谐波畸变压制方面具有一定的效果，随着压制系数增加，畸变逐渐减小。

对不同谐波压制系数力信号进行时频谱分析，如图 3.60 所示。

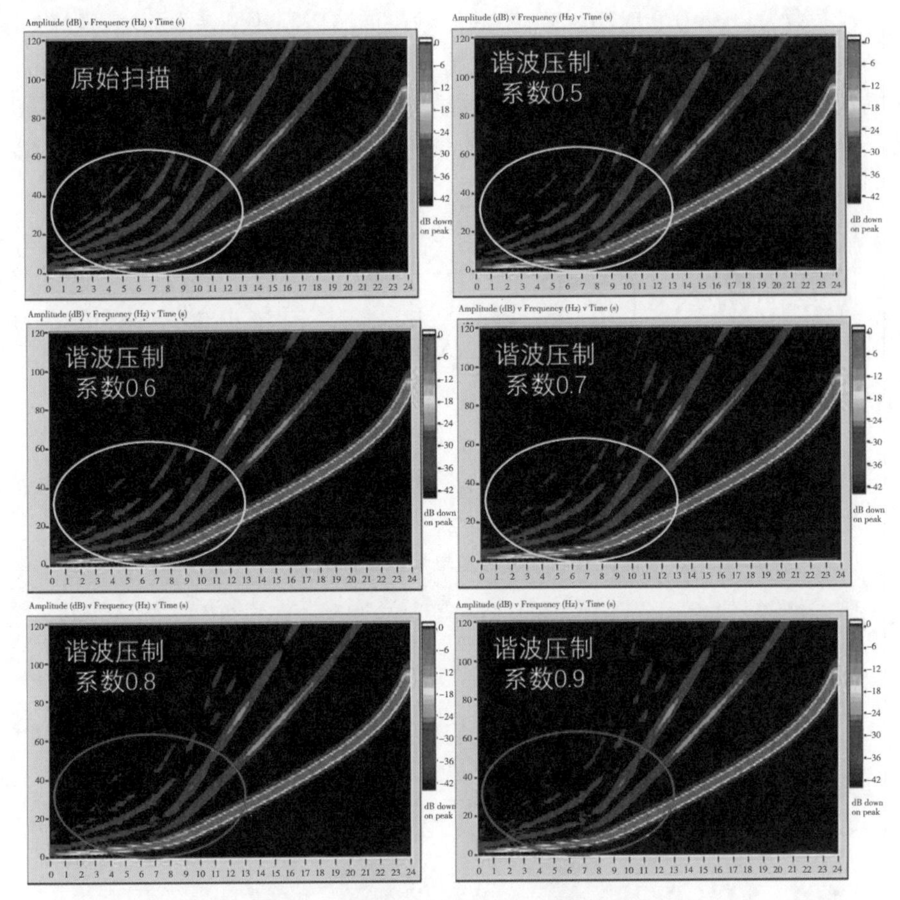

图 3.60　不同谐波压制系数力信号时频谱分析

低频谐波压制扫描信号随着压制系数的增加，2 ~ 6 阶谐波畸变能量逐渐变弱，尤其是低频段 2 阶、5 阶及以上谐波基本消失；对力信号谐波畸变量化计算，如图 3.61 所示。

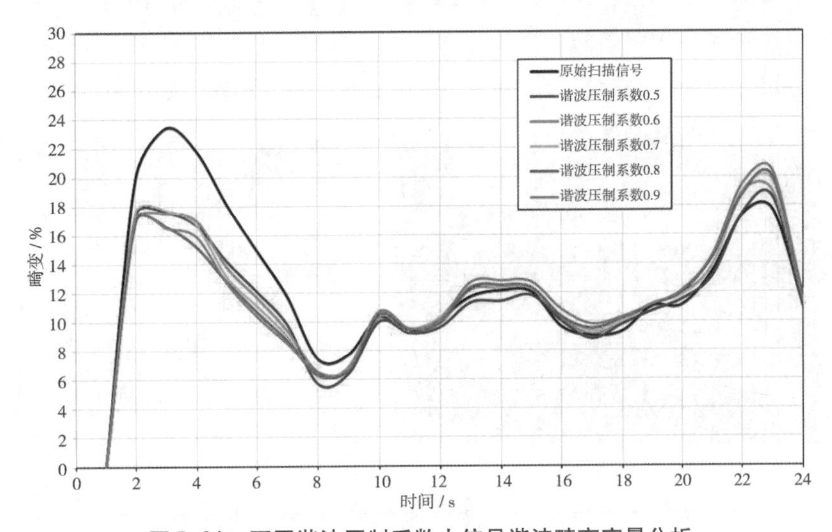

图 3.61　不同谐波压制系数力信号谐波畸变定量分析

当压制系数为0.8～0.9时,0～8 s中的低频段谐波压制效果基本相当,且峰值畸变降低了29.5 %,平均畸变降低了27.5 %,与原始力信号相比,具有较好的谐波畸变压制效果。

在单炮记录上(图3.62),初至前谐波能量随着压制系数增加稍有降低,但达到0.9后,高频噪音稍有增加。在低频段,初至前谐波能量随着压制系数增加稍有降低(图3.63)。

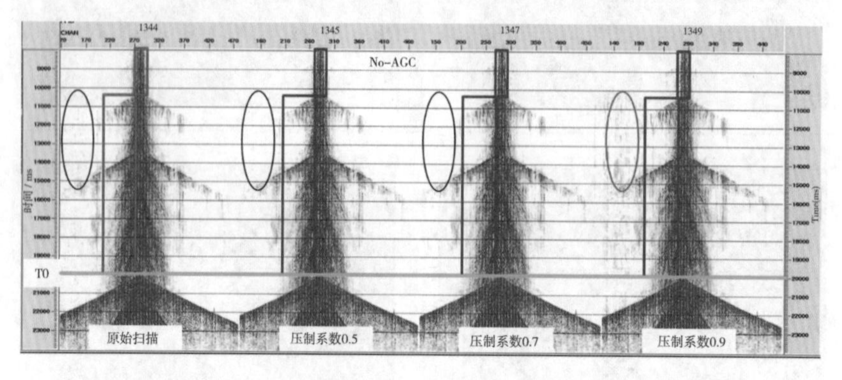

图3.62　不同谐波压制系数激发单炮初至前谐波分析(固定增益)

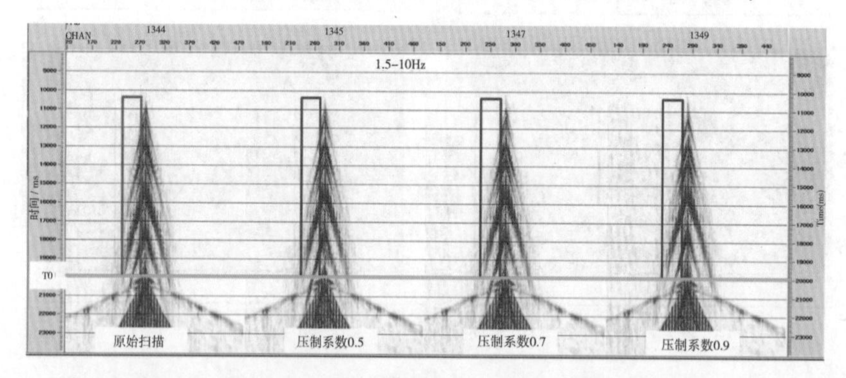

图3.63　不同谐波压制系数激发单炮初至前谐波分析(1.5～10 Hz)

图3.64与图3.65为不同谐波压制系数激发单炮初至前二阶、初至前三阶谐波定量分析图,谐波能量随着压制系数的增加均方根能量逐渐降低。在低频段,原始扫描信号激发的谐波能量最强;在中高频段,几种扫描信号基本一致,激发的能量也一致。

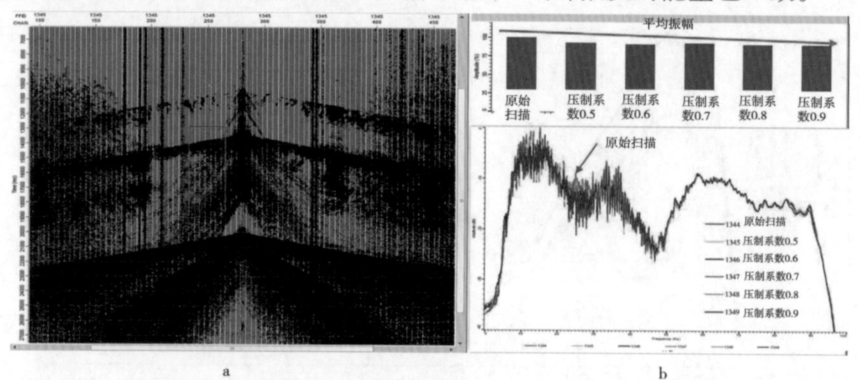

图3.64　不同谐波压制系数激发单炮初至前二阶谐波定量分析
(a:地震记录;b:二阶谐波定量分析)

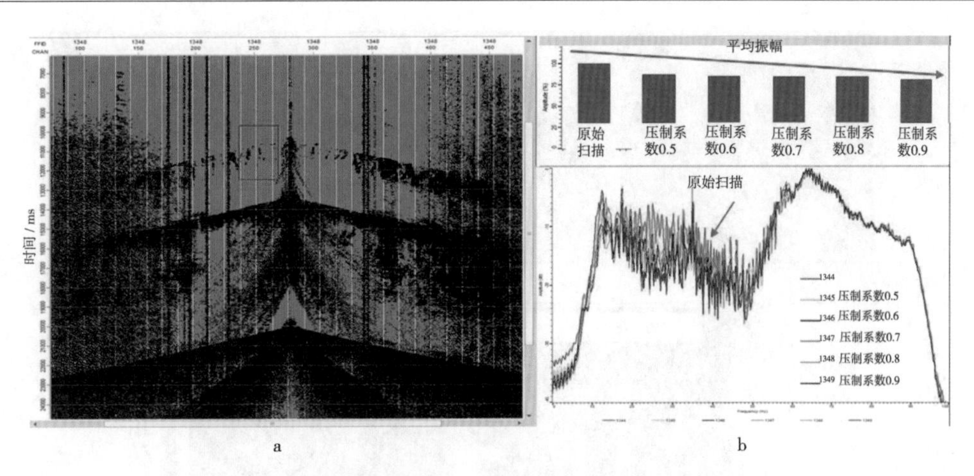

图 3.65　不同谐波压制系数激发单炮初至前三阶谐波定量分析
(a:地震记录;b:三阶谐波定量分析)

2. 实例 2

根据新疆塔里木盆地某勘探区勘探要求,设计了基于阻尼雷克子波的宽频扫描信号,频率为 1.5 ~ 96 Hz,扫描长度为 24 s,谐波压制系数分别取 0.5、0.6、0.7、0.8 等多种谐波压制扫描信号。

图 3.66 为实际力信号波形曲线图,基于力信号的低频谐波压制扫描信号在谐波畸变压制方面具有一定的效果,随着压制系数的增加,畸变逐渐减小。

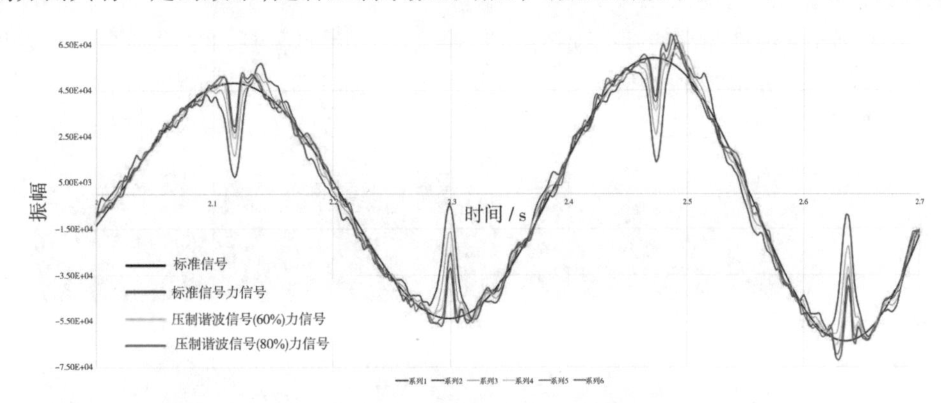

图 3.66　不同谐波压制系数力信号波形曲线图(2.0 ~ 2.7 s)

图 3.67 为不同谐波压制系数力信号时频谱分析,低频谐波压制扫描信号随着压制系数的增加,2 ~ 6 阶谐波畸变能量逐渐降低,尤其是低频段 2 阶、5 阶及以上谐波基本消失。

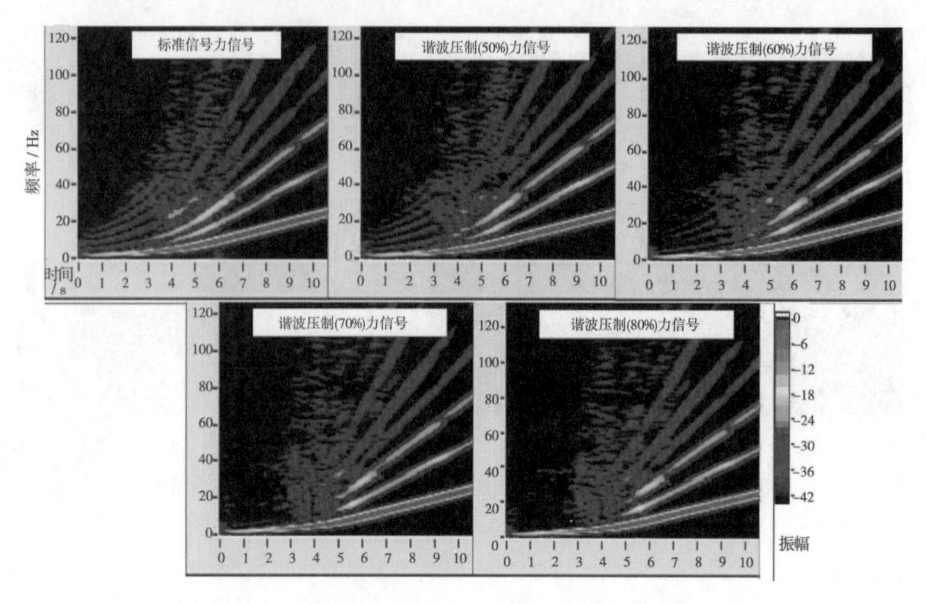

图3.67　不同谐波压制系数力信号时频谱分析

3.6　线性与非线性低频扫描信号对比

3.6.1　线性与非线性低频扫描信号设计及扫描信号特征

1. 低频扫描信号理论特征

为更好地了解线性与非线性低频扫描信号特征,采用线性低频、非线性低频以及阻尼雷克子波低频扫描信号做对比分析。低频扫描信号主要扫描参数为:扫描频率为1.5～96 Hz、扫描长度为20 s、线性低频起止斜坡为500 ms。图3.68为三种低频扫描信号波形图。

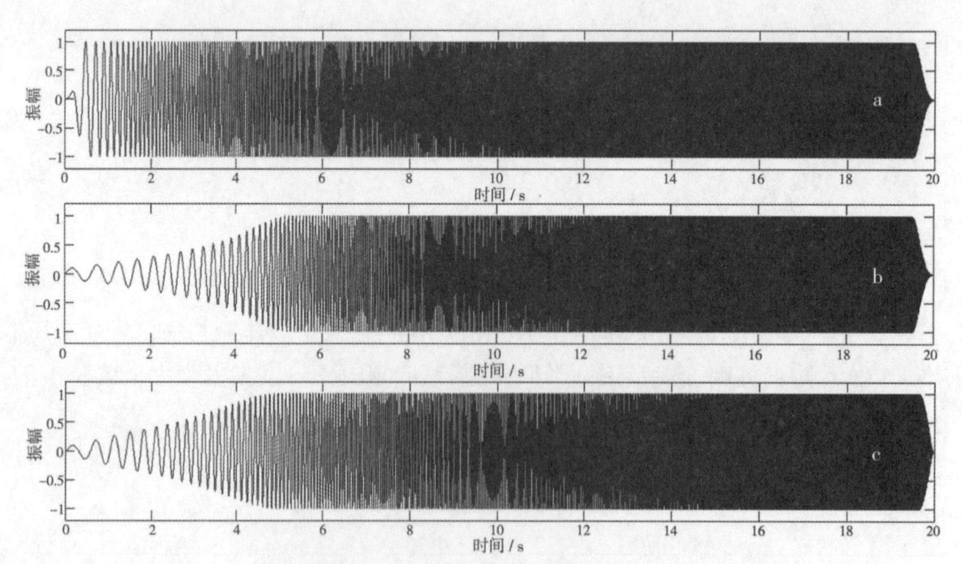

图3.68　三种低频扫描信号波形图
(a:线性;b:非线性;c:阻尼雷克子波)

在图 3.68 可控震源三种低频扫描信号上，线性低频扫描信号不受可控震源机械性能的限制，驱动幅度在起始斜坡结束后立即达到满幅驱动状态；而非线性低频扫描信号受可控震源机械性能的限制，在低频端驱动幅度较低，而且持续时间较长。

在图 3.69a 三种低频信号时频曲线上，线性扫描频率随时间呈线性递增关系，而非线性低频扫描信号在低频段频率变化较慢，通过延长对应较低驱动幅度频率的扫描时间累积能量，当驱动幅度到达满驱后也呈线性升频形式，最终通过非线性低频补偿后，使得每个频率所对应的振幅谱幅度相同，与线性扫描的振幅谱基本相当，如图 3.69b 所示；而阻尼雷克子波低频扫描信号将阻尼雷克子波作为扫描信号的子波进行信号设计，其低频端同样采用低频补偿方式，克服可控震源机械限制，而高频端加速频率变化，从而达到扫描信号整体能量重新分配的目的。在频谱曲线上，高频振幅稍低。在图 3.69c 频谱曲线低频段放大图上，线性扫描信号起始斜坡的影响降低了低频端振幅能量，但其他两种非线性扫描信号采用能量补偿方法，低频振幅谱能量略强于线性低频扫描。图 3.69d 为三种低频信号相关子波分析，由于非线性低频扫描信号的频谱与线性低频扫描信号基本相同，因此，这两种信号的子波形态基本相同，仅仅存在振幅差异。同样，在图 3.69b 信号的频谱曲线上，非线性振幅谱能量低于线性扫描信号，这主要是由于三种信号扫描长度相同，而非线性扫描信号在低频段驱动幅度较低，整体能量降低造成的，这种能量差异可通过延长扫描时间与增大震源驱动幅度弥补。另外，阻尼雷克子波低频扫描信号子波形态最好，子波旁瓣较小，如图 3.69d 所示。

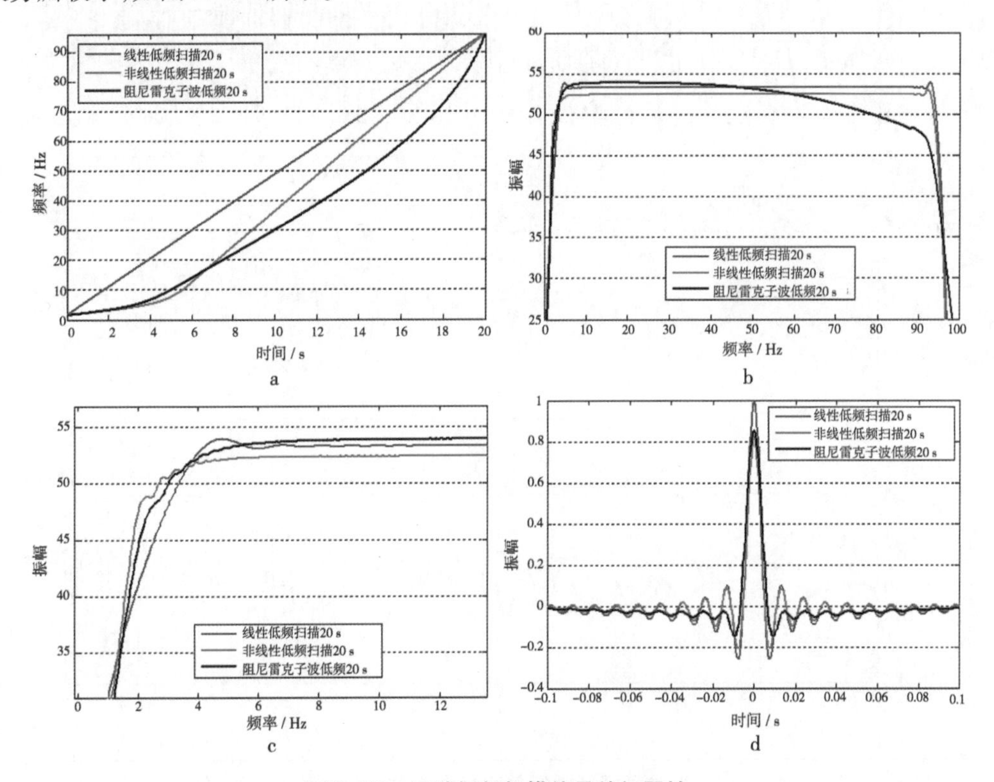

图 3.69 三种低频扫描信号特征属性

（a:时频曲线;b:频谱曲线;c:频谱曲线放大;d:相关子波）

2. 线性与非线性低频扫描信号实际力信号

可控震源地震记录是大地反射和传播后的扫描信号自相关函数(子波)的集合,因此,从上述三种低频扫描信号特征分析,理论上线性与非线性扫描信号均能够形成低频地震记录,尤其是非线性低频扫描信号与线性低频扫描信号具有相当的频谱与相关子波,充分说明这两种方式均能够激发出低频成分丰富的地震波。目前,在国内外可控震源地震勘探实践中,常规可控震源低频勘探已经大规模推广应用,通过扫描信号的优化设计降低信号畸变。为此,利用上述三种低频扫描信号进行低频可控震源与常规可控震源实际激发力信号对比,分析线性与非线性低频扫描信号的实际畸变情况。

在新疆某工区进行了三种低频扫描信号激发,并分别获取实际力信号。图3.70为三种不同低频信号0~6 s实际力信号与参考信号波形图。在低频段两种可控震源的三种低频扫描信号在低频段均产生了畸变;线性低频扫描信号畸变主要发生在2 s以内,在信号波峰或是波谷处发生抖动,且以向外“凸出”为主;非线性低频扫描信号畸变主要发生在5 s以内,同样,在信号波峰或是波谷处发生抖动,且以向内“凹陷”为主;阻尼雷克子波畸变形态与非线性低频扫描信号相似,但由于低频补偿时间相对较短,其低频畸变时间稍短,这两种信号的力信号畸变特征是相似的。而三种信号表现的“凸出”与“凹陷”的特征是由于两种可控震源振动系统及液压系统不同造成的。

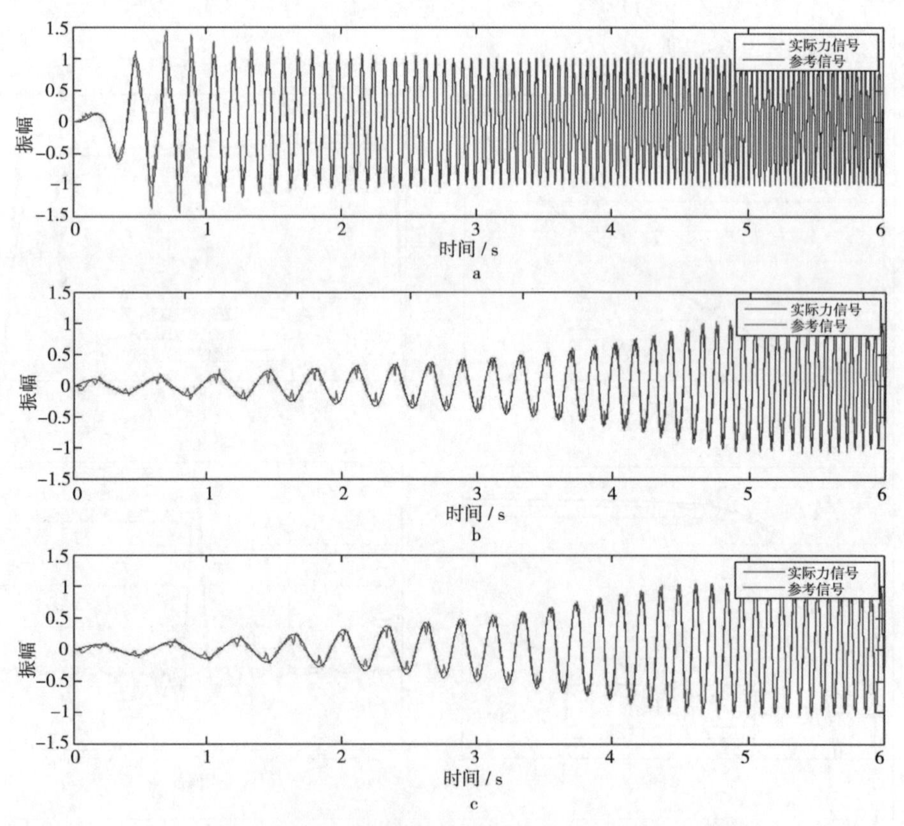

图3.70　三种不同低频信号实际力信号与参考信号波形图

(a:线性;b:非线性;c:阻尼雷克子波)

图 3.71 为三种低频扫描信号激发获得的实际力信号的时频分析,其谐波均以扫描频率的整数倍出现,其中,二阶、三阶谐波能量最强,并在低频段伴有较强的谐波畸变。

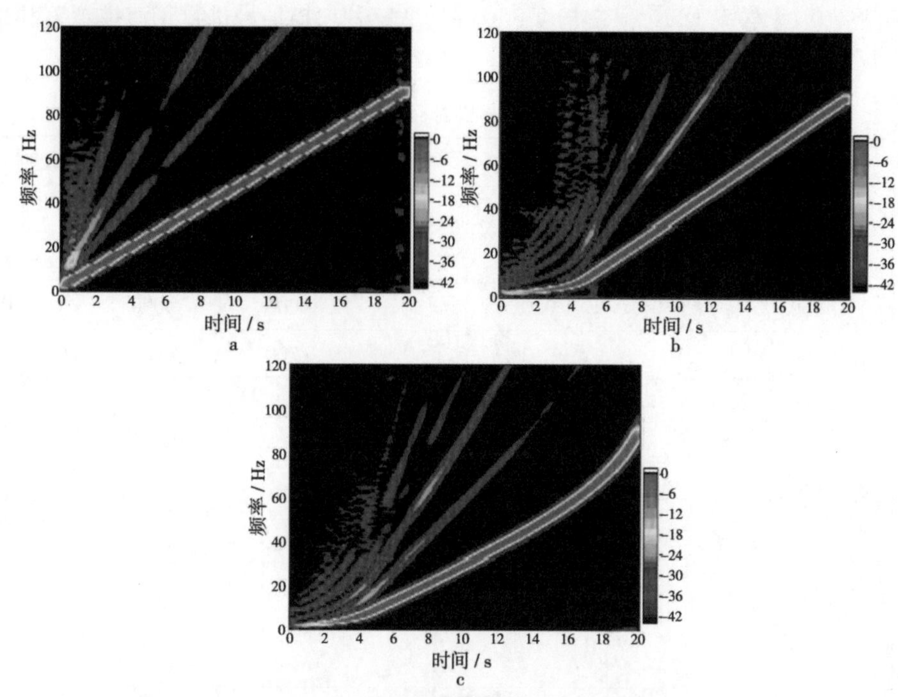

图 3.71　三种低频信号实际力信号时频分析

(a:线性;b:非线性;c:阻尼雷克子波)

通过参考信号与力信号计算力信号的畸变曲线(图 3.72a)。在 10 s 以内,线性扫描力信号畸变最小,与图 3.71 相对应;而非线性畸变干扰范围广,往往人们就认为,非线性扫描具有更大的谐波畸变。然而,需要注意的是,由于这三种扫描信号每个时间所对应的频率不一样,而谐波畸变与频率相关联,因此,在时间域进行谐波畸变的比较是不合理的,需要进行频率域转换,如图 3.72b 所示,谐波畸变特征较时间域特征发生了变化,该线性低频扫描信号在低频段畸变更大,但整体上,这三种低频扫描激发的力信号谐波畸变基本相当,符合技术标准范围,局部存在差异。

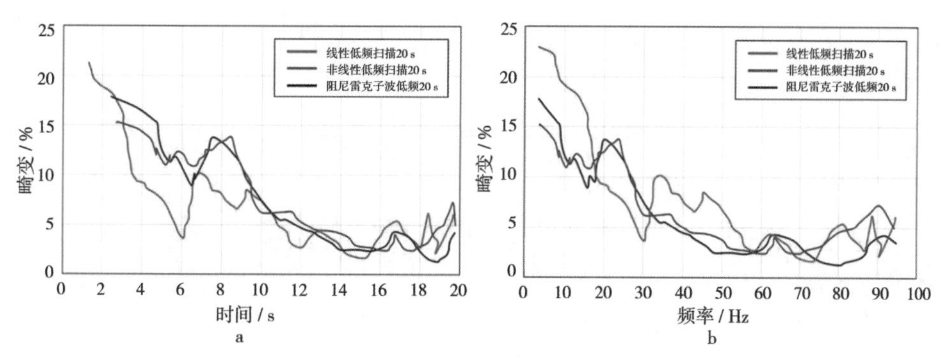

图 3.72　三种低频信号畸变曲线

(a:时间域;b:频率域)

3.6.2　线性与非线性低频扫描信号正演模拟

根据地震记录合成褶积原理，建立地质模型，参数如表 3.5。图 3.73 为模型的反射系数序列图。取采样率 1 ms，记录长度 3 s，并选取三种扫描信号进行正演模拟，获取反射系数模型及相关前、相关后地震记录。

表 3.5　地质模型参数

层序号	厚度/m	速度/m · s^{-1}	反射系数	层序号	厚度/m	速度/m · s^{-1}	反射系数
1	80	800	0.80	5	500	2200	-0.30
2	100	1800	0.50	6	400	3000	-0.60
3	150	2050	0.05	7	1000	4000	0.08
4	160	2100	0.25	8	1200	4600	0.05

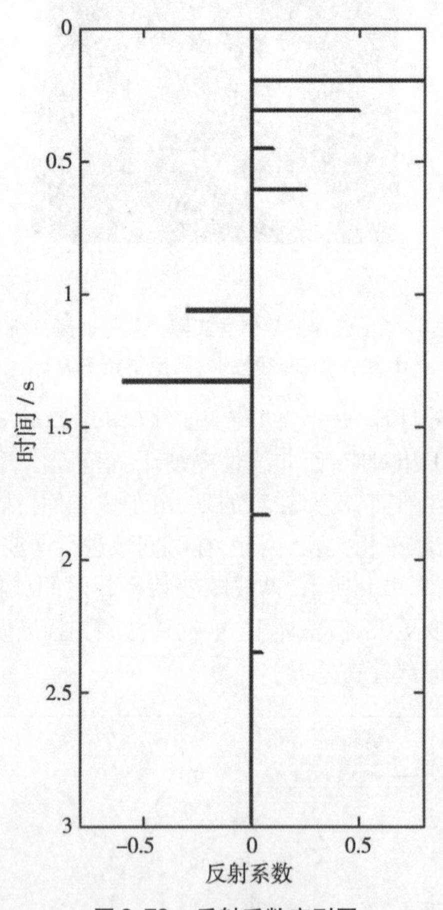

图 3.73　反射系数序列图

将三种低频扫描信号与反射系数模型进行褶积，再与扫描信号做相关运算，获得相关前与相关后的地震记录。从相关前记录中无法识别反射信息，相关后可以有效识别。图 3.74a 与图 3.74b 中由于两种低频扫描信号的频谱与子波形态基本相同，反射记录波形及信噪比基本一致；而图 3.74c 子波形态最好，相关噪声低，信噪比稍高。

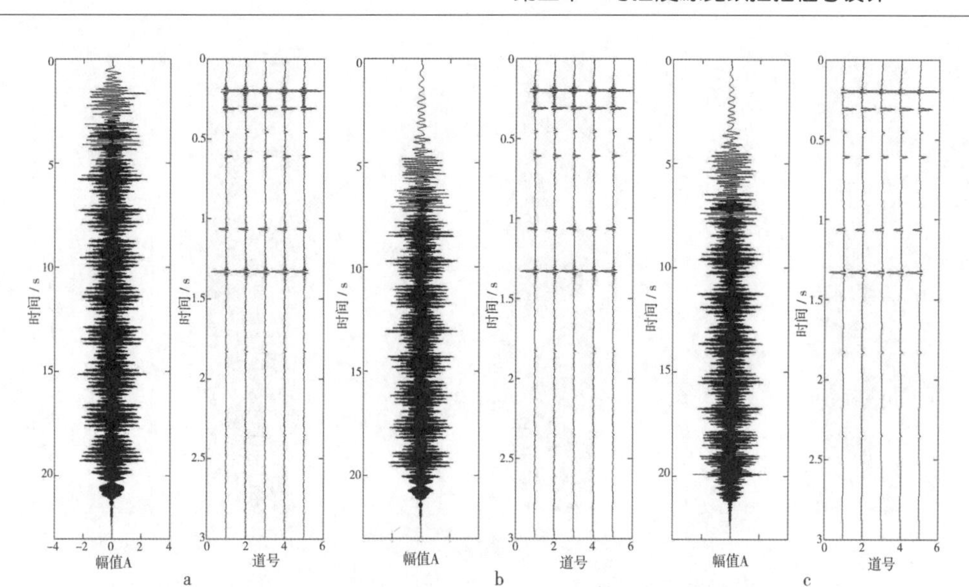

图 3.74　三种低频扫描信号正演模拟相关前、后记录对比(无噪声)
(a:线性低频 1.5 ~96 Hz;b:非线性低频 1.5 ~96 Hz;c:阻尼雷克子波低频 1.5 ~96 Hz)

图 3.75 ~ 图 3.77 为加入不同噪声强度(噪声与相关前有效波最大值比值)的三种扫描信号相关前后的地震记录,随着噪声强度增加,相关前地震记录识别度越来越低,但相关后仍能识别,信噪比越来越低,而且,每组中(a)与(b)信噪比基本相似,(c)信噪比稍高,也说明无论是线性还是非线性,只要保证线性与非线性信号频谱、子波基本相同,相关后它们的压制噪音能力基本相当。

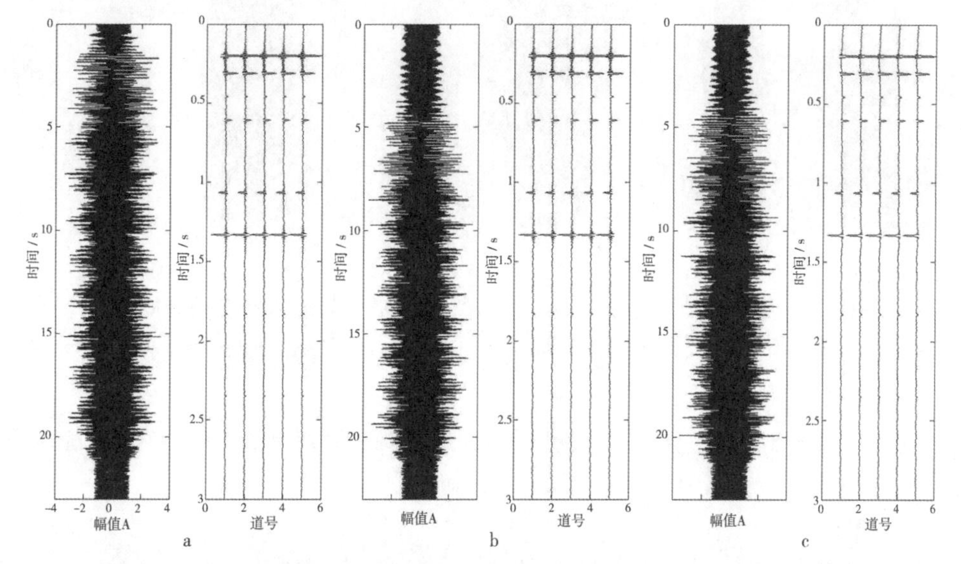

图 3.75　三种低频扫描信号正演模拟相关前、后记录对比(噪声强度 50%)
(a:线性低频 1.5 ~96 Hz;b:非线性低频 1.5 ~96 Hz;c:阻尼雷克子波低频 1.5 ~96 Hz)

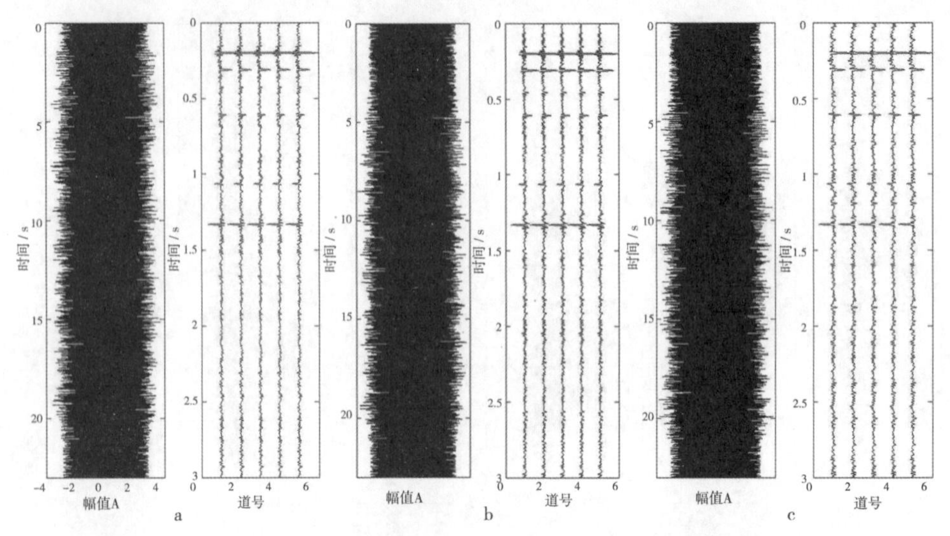

图 3.76　三种低频扫描信号正演模拟相关前、后记录对比(噪声强度 100%)
(a:线性低频 1.5 ~96 Hz;b:非线性低频 1.5 ~96 Hz;c:阻尼雷克子波低频 1.5 ~96 Hz)

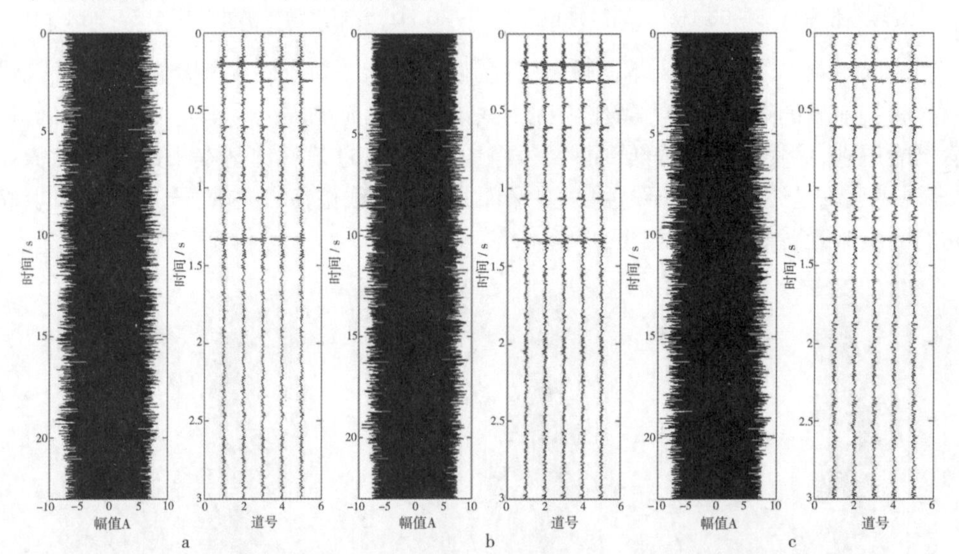

图 3.77　三种低频扫描信号正演模拟相关前、后记录对比(噪声强度 300%)
(a:线性低频 1.5 ~96 Hz;b:非线性低频 1.5 ~96 Hz;c:阻尼雷克子波低频 1.5 ~96 Hz)

3.6.3　野外试验资料对比

在准噶尔盆地 SQT 地区进行了线性低频、非线性低频以及阻尼雷克子波低频三种扫描信号的应用试验,进行单炮记录与剖面成像效果对比。

1. 单炮资料对比

SQT 地区野外试验单炮资料如图 3.78 ~ 图 3.81 所示,地震记录差异不大,反射波能量相当,受到外界干扰影响信噪比偏低,但反射信息较为丰富,反射连续性较好。

在图 3.80 的 1.5 ~5 Hz 分频滤波记录上,无论是线性还是非线性低频扫描信号,均获得了较为丰富的低频信息。

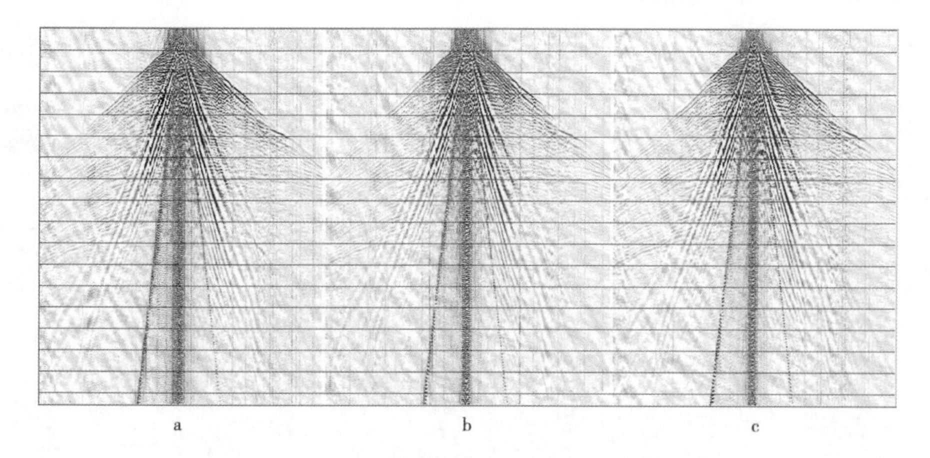

图 3.78　三种低频扫描信号地震单炮固定增益记录
(a:线性低频 1.5 ~96 Hz;b:非线性低频 1.5 ~96 Hz;c:阻尼雷克低频 1.5 ~96 Hz)

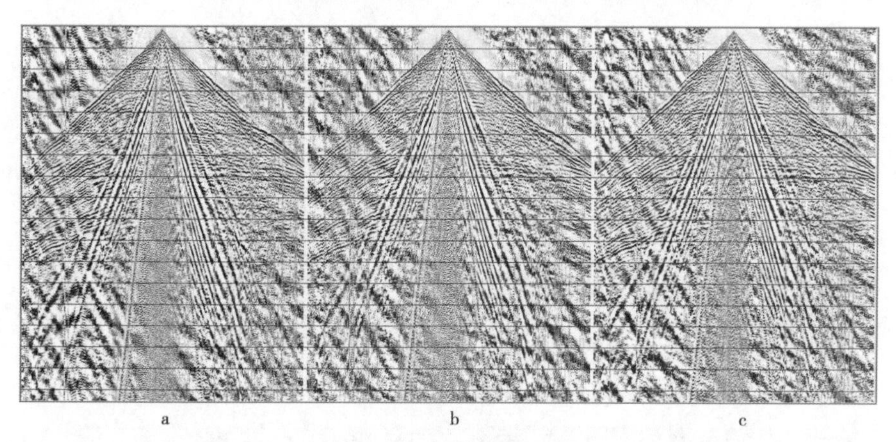

图 3.79　三种低频扫描信号地震单炮 AGC 记录
(a:线性低频 1.5 ~96 Hz;b:非线性低频 1.5 ~96 Hz;c:阻尼雷克低频 1.5 ~96 Hz)

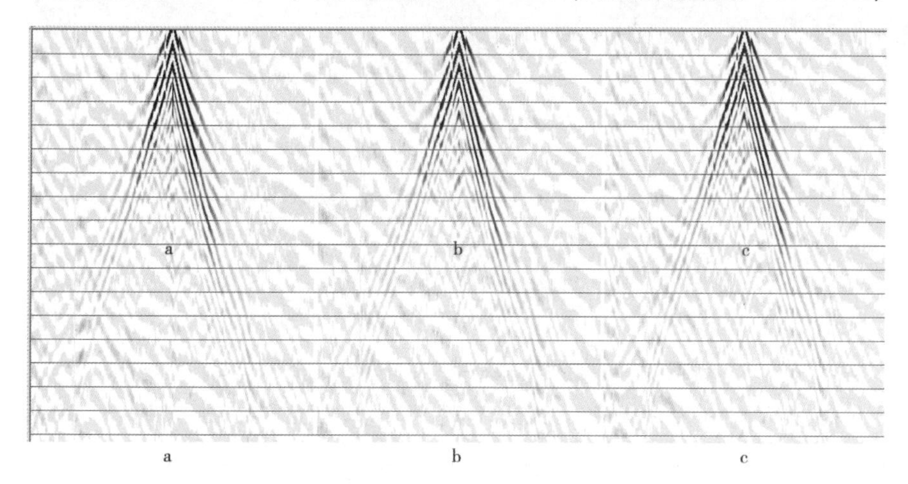

图 3.80　三种低频扫描信号地震单炮 1.5 ~5 Hz 滤波记录
(a:线性低频 1.5 ~96 Hz;b:非线性低频 1.5 ~96 Hz;c:阻尼雷克低频 1.5 ~96 Hz)

从图 3.81 的 30 ~ 60 Hz 滤波记录上，线性低频与非线性低频扫描信号信噪比相当，阻尼雷克子波低频扫描信号激发单炮信噪比稍高，总体差异不大。

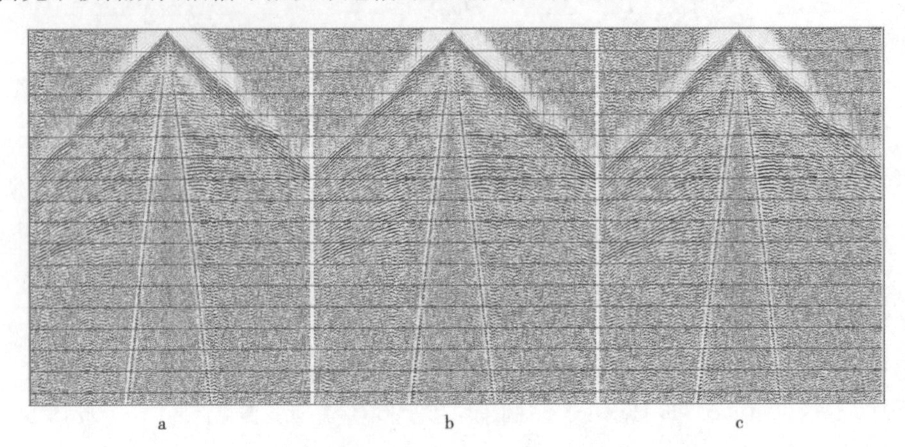

图 3.81　三种低频扫描信号地震单炮 30 ~ 60 Hz 滤波记录
(a：线性低频 1.5 ~ 96 Hz；b：非线性低频 1.5 ~ 96 Hz；c：阻尼雷克低频 1.5 ~ 96 Hz)

2. 剖面资料对比

在叠加剖面(图 3.82、图 3.83)上，三种扫描信号采集的剖面浅、中、深反射波组齐全，连续性好，层间信息丰富，构造特征明显，在 4.5 s 以上基本一致。线性低频(a)与非线性低频(b)扫描信号的频谱、子波形态基本相同，两者资料基本相当，4.5 ~ 6 s 反射信息也基本一致；阻尼雷克子波(c)低频扫描信号激发剖面在深层 4.5 ~ 6 s 反射信息信噪比稍高。

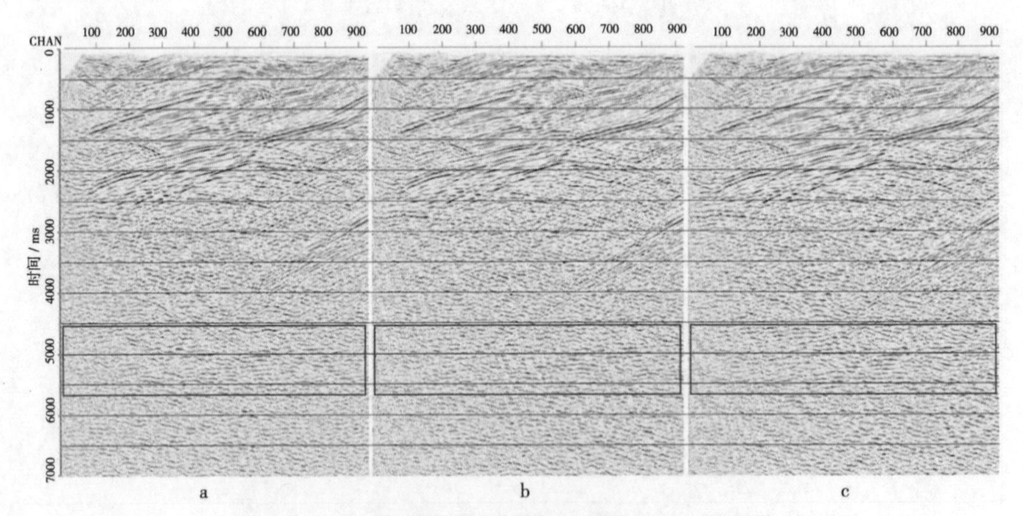

图 3.82　三种扫描信号激发叠加剖面 AGC 记录对比
(a：线性低频 1.5 ~ 96 Hz；b：非线性低频 1.5 ~ 96 Hz；c：阻尼雷克子波低频 1.5 ~ 96 Hz)

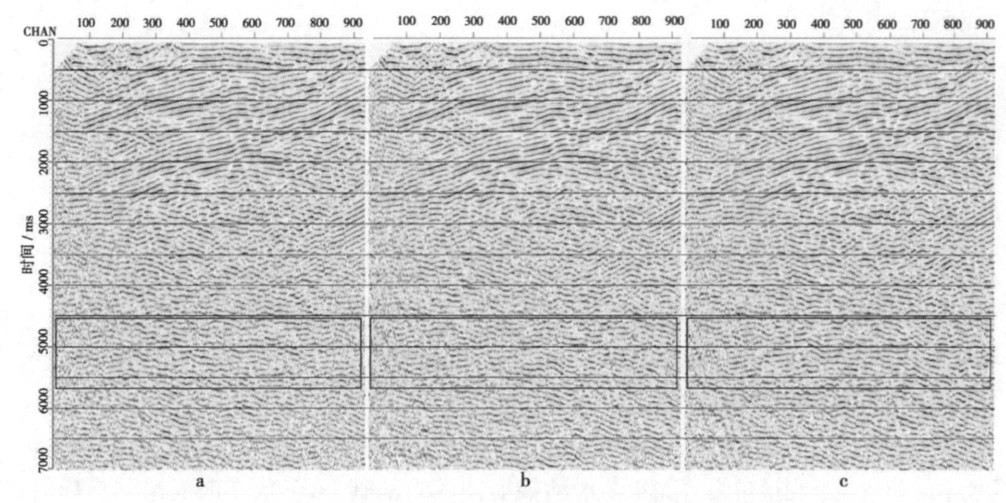

图3.83　三种可控震源扫描信号激发叠加剖面8 Hz低通滤波记录对比

(a:线性低频1.5～96 Hz;b:非线性低频1.5～96 Hz;c:阻尼雷克低频1.5～96 Hz)

3.6.4　对比分析小结

可控震源线性与非线性低频扫描信号激发是实现可控震源低频勘探的两种方式,它们的扫描信号在时间域差异较大,但在频率域可通过扫描信号设计实现相当的频谱与子波形态。此外,非线性扫描信号设计更加灵活,可根据地质需求设计有针对性的扫描信号。在谐波畸变方面,两类扫描信号激发时均会产生谐波畸变,谐波畸变与扫描频率相关联,当可控震源机械性能状态良好时,两种类型扫描信号激发时谐波畸变基本相当。

需要强调指出,非线性低频扫描信号在低频段采用低振幅、时间累积能量的方法获得较强能量的低频信息,一定程度上影响了扫描信号的整体能量。因此,在实际应用中,还应根据地质目标能量需求进一步研究扫描长度的影响以获取高品质地震资料。

第四章　可控震源高效采集技术

随着可控震源地震采集技术的发展，国内外各大地球物理服务公司陆续推出了交替扫描、滑动扫描、独立扫描、远距离同步扫描、高保真采集等高效采集技术，这些技术的应用极大地提高了地震采集施工效率。

2013 年以来，中国石化在准噶尔盆地、塔里木盆地等区域大力推进可控震源高效采集技术的研究与应用，在交替扫描与滑动扫描技术的基础上，形成了时变滑动扫描、自主扫描等技术系列，实现了最高日产 13000 余炮的高效生产。

4.1 交替扫描高效采集技术

交替扫描技术是使用多组可控震源采用相同扫描信号轮流作业，当一组可控震源扫描时，另一组（或多组）可控震源移动到下一个激发点位置并完成准备工作，当前一组可控震源振动完成并结束记录时，下一组可控震源开始振动作业。这种作业方式可使用两组或两组以上可控震源，投入震源组数需要综合考虑项目规模、施工效率及成本效益等因素（图 4.1、图 4.2）。

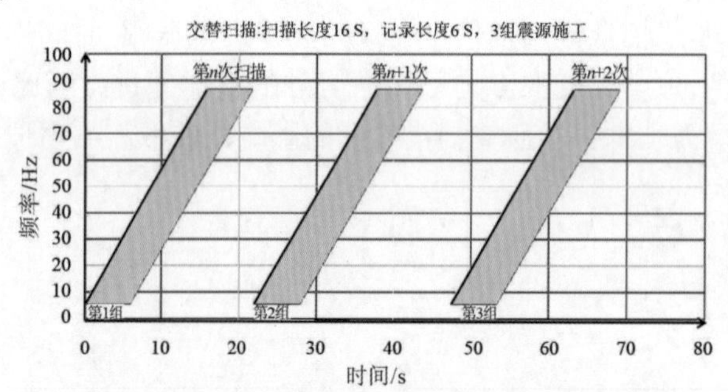

图 4.1　可控震源交替扫描示意图

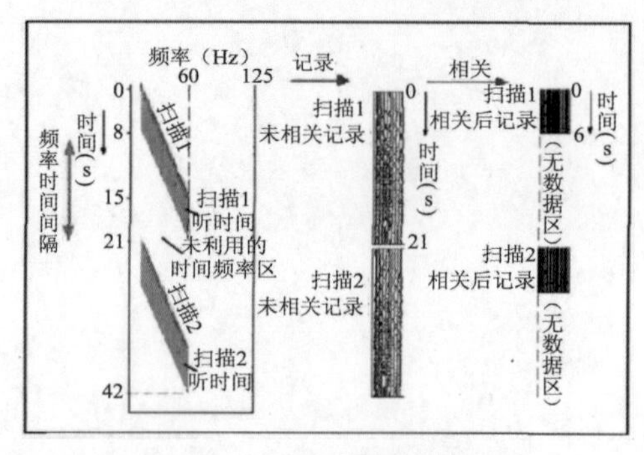

图 4.2　交替扫描原理示意图

交替扫描技术主要包含以下几种方法：

(1)两组震源交替激发

此方法一般用于可控震源震次较少(1 ~2 次)的三维地震采集，作业效率通常较单组震源作业可提高 50 % ~80 %。

(2)两组震源交替激发叠加记带

当要求可控震源震次较多(4 次以上)时，采用两组震源交替激发单次记带的方法会消耗大量的存储介质，增加采集成本。

两组震源交替激发叠加记带方法为：两组震源分别在两个不同的炮点位置激发，每个炮点有多个震次，当某组震源完成一次扫描后，仪器对当前扫描进行相关，并与该炮点位置已完成的震次记录叠加，直至该点所有的震次完成，输出叠加数据到存储设备。

(3)多组可控震源交替扫描作业

复杂地表条件下，大量采集作业时间消耗在可控震源行进上，即使采用两组可控震源作业，仍有较长的等待时间。因此，采用三组或更多组震源交替扫描作业将显著提高效率。

(4)二维交替扫描作业

二维或宽线采集施工时，利用多组可控震源在不同炮线、不同炮点交替前进或沿排列两端激发等方式，实现两组或更多组可控震源高效率交替作业。

交替扫描作业方法时效 N 的计算公式如下：

$$N = 3600 \times M/(\text{扫描时间} + \text{记录时间})$$

式中，M 为可控震源组数。

交替扫描在技术原理与野外施工上都较为简单，易于实现。

4.2　滑动扫描高效采集技术

滑动扫描技术是同时采用多组可控震源以滑动时间为间隔的连续、重叠扫描的激发方法。同时，地震仪器连续采集数据通过相关分离每次扫描的地震记录(图 4.3)。

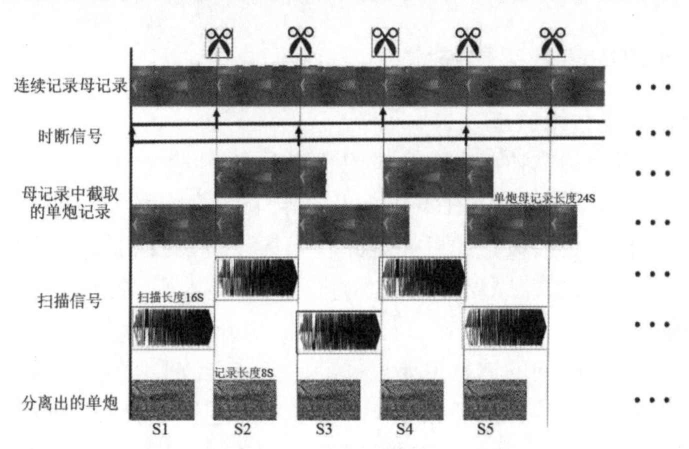

图 4.3　滑动扫描原理示意图

可控震源滑动扫描施工中,多组可控震源在扫描时间上重叠,即在前一组扫描过程尚未结束时,后一组就开始扫描,两组可控震源开始扫描的时间间隔称为滑动时间。该滑动时间原则上要大于地震记录长度,如图 4.4 所示。

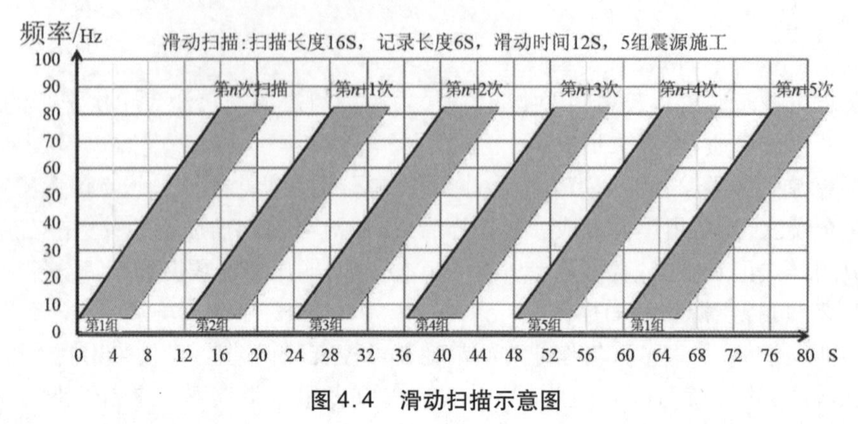

图 4.4　滑动扫描示意图

滑动扫描技术使用多组可控震源同时连续作业,是一种连续放炮的高效率采集施工方法。该方法与交替扫描技术相比,对于使用相同扫描信号的相邻两次振动,可突破第二次扫描必须等待第一次扫描记录结束才能开始的限制,压缩了相邻两次扫描的间隔时间,大幅度地提高生产效率。

滑动扫描采用的扫描频率在时间上不会发生混叠,通过相关处理即可分开,形成各自的单炮记录。从理论上讲,最小滑动时间可设定为记录长度时间。利用滑动扫描技术也可能同时产生较大的谐波干扰,因此,在选择作业参数时需考虑谐波干扰影响。在滑动扫描施工之前应进行谐波畸变对比试验,掌握工区谐波畸变影响程度,并根据不同滑动时间对比试验分析,选取合理的滑动时间,降低谐波干扰对原始资料造成的不利影响。

滑动扫描的滑动时间(扫描连续启动最小间隔时间)越短,生产效率就越高。不考虑震源搬家和等待时间,滑动扫描作业方法时效 N 计算公式如下:

$$N = 3600/\text{滑动时间}。$$

4.3　时变滑动扫描高效采集技术

4.3.1　时变滑动扫描技术原理

可控震源时变滑动扫描技术是综合考虑观测系统、地表条件、目的层反射波双程时间与信噪比、可控震源间噪音干扰水平与方向及影响范围等因素的一种可控震源高效采集方法。该方法通过投入足够数量的可控震源和采集设备以及相关配套软硬件,合理设计可控震源分布与工作方式,兼顾仪器、震源与排列等各类因素,在工序间协调一致,实现可控震源高效采集。

普通滑动扫描滑动时间的选择主要根据勘探区域谐波等噪声干扰强度和目的层双程反射时间决定,不考虑可控震源之间的距离,整个施工过程中所采用的滑动时间基本是固定不变的。实际上,谐波等噪声干扰的强度随着可控震源间距离的增加有减弱的趋势,也就是说,滑动时间除了要考虑谐波等噪声干扰强度和目的层双程反射时间,还应该参考可控震源间距影响。时变滑动扫描方法是在此基础上提出的一种新的可控震源施工模式。

该方法根据可控震源之间的距离匹配相应的滑动时间,距离近则干扰强,滑动时间长;距离远则干扰小,滑动时间短。以此既保证干扰不影响主要目的层成像效果,确保资料品质,又提高施工效率。

时变滑动扫描方法首先根据谐波等噪声干扰影响,设定可控震源间距与滑动时间匹配关系。滑动扫描的谐波产生有规律可循,谐波出现的起始时间与谐波阶次、扫描长度、起始频率等参数成正比,与扫描频宽成反比。通过谐波起始时间的理论计算,结合勘探目标区主要目的层反射波时距曲线,计算出不同阶次谐波在不同可控震源间距上是否影响主要目的层的地震反射。同时,再结合不同可控震源间距、不同滑动时间的试验结论,确定最终可控震源间距与滑动时间(T-D)匹配规则。

两组可控震源同时启动激发时,所产生的交涉干扰相互不影响主要目的层反射,可设定两组可控震源的滑动时间为0 s,即为同步扫描;其次是滑动扫描,滑动时间的大小可依据可控震源间距确定。理论上,可控震源间距与滑动时间成反比,即震源间距越大滑动时间越短。当震源间距较小,滑动扫描产生的干扰较强时,可设定滑动时间大于或等于扫描长度,即为交替扫描。可控震源启动顺序以时间间隔最短、效率最高为原则,首先应启动同步扫描,其次是滑动扫描和交替扫描(图4.5)。

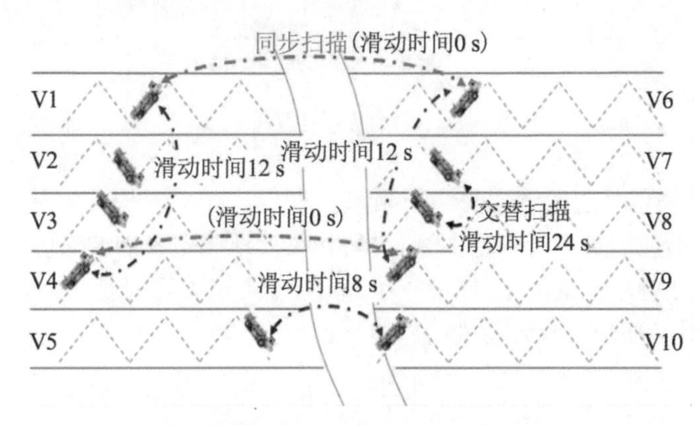

图4.5 可控震源时变滑动扫描施工动态管理示意图

可控震源时变滑动扫描技术采用多组可控震源作业,每组可控震源分布于不同的炮点位置,根据相邻两炮可控震源间距离的不同,匹配相应的扫描起始时间间隔。施工过程中,每台可控震源移动到激发点且准备就绪后,向地震仪器发出落板信号,同时,地震仪器实时检测所有可控震源准备状态,检查完毕后,即纳入"可控震源任务序列",并根据可控震源反馈至地震仪器的GNSS信息,计算可控震源之间的距离,依据"滑动时间越小,优先级别越高"的原则,对"扫描任务序列"中所有可控震源按滑动时间大小进行配对排序,滑动时间由小到大依次启动,实现生产效率最大化。

4.3.2 时变滑动扫描谐波影响分析

时变滑动扫描高效采集施工过程中,多组可控震源在扫描时间上产生重叠扫描,即在前一组震源扫描过程尚未结束,后一组震源既开始扫描,所以,时变滑动扫描采用的扫描频率在时间上可能会发生混叠,产生谐波干扰。因此,需要进行滑动时间与震源间距(T-D)的匹配设计,使时变滑动扫描单炮之间的相互干扰不影响主要目的层成像效果。

可控震源连续扫描振动技术之所以能够在地震勘探领域中取得成功,一个重要的原因就是可控震源地震数据相关分析技术的应用。相关是比较两个波形相似程度的数学方法,它能够解决波形相似程度与时间的关系。

可控震源相关地震记录道 x(τ)可表示为积分形式:

$$x(\tau) = \frac{1}{T}\int_0^T s'(t)s(t-\tau)\mathrm{d}t \tag{4.1}$$

式中,$s'(t)$ 表示原始振动记录道,t 为时间;$s(t-\tau)$ 表示扫描信号;T 代表扫描信号长度;τ 代表相关信号之间的时移。

如果 $\tau=0$ 时,表明两个波形起始时间均为 0,波形重合,自相关曲线具有最大值。在对可控震源记录进行相关处理过程中,参考信号与检波器所接收到的信号以时移 τ 值为步长进行相关运算,直到移出震源记录长度为止。其中,$s'(t)$ 和 $s(t-\tau)$ 是频率与时间的函数,而相关运算具有较强的滤波作用,当两组可控震源振动相互重叠时,如果频率有重叠,则会产生滑动扫描谐波干扰,重叠的频率区域越小,则谐波干扰越小。

参考扫描信号与波场记录进行互相关后,谐波干扰出现在相关子波负时间轴上,其在负时间轴上的起始时间 t_B 、终止时间 t_E 与谐波阶次 k 及扫描参数的关系如下:

$$t_B = -\frac{(k-1)f_2}{k(f_2-f_1)}T \tag{4.2}$$

$$t_E = -\frac{(k-1)f_1}{f_2-f_1}T \tag{4.3}$$

式中,f_1 、f_2 为扫描信号起始频率与终止频率。

对不同阶次谐波能量进行理论估算分析,相关后地震记录谐波对应基波部分频段,阶次越高对应的基波频率范围越小,能量越小。k 阶谐波相关后,利用信号频谱的平方功率谱表示能量,相对于基波的谐波能量估算如下:

$$E_k = \frac{\left(\frac{f_2}{k}-f_1\right)^2}{(f_2-f_1)^2}\times 100 \tag{4.4}$$

式中,E_k 为 k 次谐波能量,k 为谐波阶次。

为最大限度削弱不同阶次谐波、不同能量大小的谐波污染上一炮地震记录,通过野外采集施工以及室内数据处理手段都可对谐波干扰进行压制与消除。

采用式(4.4)可对不同阶次谐波出现的时间、结束时间以及能量等参数进行估算,不同阶次谐波出现的时间以及能量均与扫描信号起始频率、扫描长度有关。

例如,SZ 地区某高效采集项目的施工参数分别为:扫描频率为 3 ~ 84 Hz,扫描时间为 20 s,记录长度为 8 s。通过理论计算,二至七次谐波相关子波负时间轴起始和终止分布时间、各阶次谐波能量百分比、有效频带宽度等参数如表 4.1 所示。

从表 4.1 各阶次谐波起止时间与能量关系可知,随着谐波阶次增大,谐波干扰向相关子波的负时间轴方向移动,每阶谐波是基波频率的倍数(谐波阶数),每阶谐波干扰频率沿负时间轴方向从低频到高频分布,且在时间上各阶次谐波存在重合。

表 4.1　SZ 地区谐波参数表

谐波	谐波频段/Hz	相对能量/%	谐波起止时间/s
基波	3 ~ 84	100	0
二次谐波	6 ~ 84	23.182	-10.4 ~ -0.7
三次谐波	9 ~ 84	9.526	-13.8 ~ -1.5
四次谐波	12 ~ 84	4.938	-15.6 ~ -2.2
五次谐波	15 ~ 84	2.903	-16.6 ~ -3
六次谐波	18 ~ 84	1.844	-17.3 ~ -3.7
七次谐波	21 ~ 94	1.235	-17.8 ~ -4.4

谐波高频成分干扰首先进入上一炮记录当中,随着阶次不断上升,谐波有效频宽不断减少,谐波能量也不断减弱。由二次谐波的 23 % 左右下降到七次谐波的 1 % 左右,大于四次的高阶次谐波能量可忽略不计。因此,在实际施工中,为了获得较好数据质量,尽量规避二次至四次强能量谐波。而且,二阶、三阶、四阶谐波分布于初至前,其能量都明显大于有效反射波能量,干扰严重。因此,高效采集必须设计合理的滑动时间以规避强谐波干扰。

根据谐波起止时间关系,由于二阶、三阶、四阶谐波持续时间长,频段范围宽,干扰能量相对强,它们是主要的压制对象。压制第 k 阶谐波需要的最小滑动时间 S 的计算公式如下:

$$S \geqslant \frac{(k-1) \cdot f_2}{k(f_2 - f_1)} T \tag{4.5}$$

利用 SZ 工区可控震源三维地震采集项目的扫描参数进行模拟分析,结果如图 4.6 所示,图中从左到右、从上到下,它们分别为滑动时间 4、5、6、7 s 的模拟谐波时频特征图。由于滑动时间都小于记录长度,二阶、三阶谐波干扰对上一炮甚至上上炮的干扰都比较严重,与基波混在一起。

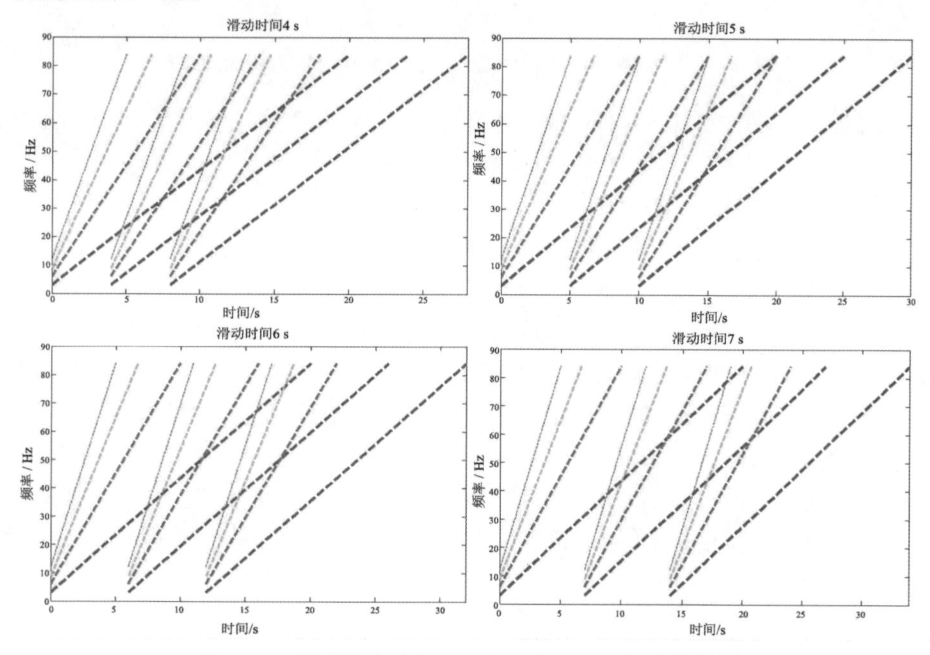

图 4.6　不同滑动时间(4 s,5 s,6 s,7 s)谐波模拟图

如图 4.7 所示,当模拟滑动时间超过 10 s 后,二阶谐波干扰与基波分离,与公式(4.5)计算的规避二阶谐波所需最小滑动时间 10.4 s 接近;当模拟滑动 14 s 后,三阶谐波干扰与基波开始分离,这与式(4.5)计算的规避三阶谐波最小滑动时间 13.8 s 接近;当滑动时间为 16 s 时,可规避下一炮记录的二阶、三阶、四阶谐波干扰,与理论公式计算的规避四阶谐波最小滑动时间 15.5 s 接近。

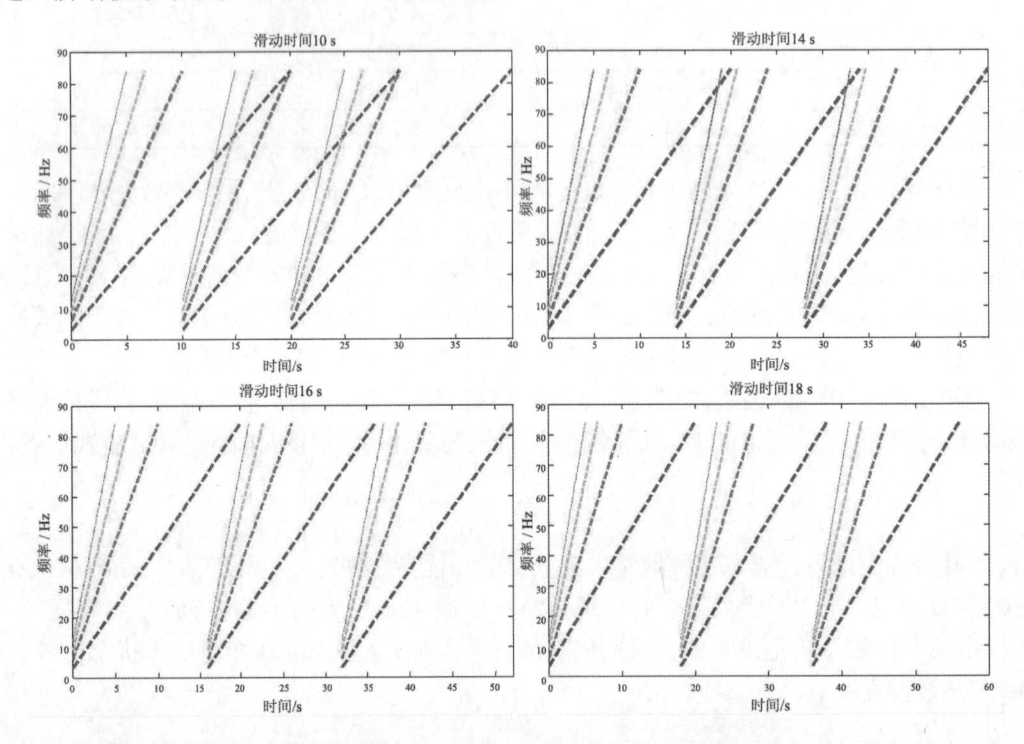

图 4.7　不同滑动时间(10 s,14 s,16 s,18 s)谐波模拟图

除了上述介绍的增大滑动时间减少谐波干扰外,另一个途径就是增大滑动距离,见下节。

4.3.3　时变滑动扫描时距曲线设计

为了获取谐波能量与滑动距离之间的关系,野外记录未相关的地震母记录,室内将母记录与扫描参考信号作相关处理,并保留相关后负时间轴的相关记录,时间范围为[-20 s,20 s],图 4.8 所示相关记录为西部 SZ 可控震源高效采集项目地震记录。[0 s,8 s]区间为常规采集波场相关后截取的地震记录,初至前为对应地震记录的初至相关子波所伴生的多阶谐波干扰在“时间—炮检距”域的分布,尤其红色框内能量相对较强。

采用滑动扫描采集方式和线性升频扫描信号,谐波产生在负时间轴,后一炮产生的谐波干扰污染了前一炮的有效信号,此种谐波能量明显强于前炮的谐波干扰。谐波频率一般为有效波信号的整数倍,分布于近道。注意这里的近道指产生谐波干扰炮的近道,而不是受污染炮的近道。

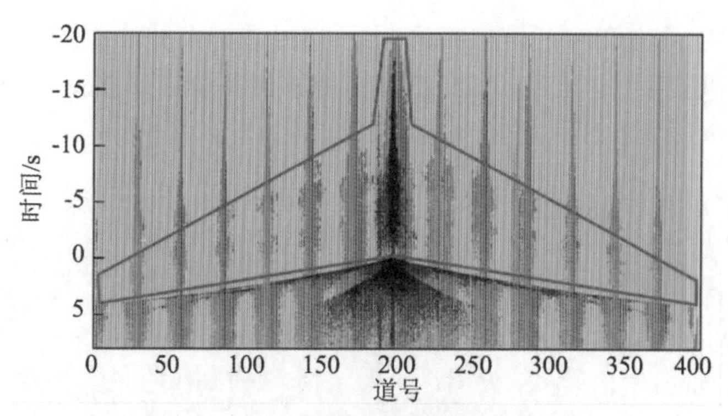

图4.8 相关后地震记录

以试验单炮的相关前记录为依据,进行不同滑动时间分析。图4.9为交替扫描的滑动时间分析图,相关前记录扫描长度为20 s,记录长度为8 s,当后一炮记录与前一炮记录不重叠时,邻炮之间不产生谐波干扰。

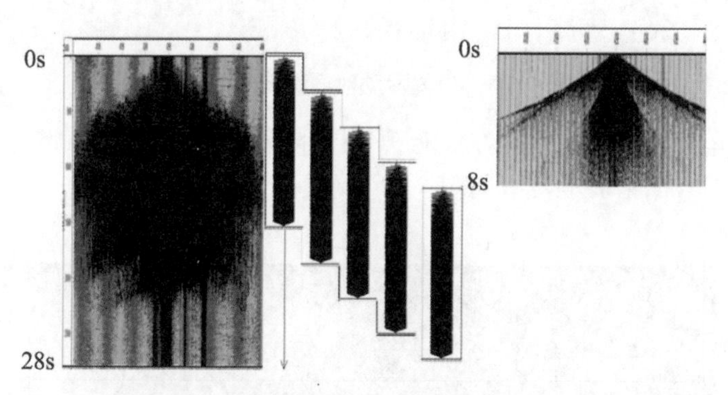

图4.9 可控震源交替扫描谐波干扰分析

图4.10为20 s滑动时间分析,当后一炮记录与前一炮记录扫描时间重叠8 s时,邻炮之间产生谐波干扰,后一炮对前一炮干扰出现在前一炮的相关后记录里。

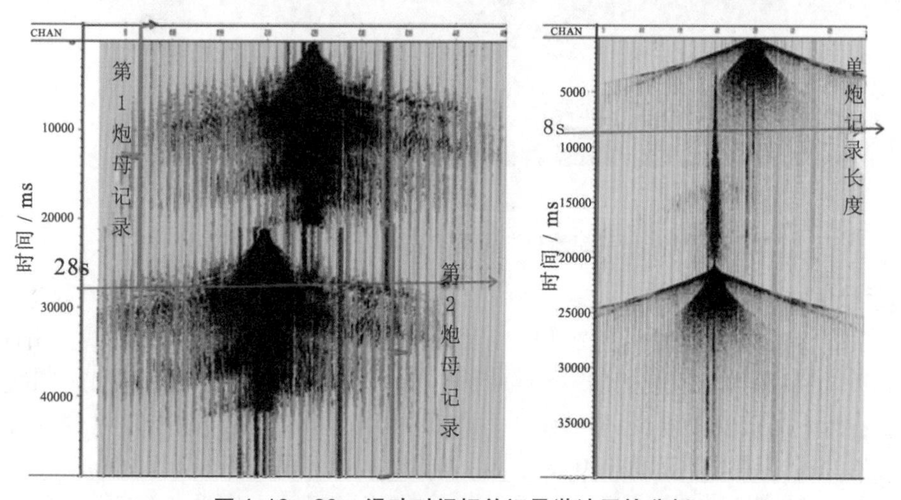

图4.10 20 s滑动时间相关记录谐波干扰分析

图 4.11 为单炮从负 20 s 开始相关的记录，通过该记录分析单炮产生相关后初至前的谐波产生范围和强度。初至前谐波干扰范围能够覆盖全排列，能量主要集中在近炮点附近。

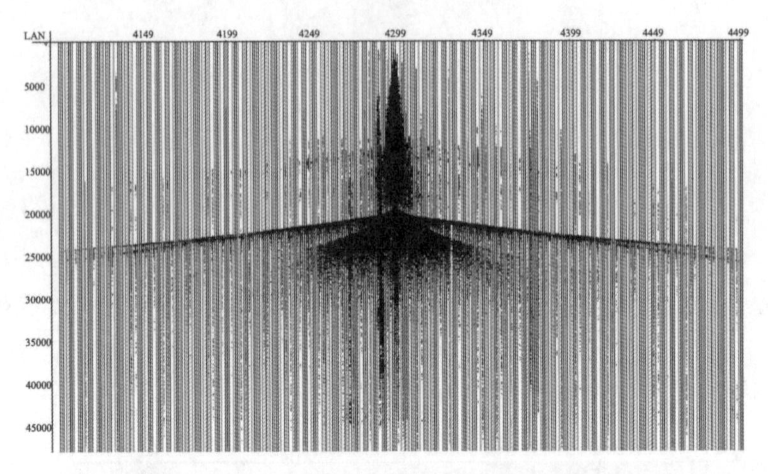

图 4.11　20 s 滑动时间谐波干扰分析

图 4.12 为单炮初至前单道均方根能量分析，随着偏移距的增加，谐波能量明显减弱；随着谐波阶次的增加，谐波能量减弱。

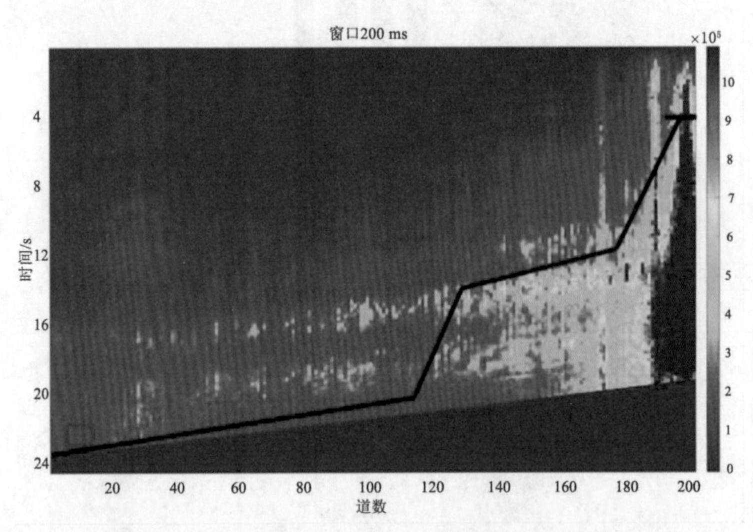

图 4.12　谐波能量分布图及谐波能量随炮检距衰减曲线

每道按 200 ms 窗口计算[-20 s,20 s]记录的能量分布以及[-20 s,0 s]内每道的叠加能量值，绘制图 4.12 谐波能量分布图以及谐波能量随炮检距衰减平滑曲线。由最小炮检距道(75 m)到最大炮检距道(9975 m)的相对谐波能量随距离变化关系，谐波能量在炮点附近最强，干扰比较严重；但随着炮检距增大，谐波能量急剧衰减。在炮检距为 3.25 km 时，相对谐波能量估算值为 0.04，是最小炮检距接收道的 4 %。3.25 km 以内谐波能量较强，超过 3.25 km 以后能量骤降，谐波干扰不予考虑。因此，3.25 km 以内按照

3.25 km 处谐波能量为参考划设边界，在该范围外以地震记录初至子波前为边界，在最小距离处按照保护最深目的层反射不受干扰的最大频率作为谐波干扰的最低频率时间分界。根据炮点与上一炮点距离和与上一炮排列的位置关系，以最小谐波能量边界曲线不进入上一炮记录干涉最深目的层为原则，设计滑动时间曲线，如图 4.13 所示。

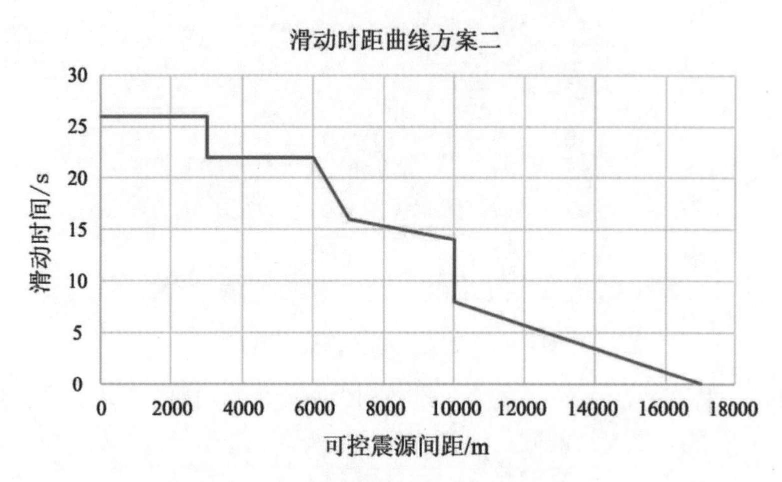

图 4.13　时变滑动扫描 T－D 曲线设计

试验中，将炮点矩阵均匀分为三个二级矩阵（3 个施工区域），三个矩阵自西向东间隔 4.2 km、3.6 km。每个二级矩阵配备 2 组 4 台震源，沿炮排同向按“S”形施工。第 1 组和第 2 组震源部署在西北角，第 3 组和第 4 组震源部署在南边，第 5 组和第 6 组震源部署在东北边（图 4.14）。第 1 组和第 2 组震源施工 28 个炮排，第 3 组和第 4 组震源施工 24 个炮排，第 5 组和第 6 组震源施工 24 个炮排。

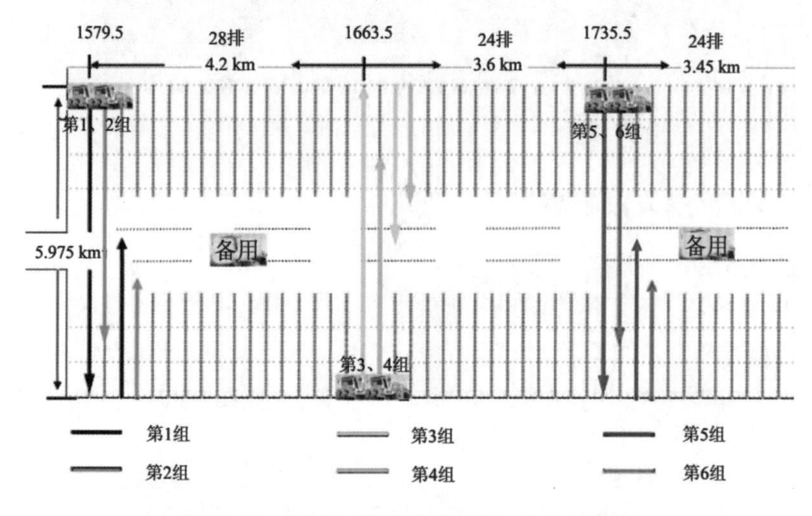

图 4.14　滑动扫描试验震源施工方向示意图

整个试验平均滑动时间 19.66 s，平均滑动距离 5.7 km，最高日效 4282 炮/天，最高时效 212 炮/时。试验初期时滑动距离大，滑动时间较短；施工后期滑动距离逐渐减小，交替增多,滑动时间增大。滑动扫描炮数占比 93.86 %,交替扫描占 6.14 %。

在时变滑动扫描试验叠加剖面上,各目的层反射清晰,尤其是奥陶系以下的深层反射特征明显,如图 4.15 所示。

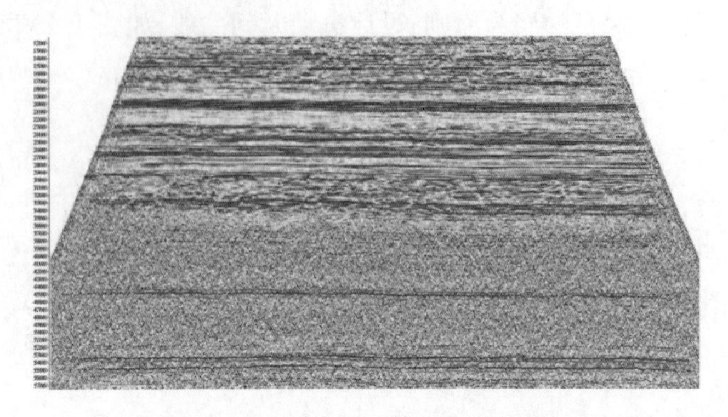

图 4.15　时变滑动扫描叠加剖面

在叠前时间偏移剖面效果上,成像质量得到大幅度提高,特别是奥陶系以下弱反射成像效果改善显著,能看到连续的同相轴,如图 4.16 所示。

图 4.16　时变滑动扫描叠前时间偏移剖面

4.4　自主扫描高效采集技术

4.4.1　自主扫描高效采集技术原理

自主扫描技术是在施工范围内分散布设多组可控震源,一次性全部布设相应的地面采集设备,形成超级排列;建立地震仪器超级排列接收采集系统,各组可控震源相互独立,不需与仪器进行任何联系,可控震源与仪器两个系统独立工作,可控震源到达激发点准备就绪后自主激发,仪器实时接收。

1. 可控震源自主扫描激发系统

自主扫描方法施工中,各组可控震源扫描信号的选择应遵循一定的原则,即要降低不同可控震源之间产生的地震信号相关性,利用相关技术和成熟的噪音衰减方法消除可控震源间的干扰。各组可控震源需要相距一定的距离,采用不同的扫描信号,以便更好地实现单炮数据分离,如图 4.17 所示。

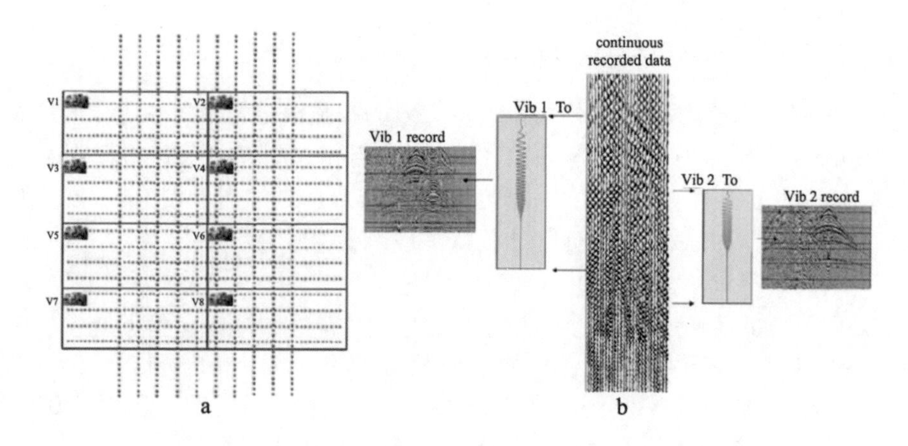

图 4.17　自主扫描技术观测系统 a 与单炮数据分离示意图 b

2. 可控震源自主扫描接收系统

由于在施工过程中多组可控震源自主激发且独立于地震仪器，因此，需要一个满足所有可控震源组使用的超级排列，足够多、稳定性好的地面接收设备至关重要，以保证超级排列、海量数据不间断接收记录的要求。

3. 可控震源自主扫描同步系统

自主扫描方法中，地震仪器与可控震源之间独立作业，通过 GNSS 授时方式实现两个系统之间的联系，或完成地震仪器连续记录与各组可控震源的扫描时间同步。因此，施工中需要记录每台可控震源的启动时间和地震仪器记录 GNSS 授时时间。

4. 数据处理过程

连续记录数据体包含了整个记录区域内同时激发的全部可控震源产生的不相干信号和噪音。依据 GNSS 授时信息，在连续时间记录中首先取出某个周期段的时间记录，再与对应的扫描信号相关，即得到了该炮点位置的单炮记录。

与其他采集技术相比，自主扫描具有下列优势：

①所有可控震源利用相同的接收排列独立自主工作（不需要同步），因此，节省了采集时间；

②所有可控震源间的干扰都作为“噪音”处理，并需要尽可能使它们随机化。

可控震源作业时效高，时效 N 的计算公式如下：

$$N = M \times 3600/(\text{扫描时间} + \text{移动时间})$$

式中，M 为可控震源组数。

4.4.2　基于信号非相关性分析的自主扫描设计技术

自主扫描施工过程中，不同组的可控震源可在任意时刻启动，造成地震记录之间相互混叠。为更好地分离混叠波场，自主扫描的各台震源间扫描信号应具有较差的相关性。为此，从相关计算规律入手，讨论混叠波场分离的自主扫描信号设计方法。

以可控震源线性扫描信号及相关子波表达式为例。

$$X(t) = A\sin 2\pi\left(f_1 + \frac{f_2 - f_1}{2T}t\right)t \ (0 \leqslant t < T) \tag{4.6}$$

$$yxx(t) = X(t) \otimes X(t) = \frac{A}{2}\frac{AT}{\pi\Delta ft}\sin\pi\Delta ft\cos2\pi\left(f_1 + \frac{\Delta f}{2T}\right)t \tag{4.7}$$

式中，$X(t)$ 为扫描信号；A 为信号出力函数；f_1、f_2 为扫描信号起始频率与终止频率；t 为扫描时间；T 为扫描长度；$yxx(t)$ 为扫描信号 $X(t)$ 的自相关函数；Δf 为频宽，$\Delta f = f_2 - f_1$。

式(4.7)说明影响相关后振幅的因素包括两个扫描信号的振幅、扫描长度、频宽、时频曲线变化率等。下面分别讨论这几个因素对相关结果的影响。

1. 不同扫描频率信号相关性分析

相关运算具有滤波作用，即两个信号之间的相关计算所得相关信号的频率为两个信号共有的频率部分。在图 4.18 中，信号 a 为线性升频 10～50 Hz 频宽信号，信号 b 为线性升频 30～70 Hz 频宽信号，信号 a 与信号 b 相关获得的相关后信号 c 为 30～50 Hz 频宽信号。因此，如果两个扫描信号没有重叠的频率，则其相关性最低。

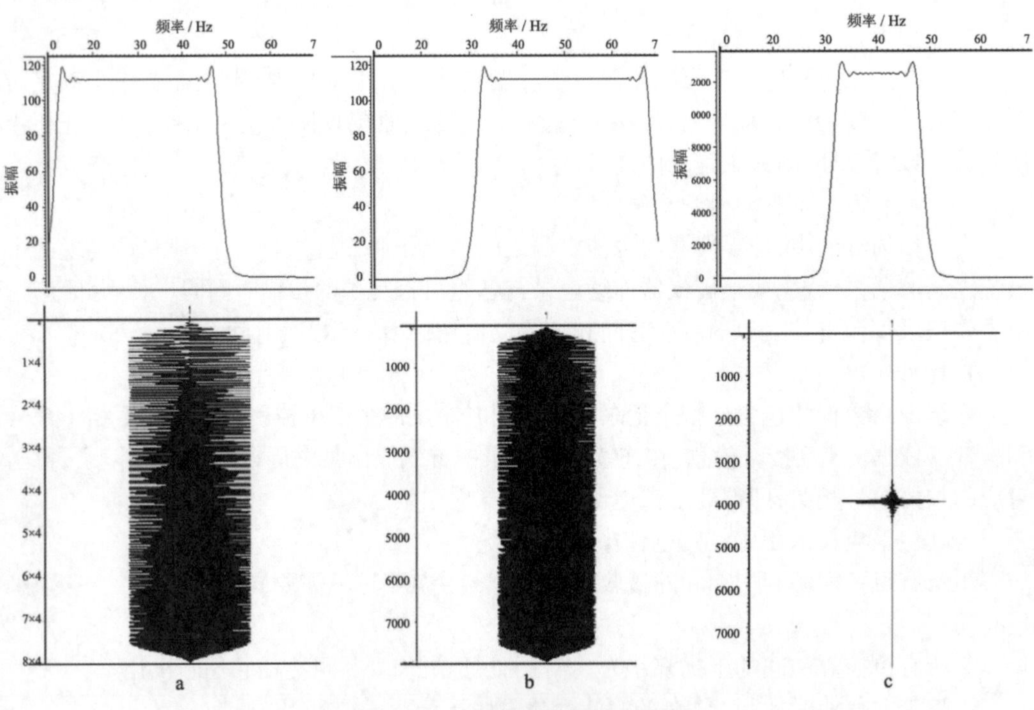

图 4.18　不同频率信号相关规律
(a:10～50 Hz 信号;b:30～70 Hz 信号;c:相关后信号)

2. 不同相位扫描信号相关性分析

两个信号之间的相关运算过程是振幅相乘而相位相减。因此，对于不同相位的扫描信号进行相关，仅仅是相位发生变化，而振幅不变，即相关性不变。在图 4.19 中，信号 1(图 4.19a)为 6～80 Hz、0°相位，信号 2(图 4.19b)为 6～80 Hz、90°相位。0°相位信号自相关为零相位子波，而 0°与 90°相关所得到的子波振幅与自相关子波振幅相同，仅仅是相位不同，因此，不同相位的扫描信号相关性较大。

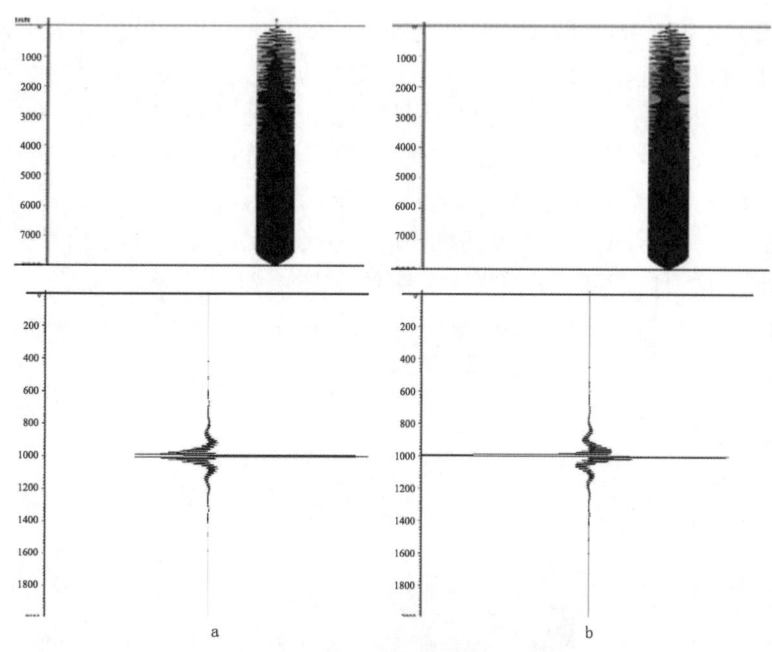

图 4.19　不同相位信号相关规律
(a:6 ~80 Hz 且 0°相位;b:6 ~80 Hz 且 90°相位)

3. 不同扫描长度信号相关性分析

扫描频率相同、相位相同而扫描长度不同的两个扫描信号相关后具有如下规律:在频率域,相关前两种信号频率相同,相关后频率不变;在时间域,相关后子波信号波形长度是参与相关的两个信号长度之差;两信号时间差异越大,子波信号波形时间越长,但能量越弱,而且能量变化规律为非线性。因此,两个信号长度差异越大,相关性越差(图 4.20)。

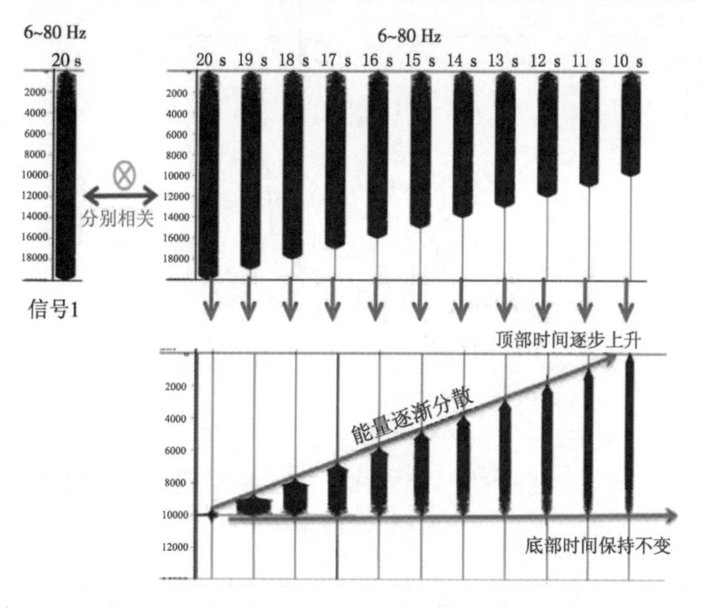

图 4.20　不同扫描长度信号具有的相关规律

在图 4.20 中,信号 1 为 6 ~ 80 Hz 线性扫描,采用 20 s 扫描长度,分别与 20 s 到 10 s 的不同扫描长度信号进行相关。与 20 s 扫描长度的信号自相关后,子波比较尖锐,振幅较大,成为一个零相位子波。而与其他不同扫描长度信号进行相关,结果不是一个子波,相关结果为不同长度、不同幅度的波形。例如,19 s 与 20 s 相关后波形比较短,而振幅比较大;20 s 与 10 s 相关后的结果时间比较长,而振幅较小。

因此,相关结果的长度与相关前两种扫描信号的长度差有关,扫描信号长度之差即是相关子波波形长度,且长度越长,振幅能量越弱,如图 4.21 所示。

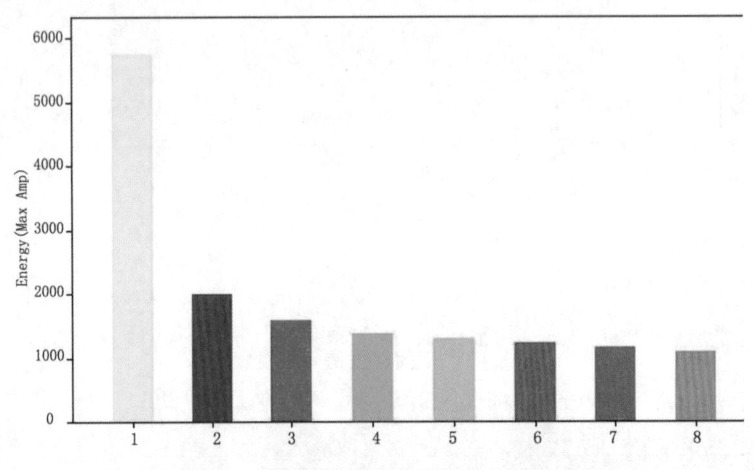

图 4.21 不同长度扫描信号相关后能量分析

在图 4.22 中,相关前后扫描信号的频带相同,自相关子波能量最强,而其他不同扫描长度信号相关的结果能量较弱,而且,能量变化趋势为非线性变化。

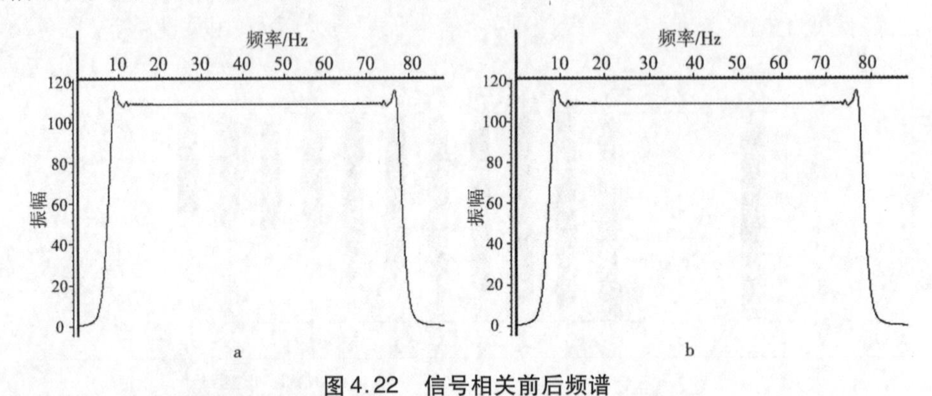

图 4.22 信号相关前后频谱

4. 不同频率变化率扫描信号相关性分析

相关计算公式反映频率变化率影响相关运算的计算结果和相关后信号振幅。频率域中信号相关前后频带不变;在时间域,非线性信号时频曲线斜率越大,频率变化率就越大,与线性信号相关后,子波波形长度也就越长,能量越弱。频率变化率差异越大,两信号相关性越差。

图 4.23 中,信号 1 是 6 ~ 80 Hz 线性信号,信号 2 ~ 8 分别为 6 ~ 80 Hz 的不同时频曲

线斜率的低频扫描信号,其对应的时频曲线如图 4.24 所示。

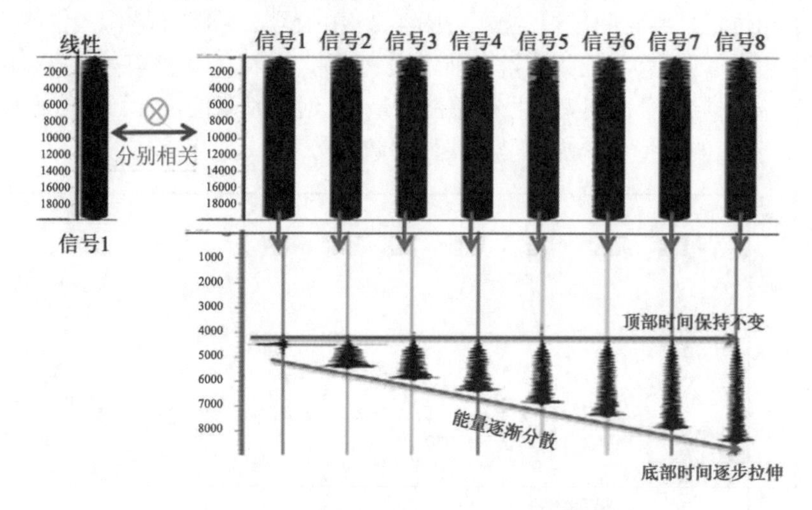

图 4.23　不同时频曲线斜率信号相关分析

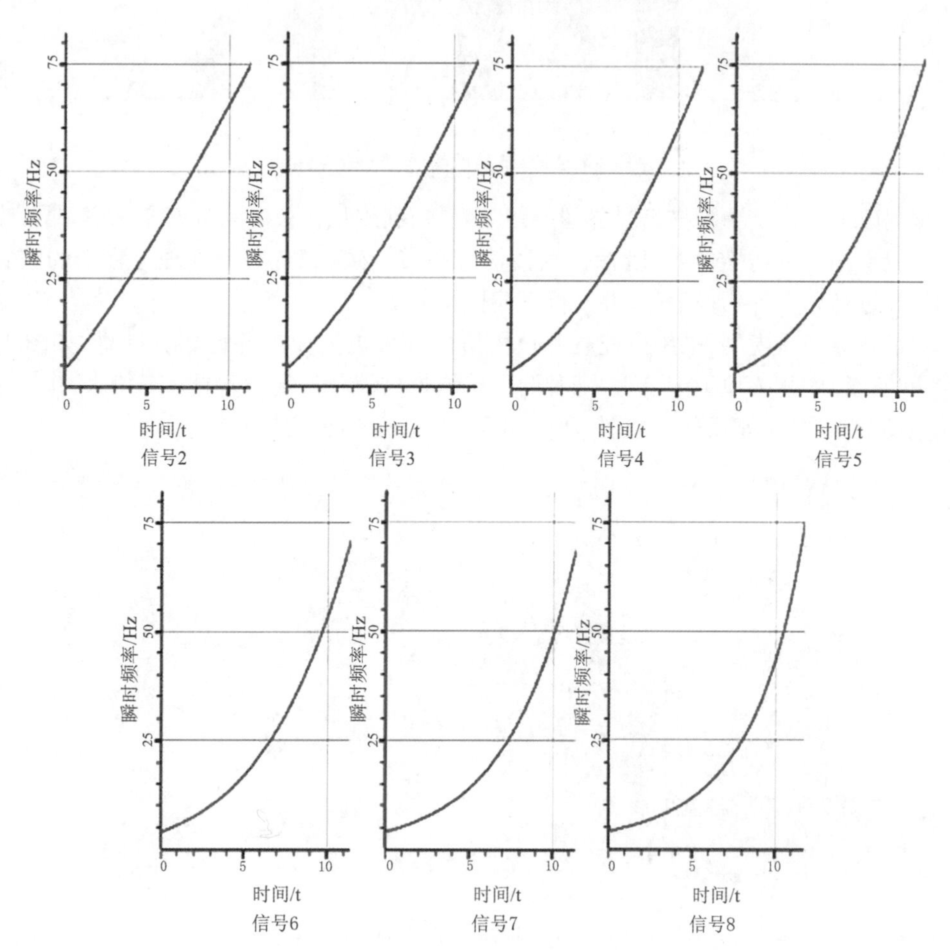

图 4.24　不同信号时频曲线图

如图 4.23 所示,信号 1 为线性扫描信号,各个频率成分变化率自相关信号为振幅较大、子波为零相位且延续时间较短的波形;图 4.25 中信号 2 ~ 8 为低频优化非线性扫描信号,其频率变化率逐渐增大,低频能量逐渐增强,分别与信号 1 进行互相关得到结果。在图 4.25 中,信号 8 与信号 1 相关信号振幅能量最弱,延续时间最长,因此,信号 8 与信号 1 相关性最差。对应的能量变化规律呈非线性递减趋势。

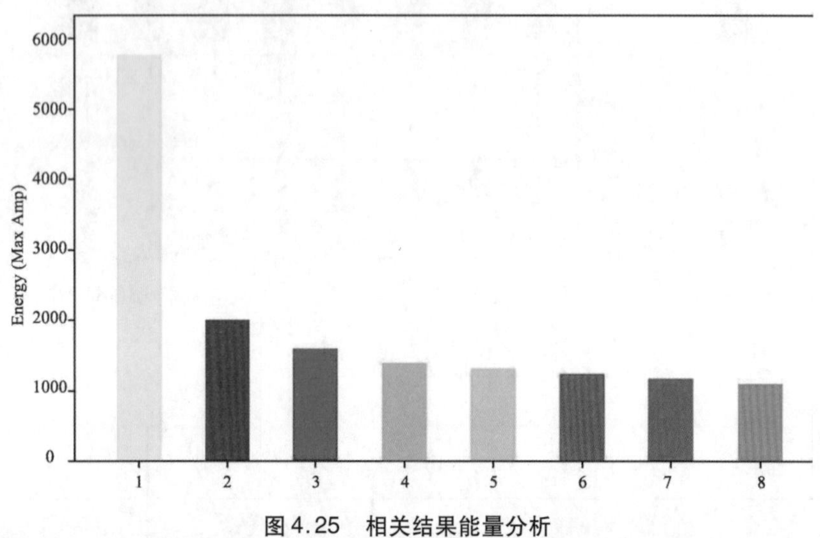

图 4.25 相关结果能量分析

根据以上可控震源扫描信号之间的相关规律,利用扫描长度和频率变化率差异,设计相关性较差的自主扫描信号,既保持扫描信号频带一致,又有利于处理过程中的波场分离。依此设计了多种扫描信号,并进行正演模拟分析。

通过建立地质模型,采用可控震源扫描信号进行正演模拟并做相关计算,如图 4.26 所示。从获得的相关单炮记录上,随着两个单炮扫描信号长度的差异逐渐增大,作为干扰的单炮逐渐被拉长,能量逐渐减弱,从而降低了对单炮的影响。

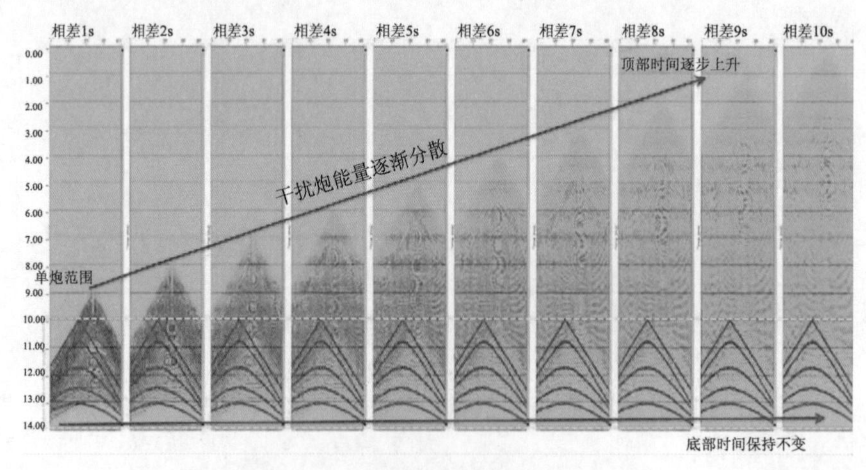

图 4.26 不同扫描长度正演模拟分析

图 4.27 为不同扫描长度试验,实际资料与理论分析结果相同,采用不同扫描长度,虽

不能分离波场,但可以削弱邻炮交涉干扰能量。

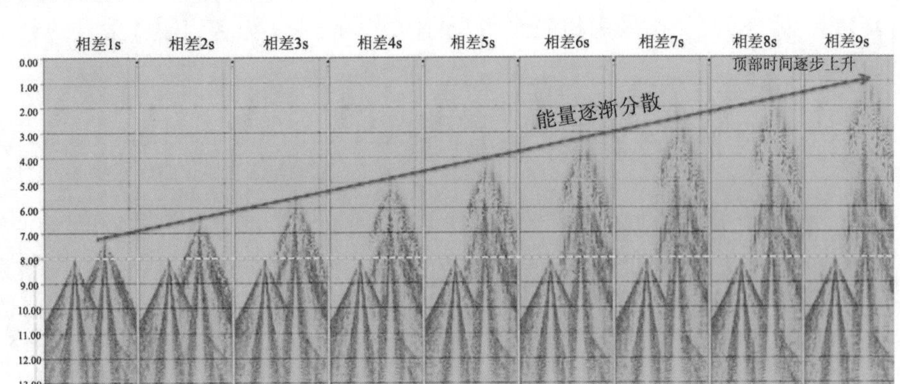

图 4.27　实际资料分析

对相同频带宽度的非线性扫描信号与线性扫描信号分别进行正演模拟,如图 4.28 所示。有效单炮采用线性信号扫描,干扰单炮采用非线性低频信号扫描。随着低频信号低频能量的逐渐增大,也就是低频信号时频曲线斜率增大,相关后作为干扰的单炮能量逐渐削弱,降低了对主单炮的影响。

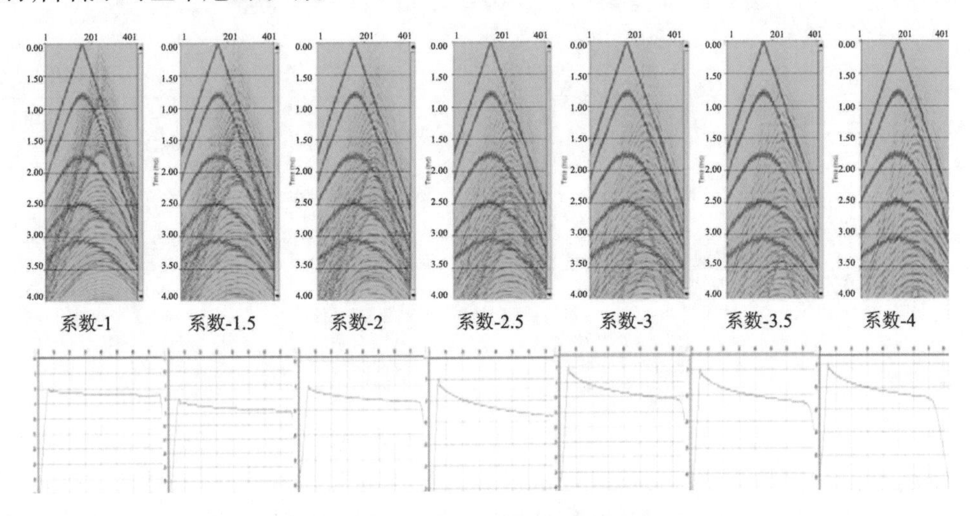

图 4.28　线性信号模拟与低频信号

对比不同时频曲线下非线性低频优化信号及线性信号模拟分析结果(图 4.28)与实际资料分析结果(图 4.29),试验资料与前述理论分析结论一致,证实了频率变化率对相关结果的影响,非线性扫描信号与线性信号具有较差的相关性。

由相关计算规律、正演模拟及试验资料分析,获得适合于可控震源自主扫描的信号类型:

①不同长度扫描信号组合,线性与非线性扫描信号组合;

②由不同长度扫描带来的输出能量不一致问题可通过调节驱动幅度等方法解决。

据以上分析,对 12 组可控震源自主扫描进行试验,每组 1 台震源,每台震源采用不同的扫描信号。当两组震源距离较近时,尽可能采用相关性最差的信号,以降低交涉干扰影响;当两台震源距离较远时,采用相关性略差的信号。表 4.2 为各组震源信号的分布自主扫描试验参数。

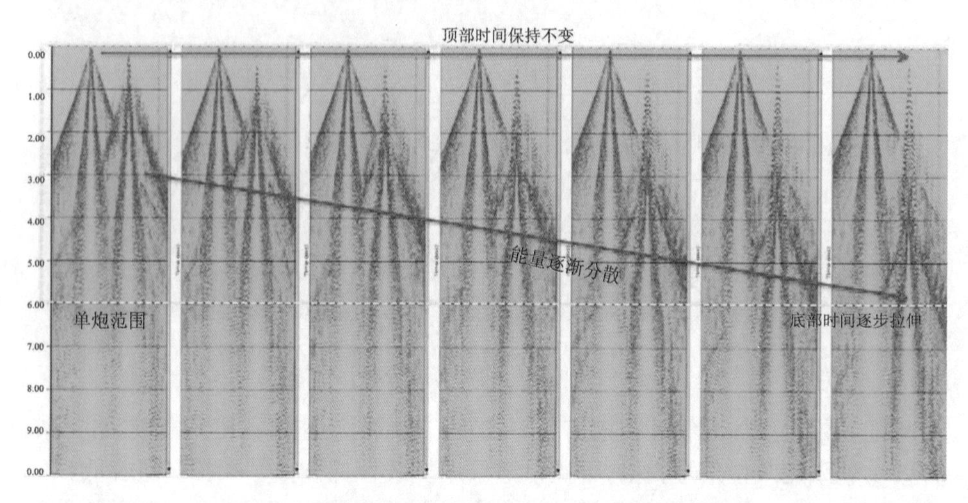

图 4.29　实际资料低频信号与线性信号相关分析

表 4.2　可控震源分布、扫描信号、出力和扫描长度参数

	1~25 排 1875 m	26~50 排 1875 m	51~75 排 1875 m	76~100 排 1875 m	101~125 排 1875 m	126~151 排 1875 m
2201 2675m 2093	第 2 组 Nomad 65 非线性 3~84 Hz, 28 s,出力 71 % custom	第 4 组 Nomad 65 Neo 线性 3~84 Hz, 24 s,出力 70 %	第 6 组 Nomad 65 非线性 3~84 Hz, 20 s,出力 74 % custom	第 8 组 Nomad 65 Neo 线性 3~84 Hz, 26 s,出力 69 %	第 10 组 Nomad 65 非线性 3~84 Hz, 22 s,出力 73 % custom	第 12 组 Nomad 65 Neo 线性 3~84 Hz, 18 s,出力 73 %
3275m 1961	第 1 组 Nomad 65 Neo 线性 3~84 Hz, 28 s,出力 68 %	第 3 组 Nomad 65 非线性 3~84 Hz, 24 s,出力 72 % custom	第 5 组 Nomad 65 Neo 线性 3~84 Hz, 20 s,出力 72 %	第 7 组 Nomad 65 非线性 3~84 Hz, 26 s,出力 70 % custom	第 9 组 Nomad 65 Neo 线性 3~84 Hz, 22 s,出力 71 %	第 11 组 Nomad 65 非线性 3~84 Hz, 18 s,出力 75 % custom

试验中,可控震源采用 Nomad 65 Neo 和 Nomad 65 两种型号交叉分布,并且,相邻每组震源的信号也有所差异,Nomad 65 Neo 型可控震源采用线性 3 ~ 84 Hz 扫描信号,Nomad 65型采用非线性 3 ~ 84 Hz 扫描信号。通过调整扫描信号的扫描长度和出力,保证每组可控震源能量一致。可控震源分布方式和扫描信号如表 4.2 所示。每组可控震源的出发位置应保证相互之间的间距最大。

图 4.30 为扫描信号与母记录相关后某个排列的地震记录,对比有效信号和干扰的能量,邻炮干扰能量强,三角区噪声严重,部分谐波干扰较强,原始单炮信噪比相对略低,需要进行后期去噪处理(图 4.31)。

在图 4.32 叠前时间偏移成像剖面上,自主扫描剖面浅层同相轴连续性更好,深层弱反射更为清晰。

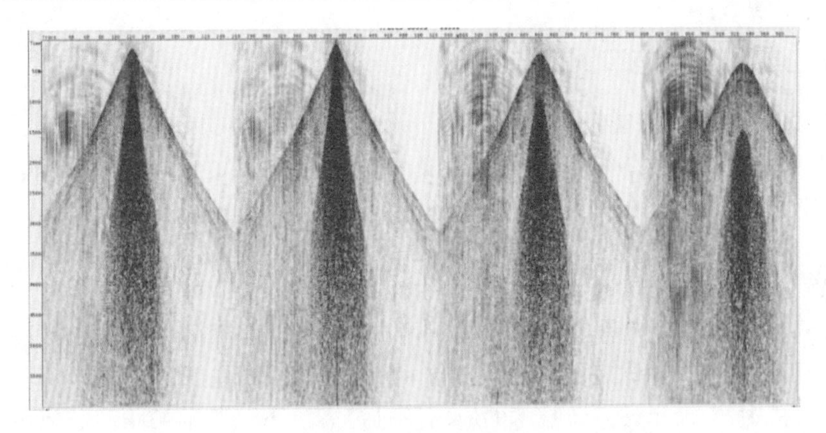

图 4.30　自主扫描相关后的地震记录(去噪前)

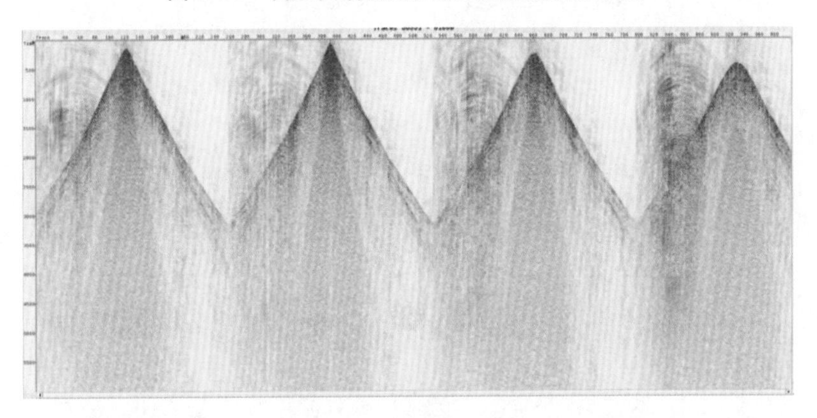

图 4.31　自主扫描相关后的地震记录(去噪后)

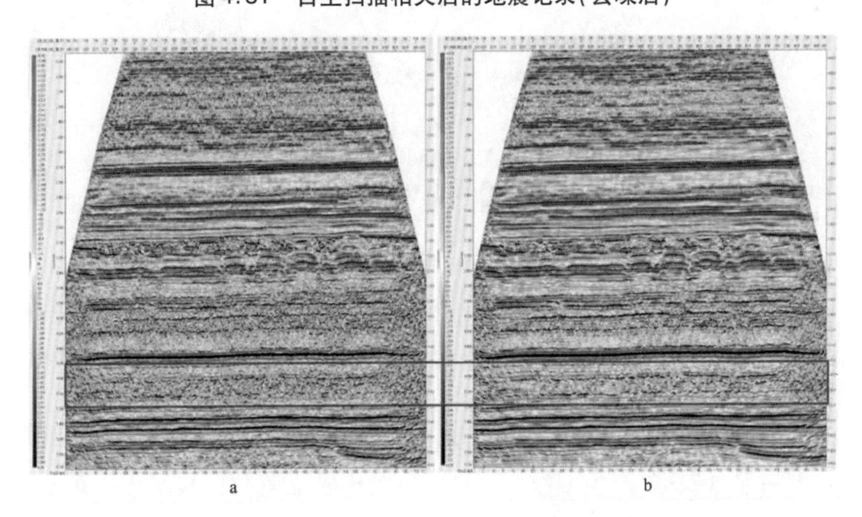

图 4.32　交替扫描与自主扫描成像效果
(a:交替扫描偏移剖面;b:自主扫描偏移剖面)

4.5 可控震源高效施工配套技术

近年来，随着陆上地震勘探方法的进步，尤其是可控震源高效采集、节点“盲采”和“混采”等采集技术方法的应用，地震勘探项目的激发点数从几万增加到数十万，施工面积也越来越大，中国石化在可控震源高效采集中逐步完善了实时差分扩展(Real - Time - eXtended，RTX)高精度定位、可控震源源驱动、可控震源自主导航等配套技术。

4.5.1 星站差分高精度定位技术

RTX 是将多种新技术融合在一起，使得用户在不采用各类基准站电台或网络参考站链接的情况下，实现在地球表面任何地方均可进行厘米级高精度定位(图 4.33)。在可控震源高效勘探中，配套星站差分技术的应用使可控震源不受基准站距离和数传电台距离的限制，避免因数传网络或电台中断延误生产，大幅提高生产时效。

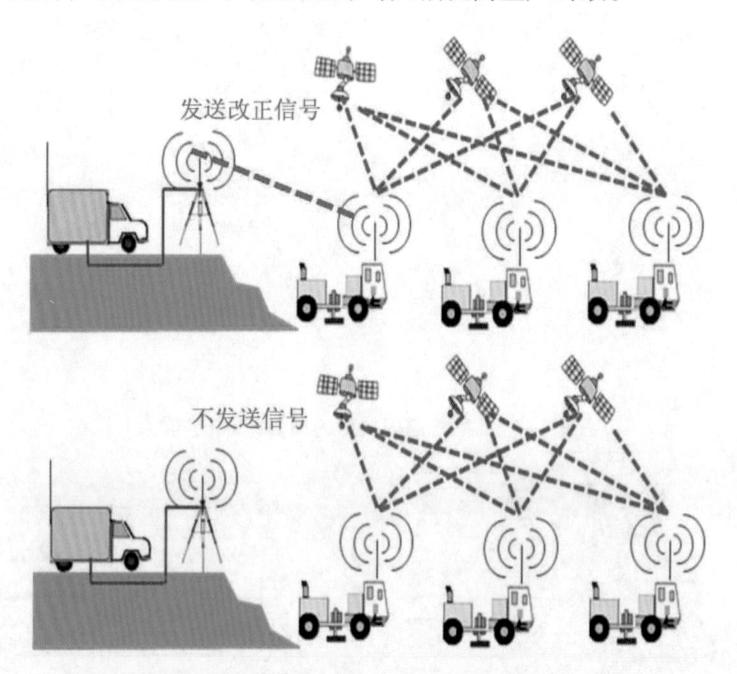

图 4.33 可控震源星站差分 RTX 定位技术示意图

星站差分 RTX 技术已经在中国石化准噶尔盆地地震勘探项目中得到推广应用，较好地解决了通讯困难区域可控震源实时定位和导航等存在的问题，提供了高精度定位信息。

1. RTX 的优点

①与传统 RTK 测量相比，RTX 不受基准站和数传电台距离的限制。

②接收卫星差分数据，避免因数传网络或电台中断无差分信号回传的问题，提高测绘保真度。

③仪器机动性更加灵活，搬家不需要停点测量。

④利于可控震源高效采集，仪器管理的电台数量得到增加。

2. RTX 的不足

①RTX 的使用需要单独授权，并支付额外费用。

②星站差分系统依赖卫星信号，在高大沙丘区域测量时，需时常查看仪器状态，一旦发生卫星信号失锁时，需要马上停止采集。重新锁定卫星信号后，不能急于测量，待精度满足测量要求时再重新测量。

③星站差分系统所采集的坐标为 ITRF2014 参考框架下的坐标，根据项目要求，若要提供其他坐标系统的测绘成果，测量人员需在已知控制点上测量，求取坐标转换参数，再将星站差分系统接收的坐标转换到工程应用的坐标系中。

④星站差分系统的主要误差影响因素包括多路径效应和电磁波干扰，测量时应避免水面反射造成的多路径效应，远离高压电线和信号发射塔等强电磁波干扰地物，测量员还应避免操作不当引起的粗差，多关注仪器状态，不可在未收敛时进行测量。

4.5.2　可控震源源驱动技术

可控震源源驱动技术通过安装在每台可控震源上的内部网络和 GNSS 设备实现。其基本工作原理是可控震源到达激发点位置后，落下平板，锁定可控震源点的 GNSS 坐标；同组可控震源定义一个“头车”；头车通过内部网络收集组内每台可控震源的 GNSS 数据，计算震源组合中心点坐标 COG，再由电台将 COG 数据传送到地震仪器主机；地震仪器在已定义的 SPS 文件中查找相对应的误差范围内的激发点，并激活相应的排列；然后，地震仪器将启动信号命令发送到可控震源，可控震源启动扫描，仪器采集，如图 4.34 所示。

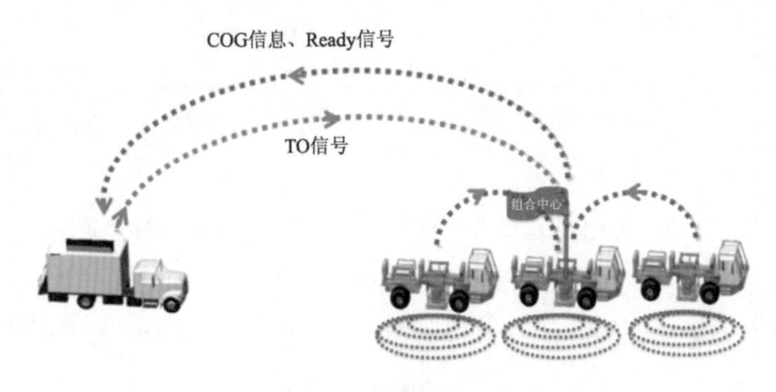

图 4.34　源驱动的工作模式

使用源驱动技术时，地震仪器会根据回传的 COG 坐标信息自动从导入的 SPS 文件里寻找到该炮点，并自动激活相应的排列采集，而不需要仪器操作员手工从炮点列表里找炮点，不易出错，且极大节省时间。所以，源驱动技术要求可控震源配备精度较高的可控震源 GNSS 设备，并具有高精度测量定位模式。

4.5.3　可控震源高精度自主导航技术

为保证可控震源时变滑动扫描技术的施工效率，可控震源必须实现自主导航，导航精度应达到测量成果精度，且导航定位速度应满足可控震源移动速度要求。为此，需要为震源上的震动控制器（DSD）配置高精度 GNSS 和平板电脑，并安装实时导航软件。

1. 高精度 GNSS 与电控箱体连接

①数字通讯电台（TracsTDMA）设置为与外部 GNSS 接收机配合使用，实现可控震源与仪器之间的数据交换。

②高精度 GNSS 与电控箱体（DSD）连接。可控震源平板电脑与电控箱体连接，再通

过 DSD 连接 GNSS 和 TracsTDMA。在高精度 GNSS 使用前,利用平板电脑对 GNSS 进行参数设置。平板电脑安装导航软件,按照导入平板电脑的 SPS 炮点文件实时导航;同时在可控震源激发时,记录 GNSS 信息和可控震源的力信号等数据。

2. 高精度 GNSS 与数字信号发生器(DPG)连接

采用可控震源自动导航施工时,在地震仪器附近已知点上架设 GNSS,与可控震源的 GNSS 设备一致,作为卫星定位参考站。地震仪器 GNSS 通过电缆与 DPG 和 TracsTDMA 相连,地震仪器通过 DPG 接口对 GNSS 进行参数设置;同时,在地震仪器服务器的导航软件中输入参考站坐标,并在施工前利用可控震源在已知物理点上进行坐标检核。

3. GNSS 差分实现方法

针对可控震源安装的外部 GNSS 接收机通过外部无线电台和 TracsTDMA 方式实现 GNSS 差分,其连接方式有如下几种方式。

(1)GNSS 差分标准配置

图 4.35 为在 TracsTDMA 设备内使用 GNSS 接收机及使用 TracsTDMA 传输 DGPS 校正的标准配置方式。

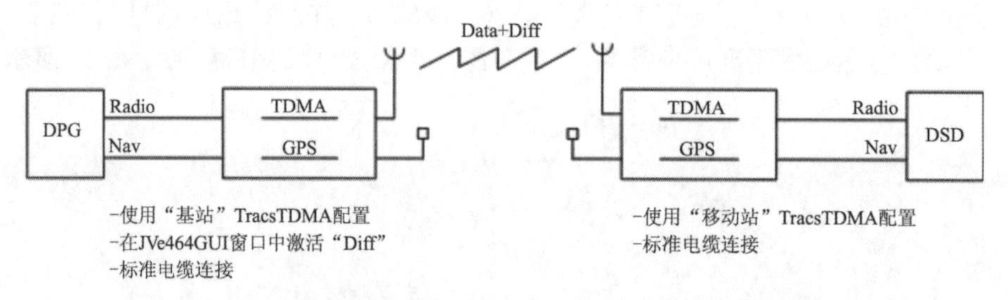

图 4.35 接收机及使用 TDMA 传输 DGPS 校正的连接示意图

(2)外部 GNSS,通过 TracsTDMA 实现 DGPS

图 4.36 为使用外部 GNSS 接收机和使用 TracsTDMA 传输 DGPS 校正的配置方式。

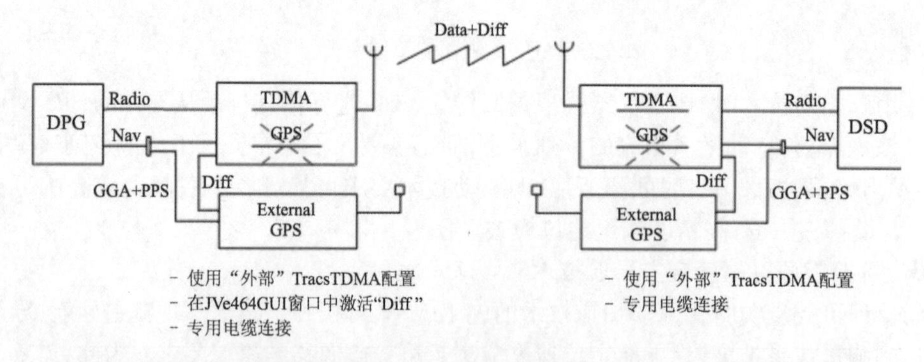

图 4.36 外部 GNSS 接收机和使用 TracsTDMA 传输 DGPS 校正配置连接示意图

(3)外部 GNSS,通过外部无线电实现 DGPS

图 4.37 为使用外部 GNSS 接收机并使用外部无线电传输 DGPS 校正的配置方式。

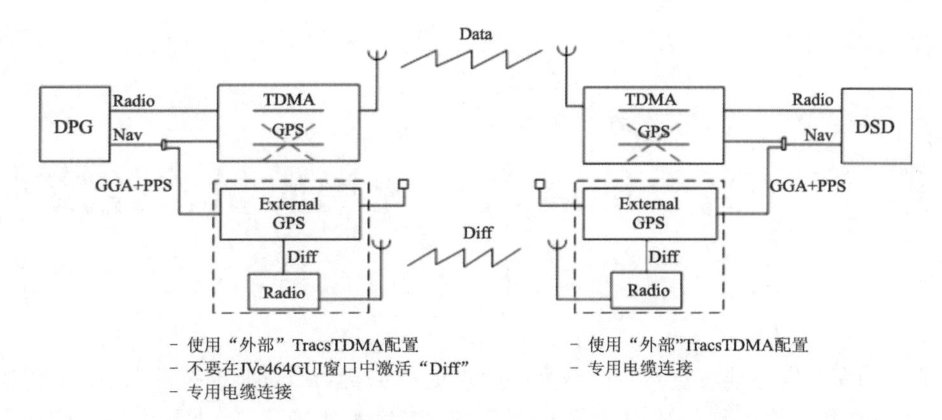

图 4.37　外部 GNSS 接收机和外部无线电传输 DGPS 校正的配置连接示意图

(4)外部 GNSS,通过 Raveon 电台实现 DGPS

图 4.38 为使用外部 GNSS 接收机和使用 Raveon 电台传输 DGPS 校正的配置方式。

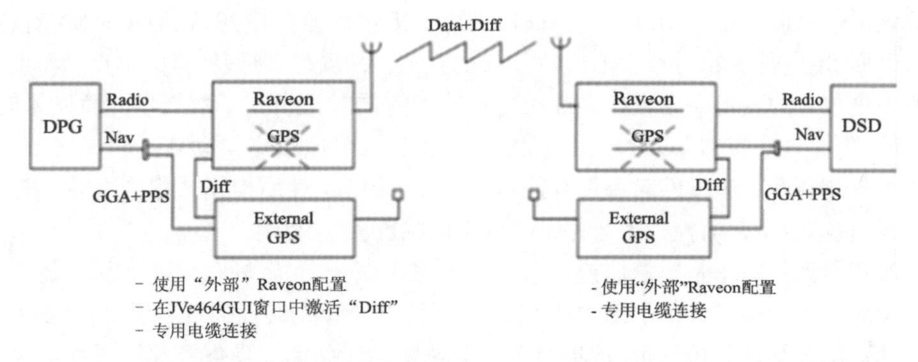

图 4.38　外部 GNSS 接收机和使用 Raveon 电台传输 DGPS 校正配置连接示意图

(5)外部 GNSS,通过 RTX 卫星实现 DGPS

图 4.39 为使用外部 GNSS 接收机和使用 RTX 卫星传输 DGPS 校正的配置方式。

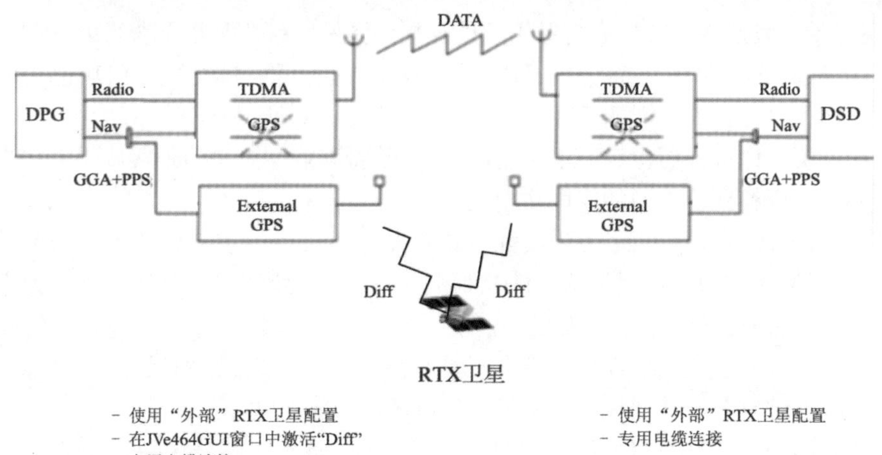

图 4.39　外部 GNSS 接收机和使用 RTX 卫星传输 DGPS 校正配置连接示意图

第五章　高效地震采集现场质量监控技术

油气勘探开发对地震资料越来越高的要求促进了现场质量监控技术水平的提升。早期,仅凭肉眼和经验查看监视记录每天即可完成二维地震数十道、上百道的单炮质量监控。地震勘探技术与采集设备以及计算机技术的发展催生了现场地震资料处理技术,并以此作为现场延时质控的重要手段。随着高精度、高密度三维地震勘探技术的出现以及地震采集设备的不断升级,陆续出现了地震资料现场实时质控技术,并研发了大量软件,完全改观了依靠监视记录和部分资料抽检进行人工定性监控模式,现场实时质控技术具有比较全面、定量化及相对科学的特性。以小面元、大道数为典型特征的单点高密度与高效地震采集技术的发展应用在持续推动技术进步的同时也引起了数据量的急剧攀升,亦即俗称的"海量地震资料"。近年来,三维区块部署的单炮数据量动辄数百兆字节,而可控震源采集相邻两炮激发的时差仅有数秒。因此,传统定性质控模式很难有效监控海量地震资料,现有定量化监控技术与评价软件也面临巨大挑战。

地震资料评价技术是质量监控技术的重要组成部分,二者同步发展。从最初人工定性分析发展到基于标准进行多因素评价,再发展为基于单个属性的资料评价,直到如今多元地震属性综合统计分析评价,逐步形成了由激发、接收、环境噪声及地震属性等全方位要素参与的评价体系,特别是基于地震属性的资料评价模式已由单炮记录面貌转向内部特征,为目前油气勘探开发所急需的高精度、高分辨率地震资料提供了更可靠的质量保障。

地震记录一般是在连续地表与地质条件及相同激发与接收环境下获得的,因此,各炮之间存在天然的、隐性的联系,需要一种自学习算法寻找其潜在的关系,以快速完成单炮记录品质评价。目前,人工智能已在许多领域取得成功,显著地改变了人们的生产、生活方式,在地震资料评价方面也有一定应用成果,但其着眼点主要是对地震成果数据进行处理,在野外现场资料评价方面的应用才刚刚起步。

有别于普通地震资料采集,可控震源高效采集生产质控的重点已从传统的单炮质量控制转移到引起多数炮质量问题的事件控制上。近年来,以可控震源状态监控为主要内容的现场质量监控技术获得迅猛发展,并在生产中广泛应用,通过与单炮资料的同步监控,使得可控震源车在激发后即可马上发现是否满足生产要求,在确保资料品质的同时,减少废炮时的震源移动,从而极大提高了可控震源高效施工效率。

MassSeisQC 软件是中石化石油工程地球物理有限公司胜利分公司自主研发的地震采集现场质量监控系统,经过五年的研发,已逐步形成了地震记录监控与分析、地震激发状态监控、震源导航等技术,满足复杂平原、沙漠和山地及滩浅海等高密度、高精度地震采集质量监控需求，应用于30余个地震采集工程，达到“资料全方位”、“施工全过程”监控目标，实现了高密度与高效地震采集海量地震资料优质、高效生产，处于国际先进水平，完成了集团内部引进软件的全面替代。

鉴于目前中国石化集团公司地震采集服务系统主要采用法国(Sercel)公司的地震仪器，若无特别说明，本章涉及的地震采集仪器指该公司的400系列(408UL/XL或428XL)或508XT产品。

5.1　地震记录现场监控技术

5.1.1　地震数据实时传输模型

1. 地震数据现场传输物理模型

按照现行企业标准，在地震资料采集过程中，地震采集系统需要配置采集板、服务器、磁带机、大容量外置硬盘、打印机和网络交换机等，用于磁带/磁盘转储和监视记录打印，另外，一般还购置仪器公司配套的监控软件，例如Sercel公司的eSQC－Pro，用于常规的单炮记录回放和简单的分析处理功能。

根据公司地震仪通讯理念，将计算机网络节点引入到遥测地震仪系统，排列中的电源站、交叉站等均可定义为网络节点，构建地震区域网络，形成现场采集网络系统。同时，利用配套工作站、数据备份设备、数字打印设备以及实时监控设备等构建独立的输出与监控网络，如图5.1所示。

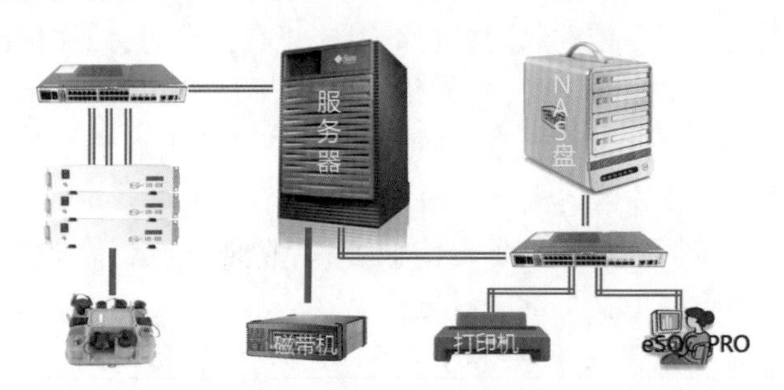

图5.1　地震采集网络系统(左侧)、输出与监控网络系统(右侧)
(图标来自网络，蓝色实线表示光缆，蓝色双实线表示双绞线)

在图5.1中，左侧一列(包括上下部分)和服务器示意了组建的地震采集系统网络(下简称网络A)，形成现场地震数据生成的物理环境；右侧两列(包括上下部分)示意了地震数据传输、存储与监控等网络环境(下简称为网络B)。图中蓝色实线表示光缆，蓝色双实线表示双绞线。

服务器配置双网卡，同时位于两个网络环境，因此，服务器的性能很大程度上决定了这套地震采集系统的性能。虽然大数据量的地震数据磁带存储采用光缆传输，但是，网络B中其他输出与监控设备的网络负载主要由服务器与交换机之间的网线承担。目前，Sercel 400系列/508XT地震仪器采用千兆自适应网络，按照千兆网实际传输速率60 MB/s～90 MB/s计，该服务器如果采用单一目标输出可达该传输速率，但是，如果多于一个目标输出，则共享该传输速率。

传统的数据存储与监控方式,或者说,地震采集仪器监控存在的弊端包括三个方面:

①通过打印机输出监视记录是在少接收道数时的产物,在多排列、大道数地震采集时,采用打印部分排列纸质监视记录,耗材耗时;

②海量地震采集质量监控通过定量化方式提取地震属性进行全面质量监控,结果客观、有效,因此,一些传统的显示回放记录或只做简单数据分析的软件完全可被替代;

③磁带拷贝在高效采集时可以与现场处理同步进行。

通过这些方式,使得地震数据的目标输出限定在 NAS 盘和实时监控设备。

在可控震源采集时,地震采集系统首先进行震源信号扫描,采集并记录信号,然后把信号从 FDU 向 LAU 回传,经过信号处理后形成地震数据文件,最后向不同目标输出。

在该数据流中,重点关注最后两个步骤:记录与输出。记录是把经过处理的信号格式化为 SEG－D 标准文件,并存储在系统专门在硬盘上开辟的缓存目录下;输出是把缓存中的地震数据文件发送到不同输出目标的过程。为不影响下一炮激发,在所有目标输出完毕后,缓冲区文件会立即自动删除。

获取现场单炮记录文件有 4 种方式:缓存访问、FTP、映射网络磁盘和磁带。

由于采集系统把最初形成的地震数据文件暂存在缓存中,因此,通过采取缓存访问方式可快速获取该数据。缓存中的文件是采集系统第一时间生成的,理论上访问该文件操作效率最高,但是,整个地震采集系统是个系统工程,需要考虑其他因素的影响。采集服务器采用 Linux 操作系统,缓存文件管理由 Linux 系统控制,第三方软件若要对缓存中的文件操作必然存在该文件不可控的风险,例如,可能正在读取时,该文件已被删除。

地震仪器厂商一般提供高效 FTP(文件传输协议,File Transfer Protocol)服务,方便地震数据传输。FTP 的良好运行与其他输出通道密切相关,输出通道增多,FTP 的传输速率必然下降;另外,FTP 还与缓冲区的大小及服务器的内存等有关。

网络映射磁盘和磁带模式是一种延迟传输方式,它是把地震数据从缓存中的文件转储到外置硬盘或磁带后再获取文件的一种方式。

缓存访问和 FTP 是受限于采集系统的访问方式,它们直接访问缓冲区文件,效率高;缓存文件是由服务器端采集系统产生,其他进程对其不具可控性,这使得缓存访问不可行;FTP 服务器一般由采集系统服务器兼任,FTP 的启用增加了采集系统的风险。映射网络硬盘和磁带是两种延迟访问方式,对它们的访问并不影响采集系统的正常运转,可靠度高;磁带的记录时间较长,现场访问磁带效率极低。

影响数据网络传输效率的因素较多,包括计算机性能、硬盘读写模式与速率、网络带宽及配套设施等。通过对系列地震采集系统分析发现,FTP 和共享 NAS(网络存储硬盘,Network Attached Storage)技术是实时质控的两类数据传输模式,且前者传输效率快于后者。

图 5.2 为地震数据实时传输物理模型,其中,图 5.2a 为鲁棒型,采集系统把地震数据记录到 NAS 盘后,监控软件才从 NAS 盘读取地震数据文件,实现监控,监控不影响采集系统;图 5.2b 为高效型,通过 FTP 把地震数据传输到监控计算机,这是一种高效型物理传输模型。一般地,FTP 的传输效率远高于 NAS 盘方式,但 NAS 盘模式更稳定。

无论何种模式,网络带宽是海量地震数据传输的主要瓶颈。例如,2 万道接收的单炮若采用7 s记录、1 ms采样且以SEG－D格式存储的数据量约为540 MB,在野外通用的千兆网环境,FTP模式传输该炮约6.7 s。在FTP模式下,若不能及时完成单炮数据传输,连续多炮激发会因采集服务器缓存得不到及时释放而造成宕机,直接中断生产。因此,在影响实时质控效率的地震数据传输、数据解编与单炮资料质控这三个关键环节间应建立良好的数据传输逻辑模型,确保单炮质控的实时性。

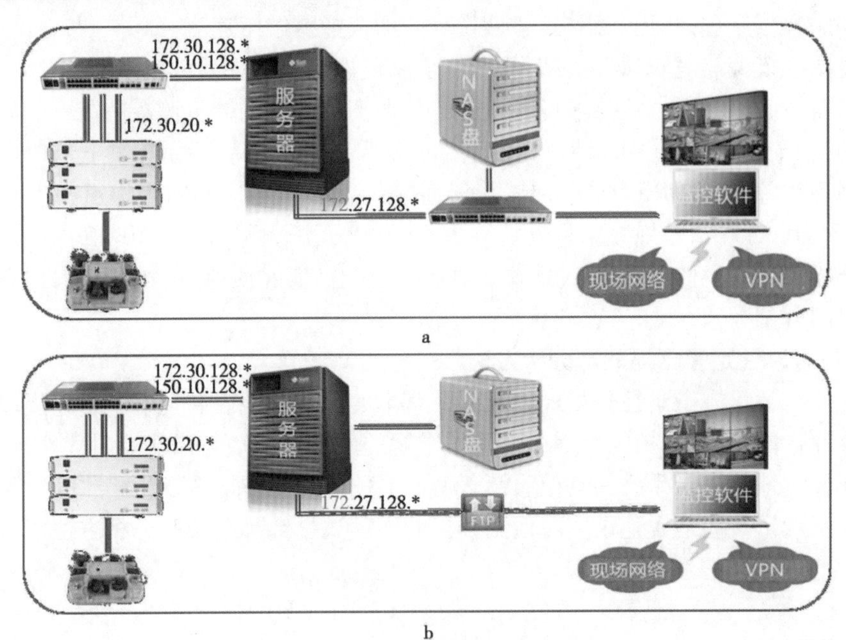

图5.2　地震数据实时传输物理模型
(a:鲁棒型;b:高效型)

2. 双线程控制的随机伺服模型

地震数据传输逻辑模型建立在地震采集系统数据流传输机制基础上。图5.3为双线程控制的随机伺服模型。

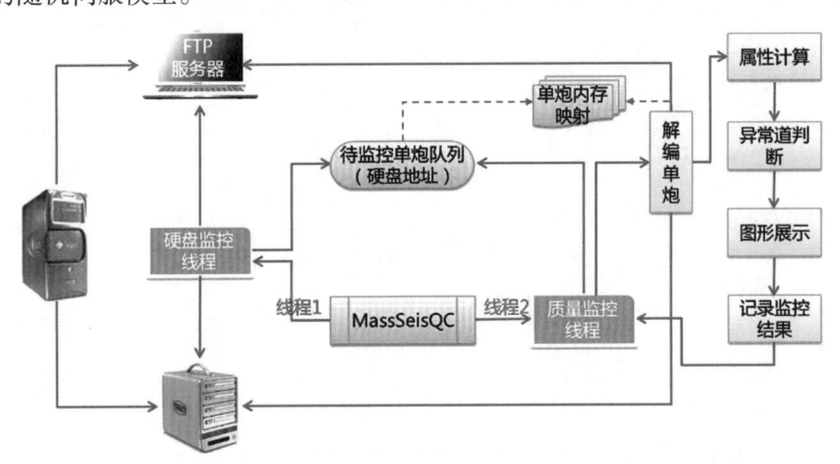

图5.3　双线程控制的随机伺服模型

模型设计了一个共享队列和两个处理线程。共享队列保存新生成单炮文件所在路径。第一个线程监控单炮生成,当新生成单炮文件传输到指定目录后,将单炮路径保存到队列中;按照先来先服务规则,另一个线程从队列中获取需要监控的单炮路径,并解编对应的单炮文件,进行质控。该模型将单炮数据传输与数据解编及质控分离,质控过程不受放炮速率、单炮传输速率等因素影响,而质控效率也不会影响单炮数据传输。为了更好地完成后期的数据处理,模型采用内存映射技术,加快数据解编速率。

通过物理模型与逻辑模型的结合,构建了海量地震数据高效传输模型,解决了单炮大数据量与短时间内大数据流传输可能引起的数据拥堵而制约同步监控的瓶颈问题。

胜利油田东部探区 GL－QN 一体化地震采集项目观测系统如下:洼陷带采用 48L5S384T,滩涂采用 16L(5×2)S360T,浅海采用 16L(5×2)S368T,炮道密度均达每平方千米 230 万次以上,单炮数据量分别约为 496 MB、155 MB 和 317 MB(双检数据)。利用以上传输模型开发的 MassSeisQC 软件对这些单炮做实时质控,从数据传输到完成质控的平均时间分别为 8.6 s、4.2 s 和 6.3 s。

5.1.2 地震属性定量化提取与分析方法

由计算机替代人工定性分析地震数据最基本的问题是地震属性的定量化提取。根据行业和企业标准,现场监控的地震属性除了常规的能量、频率、信噪比等属性外,还应包括为了全面检测地震记录品质的其他属性,例如,TB(Time Break)时差、异常道与异常排列等。以下罗列了一些地震记录实时检测分析的地震属性计算公式和分析方法。

假设地震记录信号为

$$y(t,x) = s(t,x) + n(t,x) \tag{5.1}$$

式中,$y(t,x)$ 为地震记录信号,x 为偏移距,t 为时间,$s(t,x)$ 为有效信号,$n(t,x)$ 为噪声。

1. 能量

能量是最能体现地震记录品质的一个指标。为了更全面地分析、评价地震记录品质,可从单炮、目的层或初至区三个角度分别提取能量。考虑现场监控的实时性,不可能进行滤波处理,因此,这里的能量,不管哪个层面的,均非指有效波能量,而是包含噪声的地震信号能量。

能量计算方法分为均方根振幅(式(5.2))、最大振幅(式(5.3))和平均振幅(式(5.4))三种。

$$E = \sqrt{\frac{1}{N}\sum_{t=1}^{N} (s(t,x) + n(t,x))^2} \tag{5.2}$$

$$E = \max(|s(t,x) + n(t,x)|) \tag{5.3}$$

$$E = \frac{1}{N}\sum_{t=1}^{N} |s(t,x) + n(t,x)| \tag{5.4}$$

式中,E 为能量,N 为采样点数。

2. 噪声

噪声是衡量检波点工作环境的一项主要指标,也是地震记录是否合格的一项重要指标。噪声包括背景噪声、野值、低频噪声和单炮干扰等。

在实时监控时,更多关注每炮的背景噪声,而在段时间内,为了对背景噪声进行平面分析,需要计算每个接收道的噪声。

一般通过初至前的信号计算地震道噪声,把所有排列地震道初至前能量和作为地震记录的背景噪声。地震记录的噪声计算公式如下:

$$E_{n(t,x)} = \sum_{l=1}^{M} \sqrt{\frac{1}{N_1} \sum_{1\,t=1}^{N} A_{l,t}^2} \tag{5.5}$$

式中,$E_{n(t,x)}$ 为噪声,l 为地震道序号,M 为该地震记录道数,N_l 为第 l 道中初至前的采样点数,$A_{l,t}$ 为第 l 道第 t 个采样的振幅。

地震道噪声为

$$E_l = \frac{1}{N_l} \sqrt{\sum_{1\,t=1}^{N} A_{l,t}^2} \tag{5.6}$$

式中,E_l 为第 l 道的噪声。

为了计算野值,首先提取一个标准地震道。在一定时窗内,将所有地震道采样点值求和并做平均计算,使得每个地震道的标准值不会因单道异常而造成标准值的突变。当某个地震道的采样点是标准道的几倍(用户定义)时,即被认为是野值。

低频噪声可用于识别低频规则干扰,如油井机械干扰、高速路汽车等,一般以主频和出现次数为提取的主要参数。

单炮噪声是指如 50 Hz 固定频率的工业干扰。

3. 主频与频宽

主频与频宽是地震记录评价的主要因素之一。将地震道信号(式(5.1))从时间域变换到频率域,得到相应的频率曲线。地震道频率曲线峰值对应的频率即为该道信号的主频;依据每个地震道频谱中振幅最大值所对应的频率值进行平均,得到单炮主频。峰值能量经过一定衰减后,对应的频率值分别为频带的高频端和低频端,期间的差值即为频宽。

实时监控的主频与频宽不局限在地震道和单炮记录,也可选定一个或多个目的层的时窗进行频率变化分析。

为了满足海量地震数据实时监控,一般不对地震数据做任何前期处理,因此,实时监控所得的主频相对真实值低,频宽相对较窄。

注:胜利油田东部地区近年井炮地震采集经常出现低频问题,除了近地表因素外,各种地震采集现场质量监控软件应用中出现的较低主频的原因源于此!

4. 信噪比

地震记录的信噪比是衡量地震资料品质的重要指标,在施工现场,该指标不是检测去噪效果,而仅仅是通过对信噪比的估算评价单炮资料质量。

目前,信噪比估算方法较多,主要包括叠加法、时间域的 SVD 法、统计平均法、相关时移法、频率域估算法等。多年工程实践表明:

①单炮记录的信噪比越低,信噪比计算的精度也越低;

②时窗大小对信噪比影响不大,所以可以尽量减小计算时窗大小,提高计算速度;

③无论采用哪种信噪比估算方法,都无法准确得出单炮真实的信噪比数值,但是信噪比的相对关系都是正确的。

目前,较常用的计算方法是采用有效信号的平均能量与干扰波间的平均能量之比,计算公式如下:

$$SN = \frac{E_1 - E_2}{E_2} \tag{5.7}$$

式中,E_1 为单炮记录总能量,E_2 为背景噪声能量。

关于信噪比估算的讨论已经很多,由于该参数极易发生争议,特别是现场实时性受限,本参数的监控是个可选项。

5. *分频扫描*

根据选择的时窗和滤波参数,生成一系列带通滤波,分析地震记录在不同频带内的分布情况。

6. TB *时差*

地震辅助道检测是日常实时监控的一项主要内容,其中,TB 时差表示参考信号道脉冲与验证辅助道脉冲起跳时刻的时差,它是地震采集系统同步异常的直接反映。

为了定量化提取该参数,首先,在相应时钟地震辅助道的选定时窗内,读取参考信号道与验证信号道数据,分别求取参考信号道与验证信号道第一个脉冲的起跳时刻;然后,计算二者的时差;将该时差与企业标准所规定值进行比较,如果大于规定时差,则表示该炮为不合格炮。

根据不同的企业标准(中国石油与中国石化有差异),规定时差为一个采样或 2 ms。

7. *初至误差*

初至是实时监控的一个重要参数,在炮偏检查、背景噪声计算等均需该参数。井炮激发的地震记录初至位置可以是起跳点、波峰或波谷,可控震源采集资料由于信噪比较低,一般初至由波峰位置计算。

考虑现场实时性,初至提取方法一般采用能量比法,并采取滑动时窗方式。

设 t 为时间序列,$A(t)$ 为地震记录信号的振幅值,T_1 为第1个时窗的起点,T_2 为第1个时窗的终点,也是第 2 个时窗的起点,T_3 为第 2 个时窗的终点,n 为时窗内的采样点数,建立如下时窗间的信号关系 R:

$$R = \left| E_1 \times \frac{E_2}{E_3} \right| \tag{5.8}$$

式中,E_1、E_2、E_3 的含义如下:

$$E_1 = \left[\sum_{t=T_2}^{T_3} A^2(t) \right]^{\frac{1}{2}} - \left[\sum_{t=T_1}^{T_2} A^2(t) \right]^{\frac{1}{2}},\ E_2 = \left[\sum_{t=T_2}^{T_3} A^2(t) \right]^{\frac{1}{2}} + \alpha \left[\sum_{t=T_1}^{T_3} A^2(t) \right]^{\frac{1}{2}},$$

$$E_3 = \left[\sum_{t=T_1}^{T_2} A^2(t) \right]^{\frac{1}{2}} + \alpha \left[\sum_{t=T_1}^{T_3} A^2(t) \right]^{\frac{1}{2}} \tag{5.9}$$

式中,α 为稳定因子,以避免出现奇异值,提高算法的稳定性。

为了提高计算精度,应限定计算时窗:选择稳定的偏移距范围内的地震道计算,避免采用近炮点和远偏移距的道;选择时窗而不采用全部地震道,一般以理论初至位置前后依次排列,时窗长度以 200 ms 为宜。

8. 炮偏分析

由偏移距和替换速度求取理论初至，通过自动初至拾取与理论初至的差值，判定是否存在炮偏。

由于近地表条件或采集方式的差异，理论初至在映射时，左右支或远排列的投影精度较低。为了提高计算精度，对于中间放炮和不同偏移距的排列，可采取分左右支或相同偏移距的单独处理。

9. 异常道

异常道是现场实时监控的主要内容之一，包括初至是否起跳、极性反转道、串接道、串感道、振幅异常道、弱振幅道、强振幅道、主频异常道、50 Hz 工业干扰道以及串感道等。鉴于内容较多，不再详细列出理论计算公式，以下仅以文字简要描述。

(1)初至起跳异常道

计算每一道初至前的起跳时刻，然后，计算相邻道起跳时间的增量。如果某道起跳时间增量与该炮起跳时间的平均增量相比大于规定值，判定为坏道。

(2)串接道

串接道一般指地震记录中相邻两道的属性特征一致。

(3)振幅异常道

为了提取异常振幅道，考虑实时性，以目的层时窗为提取范围，用本道的振幅与时窗内各道平均振幅的误差与给定阈值进行比较确定。这里的振幅可以是最大振幅，也可取平均振幅。

(4)主频异常道

同振幅异常，也采用目的层时窗，根据时窗内本道主频与时窗内平均主频间的误差是否超过给定的阈值确定。

(5)工业干扰道

根据最大振幅、平均振幅、主频属性与工业干扰频率间的误差确定。

(6)串感道

对地震记录进行高频段带通滤波，然后，进行时频分析，再对时频分析曲线做微分运算，计算出串感感应时窗，对时窗内所有道进行相关运算，取得相关半径曲线，最后，由相关半径曲线与横坐标的交点确定串感干扰影响的接收道。

10. 断(掉)排列

当单炮记录中有不工作道或空道时，连续若干个采样点为零或无效值(如不大于限定的阈值)，则为掉排列。

5.1.3 地震数据实时叠加技术

实时叠加技术是在野外施工监控单一地震记录质量的同时实现单炮记录的快速叠加。通过初叠加剖面动态显示监控采集质量，这是对单纯依靠单炮进行资料评价的有益补充，它将覆盖次数纳入资料评价体系，展示高覆盖与低信噪比情况下资料的叠加效果，同时，弥补现场处理几个工作日才出一条监控剖面可能存在的质量隐患。

高效地震采集质量要求具有时效性，因此，在现场实时监控时，仅需选择一条 CMP 面元线做叠加处理。与室内地震资料处理，甚至野外现场质量监控相比，实时叠加不必过多地纠结于地震资料处理效果,而是在确保一定质量的前提下,快速显示新采集炮对叠加剖面的影响。因此,在处理流程上做适当简化,实时叠加流程,如图 5.4 所示。

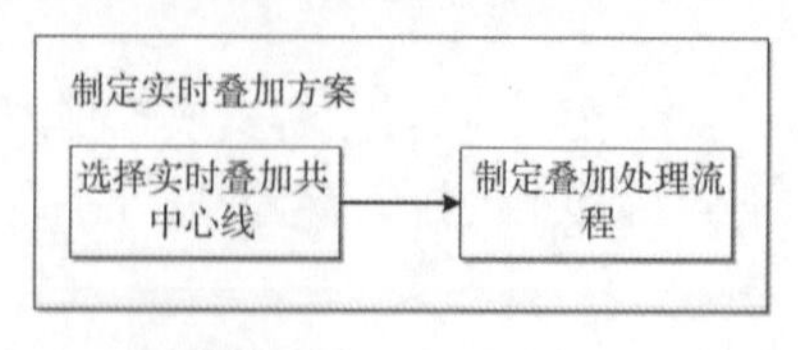

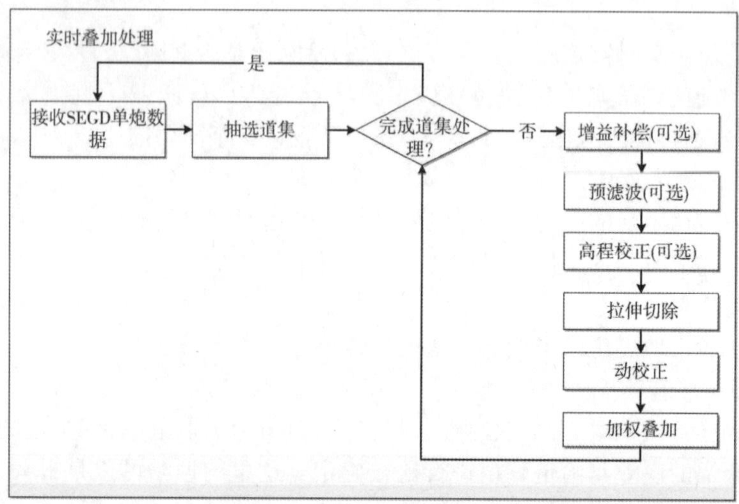

图 5.4　实时叠加流程

(1) 增益补偿

利用滑动扫描算法对单道数据进行振幅补偿,通过滑动均衡,补偿单道能量和远偏数据能量过低的问题。

(2) 预滤波

利用快速傅里叶变换对单道地震数据进行带通滤波。这是可选项,在实时叠加时,面波影响比较严重的区域需要切除面波。

(3) 高程校正

根据检波点、炮点高程、基准面和填充速度进行高程校正。这也是可选项,主要用于起伏较大的山地、丘陵等复杂地表地区。

(4) 拉伸切除

根据预先给定的叠加速度和偏移距计算拉伸系数,对拉伸畸变过大的部分数据进行切除。

(5) 动校正

预置速度场,根据叠加速度对道数据做动校正处理。

(6) 加权叠加

根据共中心叠加次数,计算原有叠加数据和当前道数据的权值,然后,按加权叠加。

对于新的单炮数据,执行两个剖面间的加权垂直叠加:

剖面之一是新的单炮单次叠加剖面,另一个是先前所有单炮的叠加剖面,两个剖面地震道振幅各自乘以一个加权系数(加权系数为道叠加次数),在相同 CMP 位置垂直叠加。

假设先前已叠加了 N 道数据,在第 $N+1$ 道到达时,需要进行加权处理。

$$F_{N+1}(t)=F_N(t)+\frac{F_n(t)}{N+1} \tag{5.10}$$

式中,$F_{N+1}(t)$是$N+1$ 道叠加数据,$F_N(t)$是前N道叠加数据,$F_n(t)$是第$N+1$ 道数据单次叠加数据。

上式加权叠加公式中的 $N+1$ 为加权系数,由于 $N\geqslant 1$,因此,该计算公式消除了新的地震道对原始叠加数据权重过大造成的剖面畸变。

图 5.5 分别为 CHE66 工区在现场所采集的 10 炮与 20 炮叠加剖面,后者除了叠加道数增多之外同相轴连续性更好,剖面的信噪比明显增强,浅层缺口逐步得到缓解。

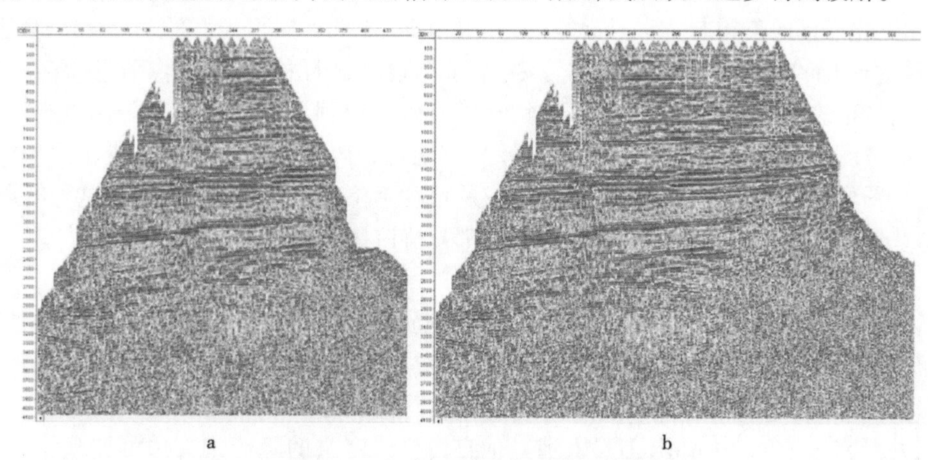

图 5.5 CHE66 工区实时叠加剖面

(a: 10 炮实时叠加剖面;b:20 炮实时叠加剖面)

5.1.4 基于 RS 的采集因素与地震属性平面统计分析

众所周知,地震采集是个系统工程,涉及地震仪器与设备、观测系统、采集与接收方式、地表地质条件、施工人员与施工周期等诸多因素,现场实时监控地震记录品质及施工过程是一种最直接有效的监控手段,但它仅仅是一个点的监控,没有涉及束线、区域的监控分析,而束线、区域的资料特征却反映出部分资料的整体特征,因此,就这些因素的监控分析对确保采集到高品质地震资料非常重要。

1. RS 图像处理基础概述

RS(Remote Sensing,遥感影像)是目前地震采集技术设计与工程设计中常用的辅助图件,一般用于作为底图,通过其上多种图元(如物理点、障碍物)的叠合,展示观测系统或观测属性等。

RS 的获取通常有三种方式:从网络下载免费的图片影像、购置专门信息丰富的图件以及现势性强的现场摄影。

一般地,免费的图片影像现势性差一点,不过,也具备一定的地理信息,但是,在使用前,应在工区选取明显的地标作为特征点对该地理信息确认。如有必要,还需要对该图件进行图件编辑,如,有些图件的地理信息是经纬度,需要与地震采集常规应用的大地坐标进行坐标转换;有些拼接图件需要做灰度一致性处理、图像校正等。

专门购置的图件地理信息丰富,可根据工区的实际需求让出售方进行相关的技术处理。

现势性较强的现场摄影图像需要更多的处理步骤,这些图像大多通过无人机摄影取得,这些图像的数据量大,需要结合工区地标进行图像裁剪和其他处理,包括坐标转换、图像校正和图像压缩等。

为了更好地服务地震采集,通过图像矢量化、图像识别或其他智能化技术,可提取各类地标、障碍物等,从而,为后续采集因素分析提供便利。

RS 图像文件格式很多,常见的格式包括 BMP、JPEG/JPG、TIF/TIFF、GIF、PNG 等。具有地理信息的图像格式最常用的是 TIFF/TIF(Tag Image File Format,标签图像文件格式),最初由 Aldus 公司与 MicroSoft 公司一起为 PostScript 打印开发的,它与 JPEG/JPG、PNG 称为流行的高位彩色图像格式。该格式非常复杂,但由于它对图像信息的存放灵活多变,支持很多色彩系统,而且独立于操作系统,因此得到了广泛应用。在各种地理信息系统、摄影测量与遥感等应用中,要求图像具有地理编码信息,例如,图像所在的坐标系、比例尺、图像上点的坐标、经纬度、长度单位及角度单位等等,TIFF 文件具有这种特质,目前,一些通用地震采集工程软件或质控软件都支持该格式的图像处理。

2. 基于 RS 的采集因素分析

影响地震采集资料品质的因素较多,对于井炮质量监控而言,主要包括物理点位置、障碍物分布、激发井深、药量等;就可控震源采集,震源激发属性、扫描信号、地表特质都有影响。

通过外部文件的导入,可以获取其中包含的这些信息,例如,由 SPS 文件获取物理点位置、井深与药量等;由 KML、HTML 或其他自由格式定义的障碍物文件可加载障碍物或其他地标文件。在 RS 图像上,加载这些采集因素,以不同形状和颜色显示其物理位置。图 5.6 为胜利油田东部 FT 工区采用井炮、小震源与气枪震源联合激发位置和激发能量分布。

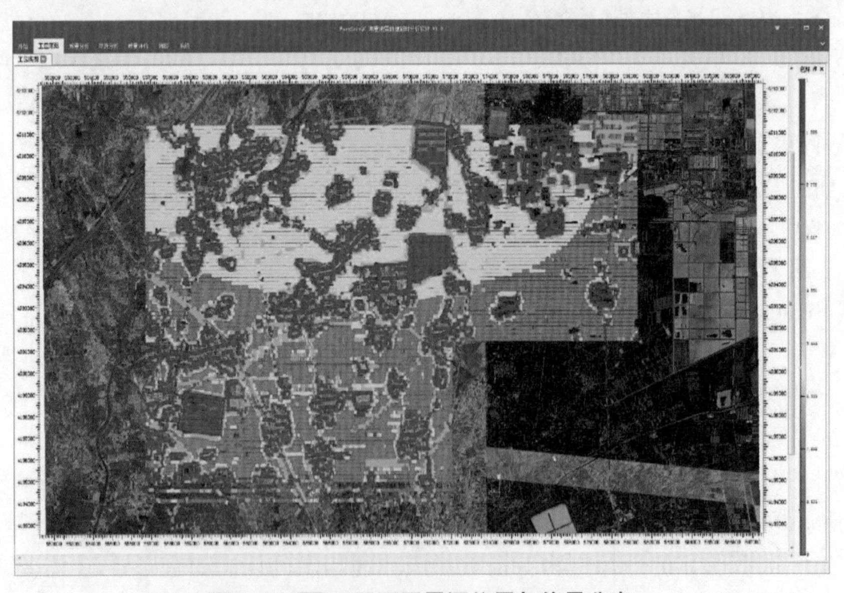

图 5.6 FT 工区不同震源位置与能量分布

3. 基于RS的地震属性平面分析

通过定义与地震资料处理相同的面元,对工区进行网格剖分,网格中心即为检波点物理点位置,地震记录实时监控中获取的各类地震属性及噪声可直接显示在面元上。

利用双线性插值易于快速实现束线或工区内所有面元的属性计算,但是,由于实际施工的复杂性,已激发的炮与未激发的炮存在较强的不确定性,对于这种分布非常不均匀的平面插值,采用克里金插值方法具有更好的优越性,它既考虑了激发炮的随机性,又兼顾所有炮间的相关性。与传统的插值方法(如最小二乘法、三角剖分法、距离加权平均法等)相比,克里金算法具有如下优势:

①数据网格化过程考虑炮点在空间的相关性,使插值结果更可信,计算精度更高;

②计算结果给出插值误差,也即克里金方差,使插值的可靠度一目了然。

克里金插值有多种方法,不同方法间的主要差异就是假设条件不同。克里金插值方法的变差函数与随机变量的距离存在一定关系,这种关系用理论模型表示。常用的变差函数理论模型包括高斯模型、指数模型、球状模型等。图5.7为新疆西部沙漠ZH3JB工区地震记录能量分布,采用了高斯过程-克里金插值方法,从与地表高程背景对比中可看出,地震激发能量与高程呈现显著的正相关关系。

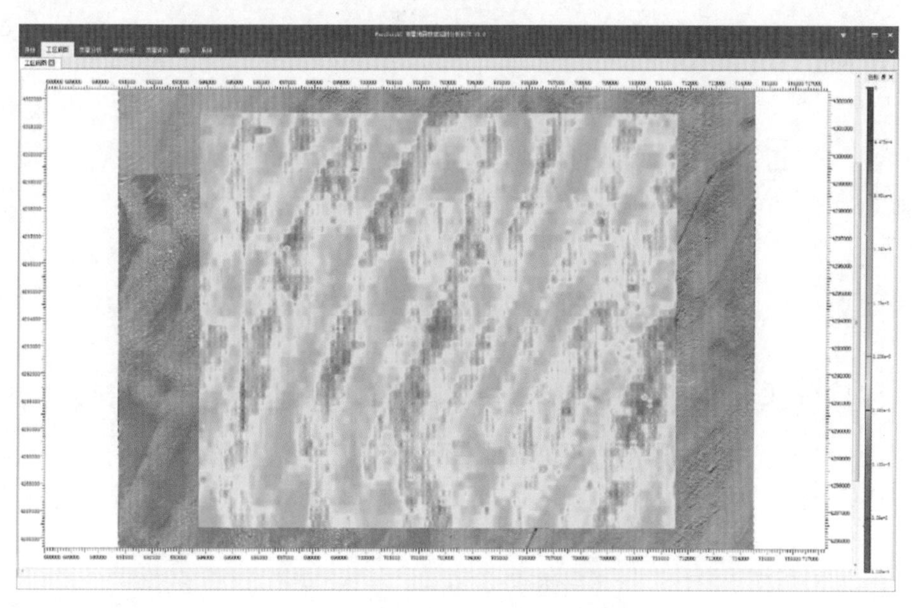

图5.7 ZH3JB工区炮集能量分布

5.2 地震记录评价模型

5.2.1 确定性评价模型

国家标准、行业标准及企业标准中对地震资料分级制定了明确规范,这些技术规范是关于地震仪器、设备、激发与接收等各种因素性能指标的限定,是多年地震勘探实践所形成的确定性指标,例如,TB时差、工作不正常道数量或占比、断排列数、震源畸变超限等,根据标准,把这些参数硬性指标的考核称为确定性评价模型。目前,通用或商用监控软件全部采用了该模型。这类确定性评价模型专注于施工因素监控,但并不能充分反映地表与地质、环境以及偶然因素对地震资料的影响,该评价模式并不对单炮记录品质进行评判。

5.2.2 基于多元统计的地震资料评价

1. 单属性评价模型

这种模式是通过新老资料对比确定地震属性阈值,利用单一属性的阈值是否超限进行资料分级,该模型的优势在于针对性强,对于特定油气勘探目标资料品质分析具有指导意义。但不同地震属性体现资料的不同特征,且每种地震属性对资料品质的反映具有片面性和模糊性,依赖单一地震属性判定原始单炮记录合格与否显然是不科学的。

2. 基于多元属性判别分析的评价模型

多元属性单炮记录评价的实质是多元判别分析问题,以下先讨论两级分类。

假设施工前已知合格炮集 G_1 和废炮集 G_2,从这两类炮集样本中分别提取 N 个地震属性,由这些属性求取 G_1 和 G_2 的重心 $\bar{\mu}_1$ 、$\bar{\mu}_2$ 。对于生产炮 X,只要计算该炮与两个重心的距离 $D_1(X,G_1)$ 、$D_2(X,G_2)$,即可根据距离远近确定该炮是否合格。此处距离可采用欧氏距离,但由于地震属性间可能存在强相关性,用马氏距离更合适,计算公式为:

$$D_1(X,G_1) = \sqrt{(X - \bar{\mu}_1)^T \sum\nolimits_1^{-1} (X - \bar{\mu}_1)} \tag{5.11}$$

$$D_2(X,G_2) = \sqrt{(X - \bar{\mu}_2)^T \sum\nolimits_2^{-1} (X - \bar{\mu}_2)} \tag{5.12}$$

式中,$\sum_1^{-1}$ 、$\sum_2^{-1}$ 分别为 G_1 和 G_2 的协方差矩阵的逆矩阵。

则生产炮合格判定的准则可描述为

$$\begin{cases} \text{合格} & D_1(X,G_1) < D_2(X,G_2) \\ \text{不合格} & D_1(X,G_1) > D_2(X,G_2) \\ \text{待定} & D_1(X,G_1) = D_2(X,G_2) \end{cases} \tag{5.13}$$

通过生产试验易于获得 G_1 的样本,但 G_2 样本难以得到。尽管生产中采集到废炮,但引起不合格的因素多种多样,已采集的炮集重心无法反映废炮的整体特征,甚至 $\bar{\mu}_2$ 可能在无限远处,此时,$D_2(X,G_2)$ 不存在。于是,给定阈值 θ ($\theta \geqslant 0$),判别准则式(5.13)修正为:

$$\begin{cases} \text{合格} & D_1(X,G_1) \leqslant \theta \\ \text{不合格} & D_1(X,G_1) > \theta \end{cases} \tag{5.14}$$

式(5.14)为单炮记录两级分类判别准则。如果做三级分类,可增加一个阈值。

实际生产中,也可采用品质好的生产炮替代试验炮。为了确保协方差矩阵的秩存在,其炮数应大于地震属性个数,一般选择最近采集的 20 ~ 30 炮为宜。考虑到多线束施工模式,这些炮应兼顾到每束线、每个排列,空间分布应相对均匀,从而使其更具代表性。如果选取一个优质生产炮 S (S 称为标准记录)作为 G_1 的重心,判别准则变为:

$$\begin{cases} \text{合格} & |(x_i - s_i)| \leq \theta_i, \forall i \in \{1,2,\cdots,N\} \\ \text{不合格} & \text{其他} \end{cases} \tag{5.15}$$

式中，x_i、s_i 分别表示生产炮 X 和 S 炮的第 i 个属性；θ_i 为设定的第 i 个属性的阈值，$\theta_i \geq 0$。

所有与 S 炮具有相似地表与地下地质条件、相同激发与接收及环境因素的生产炮以式(5.15)为判别准则。但是，一旦与以上条件不符，如不同激发药量，就需要建立新的炮集重心。因此，同一个工区可建立多个区域，每个区域形成一个炮集 G_1，每个炮集只有一个标准记录(重心)。

图5.8为据此开发的海量地震采集现场质量监控软件MassSeisQC所设计的多区域海量地震资料评价流程。

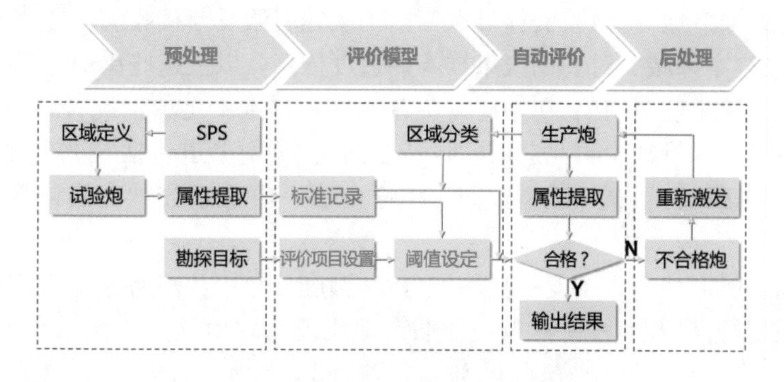

图5.8　区域化海量地震资料评价流程

5.2.3　基于RF的海量地震数据评价建模

人工智能是利用数字计算机或者数字计算机控制的机器研究开发用于模拟、延伸和扩展人类智能的理论、方法、技术及其应用系统的一门新兴科学技术。实现单炮记录智能评价有多种途径，但需要结合应用领域知识才能获得正确的解决思路。

1. 基于RF的单炮记录智能评价流程

图5.9为基于RF(Random Forest，随机森林)的单炮记录智能评价流程。使用前期勘探成果及试验炮建立初始样本集，提取样本属性并构建协方差矩阵，求解该矩阵的特征值与特征向量，利用主成分分析法(该步可选)，在剔除强相关属性后，将对地震资料品质更敏感的属性挑选出来，基于这些优化属性并结合废品库，扩增样本以满足机器学习样本数量；对训练集样本进行RF训练，如果没有通过验证，则调整参数后重新训练；输入生产炮，按RF分类，在模型评估后，如果没有达到精准度要求，则调整参数处理后重新进行分类；如果达到精准度要求，在输出分类结果后检测样本集是否完备，若需要则把生产炮作为学习样本补充到样本集中，重新组成模型进行训练，否则，关闭训练模型，陆续对生产炮进行自动分类。

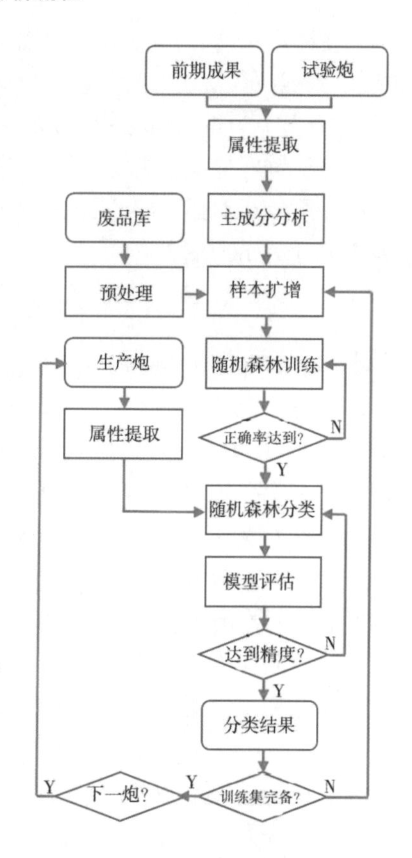

图5.9　单炮记录智能评价流程图

2. 样本集的建立及扩充

样本集是人工智能学习的基础,必须具有大量代表性及多样性的样本所建立的分类模型才能防止过拟合,且各类别样本数目尽量平衡,否则,样本数特别少的类分类精准度低。

利用以往勘探中地理位置邻近或地表、地质条件及激发与接收因素相似的地震采集工区成果,抽取具有代表性的单炮记录,如一、二级品记录,低频炮,低信噪比炮;废炮库是由不同激发条件和接收因素以及在各种地表地质条件下所采集的不合格单炮组成,如断排列炮、串感炮、噪声炮等;试验资料具有当前工区地震激发与接收的广泛代表性,可将其作为一、二级品样本以减少对前期成果样本的过度依赖。以上这些单炮组成初始样本集。

在智能评价建模应用初期,初始样本集普遍存在样本不足的情况,需要扩增样本,在增加样本数量时应尽量减少由此造成的过拟合问题,扩增渠道包括对部分样本做样本增强技术及将后期正确分类的生产炮纳入,扩增方法一般通过数学变换或增加噪声方式实现。

由于高斯白噪的功率谱密度服从均匀分布,幅度分布服从高斯分布,利用高斯白噪声对原始样本集进行重构,形成新样本集。假设地震波有效信号为 $X(t)$,t 为时间(s),环境噪声为 $S(t)$,高斯白噪声为 $Gs(t)$,则重构信号 $Y(t)$ 为

$$Y(t) = X(t) + S(t) + Gs(t) \tag{5.16}$$

在样本扩增时,对 $Gs(t)$ 做如下限定:

$$-E(Y) \leq \lambda E(G) \leq E(Y) \tag{5.17}$$

式中, $E(Y)$ 为重构信号能量; $E(G)$ 为高斯噪声能量; λ 为约束因子, $|\lambda| \leq 1$ 。

为了更好地反映特定工区中的一些特殊勘探目标要求,在试验炮属性提取后,按照高斯白噪声分布规律,在限定范围内由试验炮重构新属性。设试验炮数为 M_1 ,新增样本数为 M_2 ,于是,新增样本 $i(i=1,2,\cdots, M_2)$ 的属性值 w_i' 为

$$w_i' = \frac{1}{M_1}\sum_{j=1}^{M_1} w_j + \lambda * Gs_i \tag{5.18}$$

式中, Gs_i 为高斯白噪声因子。

式(5.18)中 λ 确定了新样本类别,由勘探目标及地表地质条件等因素确定。

图5.10为LJ工区样本扩增10倍前后单炮能量与最小优势频率对比图,定义 $|\lambda| \leq 0.2$ 为一级品, $0.25 < |\lambda| \ll 0.5$ 为二级品, $0.55 < |\lambda| < 1$ 为废炮。图中横轴为单炮能量的自然对数值,纵轴为最小优势频率(Hz)。

废炮样本较其他样本少,有些废炮与其他两类样本属性差异极大。为弥补这两者间的边界,设原始废炮数为 M_3 ,按照三类样本数大致相同的原则,由 M_3 在三类样本集中的占比确定新扩增样本数量 M_4 ;求取二级品所有样本方差,然后,用方差最大的 $[M_4/M_3]$ 个样本与原始废炮构建新样本,公式为

$$w_p' = x_i + rand(0,1) \times (y_k - x_i) \tag{5.19}$$

式中, w_p' 为新样本 $p(p=1,2,\cdots, M_4)$ 的属性; x_i 为第 $i(i=1,2,\cdots, M_3)$ 个原始废炮样本的属性; y_k 为二级品样本集中方差最大的第 $k(k=1,2,\cdots, [M_4/M_3])$ 个样本的属性;rand(0,1)为0~1之间随机实数取值函数。

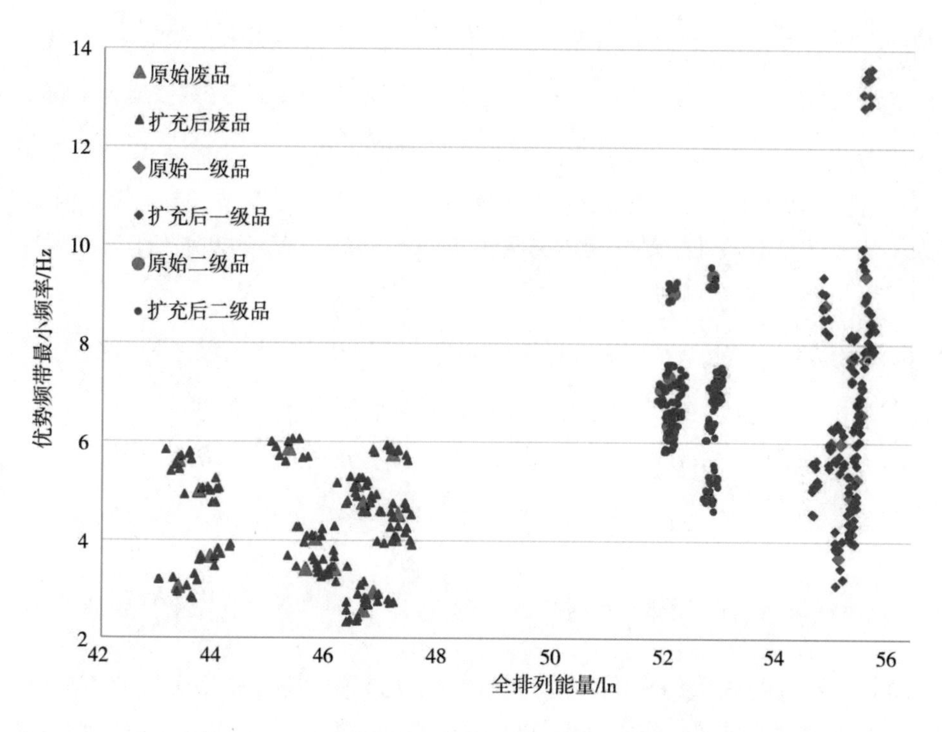

图 5.10　LJ 工区样本扩增前后单炮能量与最小频率对比

式(5.19)把原始废炮和二级品样本结合,比式(5.18)增加新废炮样本方式更能改善样本集性能,提高分类效率。

3. 单炮记录 RF 分类建模算法

(1) 分类建模算法

基于 RF 单炮记录分类建模过程大致算法如下:

①从原始样本集 G_1 中以样本放回方式随机抽取 M 个样本组成训练集 G,按如下过程递归生成决策树:

a. 从 N 个地震属性中采用放回方式随机抽取 $K(K<N)$ 个属性;

b. 在具有 K 个连续属性的 M 个样本中求最优属性,以最优属性建立分支节点;

c. 分别判断分支节点的左右支样本集中各样本的类别标签(一级品、二级品和废炮)是否为同一类,或是叶节点,如果不是,$K=K-1$,返回 A1.2;

②循环 P 次 A1 过程,生成 P 棵决策树,形成 RF;

③对于生产炮,遍历 RF 的每颗决策树,统计每棵树的分类结果,取最多的类别为该炮类别。

(2) 连续性属性的分支节点构建

基于 RF 的单炮记录分类最基础也是最重要的工作就是算法 A1.2 中分支节点的建立。

通常,决策树采用离散值作为节点,而地震属性是连续数据。为此,对于由 M 个样本组成的训练集 G,若每个样本只取 K 个属性,则 G 可表示为 $G=\{(x_{i,1},x_{i,2},\cdots,x_{i,K},l_i)\mid i=1,2,\cdots,M\}$,其中, $x_{i,j}$ 为样本 i 的第 j 个属性, l_i 为样本炮 i 的类别标签。

就某类地震属性 $j(j=1,2,\cdots,K-1)$ 而言，不失一般性，假设 $x_{i,j} < x_{i,j+1}$（$i=1,2,\cdots,M$），建立 j 属性的集合 $F_j=\{f_i=\frac{x_{i,j}+x_{i,j+1}}{2} \mid i=1,2,\cdots,M-1\}$。则该集合中每个元素把集合 G 分为 j 的属性值不大于 f_i 的样本子集 $G_{f_i}^1$ 及其补集 $G_{f_i}^2$。这样，即可将 f_i 作为候选分支节点，把连续性地震属性离散化处理——左支是样本子集 $G_{f_i}^1$，右支是样本子集 $G_{f_i}^2$。

为了从 K 个地震属性中最优构建决策树的分支节点，定义信息增益作为决策树最优属性的衡量指标。地震属性 j 的信息增益定义如下：

$$\text{Gain}(G,j)=\max_{f\in F_j}\text{Gain}(G,j,f)=\max_{f\in F_j}\left[\text{Ent}(G)-\frac{|G_f^1|}{|G|}\times\text{Ent}(G_f^1)-\frac{|G_f^2|}{|G|}\times\text{Ent}(G_f^2)\right] \tag{5.20}$$

式中，$\max_{a\in F_j}\text{Gain}(G,j,f)$ 为经 f 离散化后样本集 G 上属性 j 的信息增益中的最大者；$|\bullet|$ 为集合元素数量；$\text{Ent}(G)$、$\text{Ent}(G_f^1)$ 和 $\text{Ent}(G_f^2)$ 分别为样本集 G、G_f^1 和 G_f^2 的信息熵，$\text{Ent}(G)$ 定义为

$$\text{Ent}(G)=-\sum_{k=1}^{3}p_k\times\log_2 p_k \tag{5.21}$$

式中，p_k 为第 $k(k=1,2,3)$ 类（分别对应一级品、二级品和废炮）样本在样本集 G 中的占比。

G_f^1 和 G_f^2 的信息熵与式(5.20)类似。由式(5.19)求取所有 K 个属性的信息增益后，取最大信息增益对应的属性作为分支节点，其分类能力最强，依此建立分支节点的决策树纯度最高。

(3) RF 单炮分类建模参数

上文(1)所提算法的复杂度主要与两个随机量密切相关：随机样本数 M 和最大随机属性数 K。鉴于有放回采样，M 取扩增后样本集中的样本数。算法的正确率很大程度上取决于单棵树的纯度与 RF 中树间的相关性，纯度越高且树间相关越弱，RF 分类正确率越高；而 K 决定了其纯度和互相关性，K 越小则决策树纯度越高且树间互相关越弱；K 越大则会降低树的多样性且缺少泛化能力。因此，为增加决策树的纯度和 RF 的多样性，但又不增加其复杂度，一般地，最大随机地震属性 K 取为$[\log_2^N]$。

决策树数目 P 决定了 RF 规模，也体现 RF 分类性能。理论上，P 越大，分类效果越好，但计算量会随之提高。通常，参考样本扩增后的样本数及其属性数确定 P 值，如果这些数目较多，决策树的数目可相对少一些，一般以一百到数百棵为宜。

仅从决策树角度看，为减少异常噪声影响，防止过拟合，需要对决策树进行剪枝处理，利用以下参数进行预剪枝：最大深度、内部节点划分所需最小样本数和叶节点最小样本数，这些参数的选取和调整参数的顺序与具体数据分布有关，可根据局部寻优方法依次确定。已有研究说明：RF 中两个随机性（随机样本和随机属性抽取）的引入使得分类算法完全可避免过拟合现象，况且样本集扩增已采取了多样性增强措施。但考虑现场计算能力，也可对决策树通过预剪枝以减少计算量。目前，一些开源实用开发库已提供成熟的算法较好地优化这些参数，本文不再探讨。

(4)单炮记录 RF 分类结果评估

在上述算法中，构建所有决策树使用了 $P\times M$ 个样本，但其中包含大量相同的样本，

因此,从概率上分析,样本集中仍有 36.8 % 的样本未参与训练,可作为验证样本使用。

利用单炮分类正确率(C)和废炮识别率(R)作为验证分类标准,其中,后者必须达到对废炮的完全识别(100 %),它们分别定义为

$$C = \frac{\sum_{i=1}^{3} S_i}{M_5} \tag{5.22}$$

式中,M_5 为验证样本总数;S_i 为验证样本经 RF 分类后 i 类样本的正确分类数。

$$R = \frac{S_3}{M_6} \tag{5.23}$$

式中,M_6 是验证样本中的实际废炮总数;S_3 是验证样本经 RF 分类后正确分类的废炮数。

4. 模型在 ZH6J 工区应用及效果

利用西部沙漠 ZH6J 工区资料进行应用测试,共提取了 18 种地震属性,但没有使用图 5.9 流程中所提的主成分分析法做参数优化。通过样本增强与吸收生产炮,建立了 4500 炮的样本集。在 RF 模型训练时,以分类正确率 C 作为分类泛化能力的检测依据。参数按如下顺序调优:首先确定决策树的数目 P 使算法稳定;再确定决策树的最大深度和内部节点划分所需最小样本数以控制算法复杂度;然后,联合调试内部节点划分所需最小样本数和叶节点最小样本数以增强决策树的泛化能力;最后,获得最大随机属性数 K。在完成训练后对生产炮自动分类,并与人工分类结果对比,表 5.1 是两次统计结果。

表 5.1　ZH6J 工区单炮记录分类结果统计表

	某天分类结果				工区分类结果			
	总样本数	一级品	二级品	废炮	总样本数	一级品	二级品	废炮
自动评价/炮	600	531	50	19	56797	51651	5146	0
人工评价/炮	600	535	46	19	56797	52034	4763	0
吻合数/炮	584	525	40	19	56058	51377	4681	0
C/R/%	97.33			100.0	98.70			100.0

对某天采集的 600 炮数据自动分类,与人工分类结果相比,正确率达到 97.33 %,且准确识别出当天全部废炮。在参数调优后,对工区所有 56797 炮自动分类(已无废炮),正确率达 98.70 %。需要指出的是,人工评价与实际分类存在一定误差。

5.2.4　模型关系及其适应性与时效性

5.2.1 节所提的多因素确定性评价模型是地震采集工程现场质控的重点内容之一,是其他评价模型不可替代的。5.2.2 中的多元属性判别分析评价模型设计思路简明,便于发现废炮,适于实时单炮监控。以上两种模型相结合一般能够及时发现异常道、异常排列和废炮。5.2.3 节中所述智能评价模型从众多已有标签的样本及其各类地震属性中学习,分类方法客观,可用于实时监控单炮质量,也可用于单炮的延时分析评估,在标准记录选择与阈值设置困难的勘探程度相对较低地区,该模型优势尤其明显。

以上三种评价模型可适用于不同地震采集方式。海上或过渡带、多波多分量地震资料等有其独特性,主要体现在地震数据记录方式上,可根据各自的特点首先进行资料预处

理，然后，采用以上所述模型分类处理。例如，双检单炮记录包含了陆检和水检分量，需把单炮记录解编为陆检和水检单炮数据结构后，再分别建模分类。

影响海量地震数据采集实时质控的因素主要包括网络传输速率、单炮数据解编与属性提取、分类评价等。实验表明：目前决定实时质控效率的关键是传输。例如，10 万道接收的单炮若采用 7 s 长度和 1 ms 采样记录，以 SEG－D 格式存储单炮数据量约为 2.6 GB，若采用野外较通用的千兆网传输，该单炮数据传输与存储约耗时 31.32 s；若采用先进的光缆传输与高效的固态硬盘存储大约需要 5.9 s。

不同于数据传输受限于网络和硬盘读写等物理因素，单炮数据解编与属性提取采用内存映射、多线程并行等综合优化技术后实际数据处理能力显著提升，耗时主要在时间域到频率域变换过程。就单纯的单炮记录分类模型而言，多因素确定性评价模型耗时主要在一些定量化分析方法上；多元属性判别分析模型主要耗时在区域划分和标准记录的选取，生产炮分类时仅仅是指定属性门槛值的比对。上述两类模型耗时几乎都在毫秒数量级。而智能评价模型耗时主要在分类建模阶段，可能需要反复建模与验证，一般可在采集试验后完成，但评价模型一旦建立，实际生产炮的分类可在 1 秒内完成。

总之，在时效性方面，单炮传输时间在数秒到十数秒，甚至数十秒，解编和属性提取一般 2 s 内可完成，而分类过程不到 1 s。

多因素确定性评价模型与各种变形的基于多元属性判别分析的单炮评价模型已在地震采集工程现场质量监控中发挥了重要作用，不过，多元属性判别分析模型所基于的标准记录与阈值定义主观性太强，三级判别更加困难。人工智能单炮评价方法汇集以往的勘探成果，利用试验炮和废炮扩充样本，既保持了每炮的独立性，又增加了样本的多样性，提高样本集的整体性能，弥补了不平衡样本集可能带来的较大分类误差；基于 RF 的单炮记录分类建模利用两个随机性引入，避免了人工智能最易出现的过拟合问题，增强了算法的稳定性，且该模型计算过程易于高度并行化处理，评价结果客观，适用于海量地震采集现场质量监控。

5.3 可控震源过程监控技术

5.3.1 可控震源激发状态监控技术

1. 震源通讯模式与监控物理模型

可控震源激发状态实时监控物理模型涉及如下设备：震源车上的 GPS 和 DSD、仪器车上的 DPG、采集服务器、监控计算机及其辅助设施，如双绞线、电台电缆等，参考图 5.11。

在每组震源中，一台 DSD 为双向通讯，而与同组其他震源的 DSD 为单向，相互间采用 WiFi 通讯。DSD 产生一个完整的 QC 数据库，用于实时或后台处理，该 QC 数据可实时发送到采集服务器，并存储到本机硬盘，用于一些采集方法的处理和分析。

目前，DPG 和 DSD 之间使用时分多重存取（TDMA，Time Division Multiple Access）无线电系统通讯，替代标准的 VHF（Very High Frequency，甚高频）无线电台。

监控计算机分别部署在震源车和仪器车，各自连接于 DSD 和采集服务器，接收来自 DSD 和由 DPG 传递的状态数据及 GPS 数据，进行监控分析。

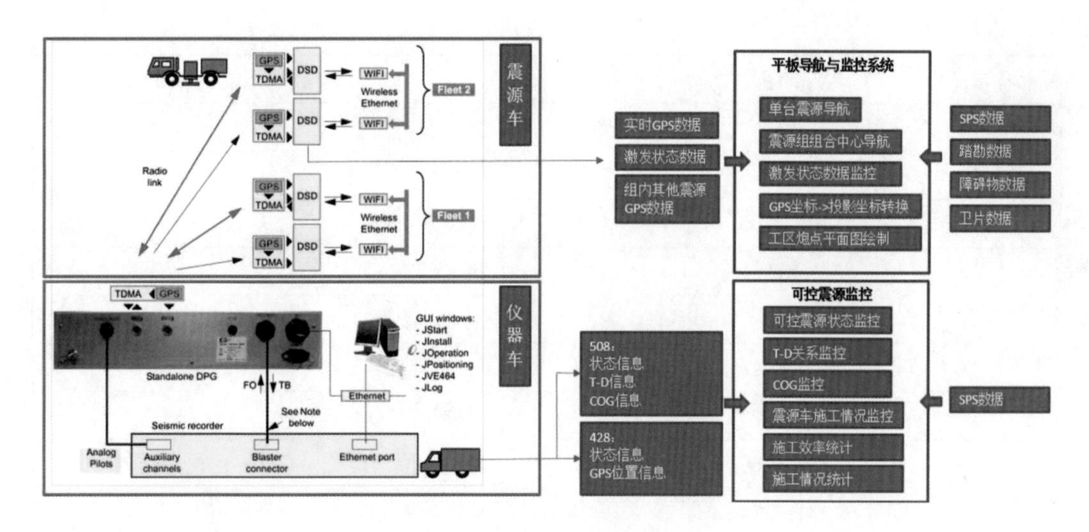

图 5.11　基于采集系统的监控物理模型

2. 震源状态数据库逻辑结构

地震采集系统通过数据库方式记录可控震源状态，不过，Sercel 400 系列和 508XT 采用了不同的数据库管理方式。

(1) Sercel 400 系列震源状态数据库逻辑结构

震源激发后，DSD 通过无线传输，把震源激发状态参数传输到采集服务器，每振动一次，就产生一个数据库文件（形如 ve464Nacq1. 10690. user428. svr428. db，这里 10690 是可变序号），该文件采用自定义的内部二进制格式文件存储。该数据库文件的逻辑结构中的关键参数见表 5.2。

表 5.2　Sercel 400 系列数据库文件关键参数

参数序号	字节序号	数据类型	参数简要说明
1	1 ~ 4	整型	文件长度
2	13 ~ 16	整型	一年中的天数
3	21 ~ 24	整型	文件号
4	25 ~ 28	整型	小时，格林尼治时间
5	29 ~ 32	整型	分钟
6	33 ~ 36	整型	秒
7	45 ~ 48	整型	年度，BCD 码
8	61 ~ 64	整型	震源组号
9	65 ~ 68	整型	炮号，68 位在前，65 位在后，BCD 码
10	69 ~ 72	浮点型	线号，IEEE 格式，从后往前
11	73 ~ 76	浮点型	点号，IEEE 格式，从后往前
12	77	整型	点索引

续表

参数序号	字节序号	数据类型	参数简要说明
13	93	整型	组内震源数
14	97 ~ 101	整型	震源编号
15	102 ~ 106	整型	震源索引号
16	108	整型	状态码
17	114	整型	记录后续保存的过载参数个数
18	114 ~ 118	整型	过载信息
19	123 ~ 126	整型	平均相位
20	127 ~ 130	整型	峰值相位
21	131 ~ 134	整型	平均畸变
22	135 ~ 138	整型	峰值畸变
23	139 ~ 142	整型	平均出力
24	143 ~ 146	整型	峰值出力
25	147 ~ 1148	整型	后续 GPGGA 数据的个数

注意:在表 5.2 中,震源组号和震源编号没有必然联系。

对数据依次解编,即可获得本次激发每个震源的状态信息,包括每个激发震源的六个状态参数。

第 25 个参数定义 GPGGA 的字符串长度,它是 GPS 信息。

注:GPGGA 是 GPS 数据输出格式语句,它是一帧 GPS 定位的主要数据,是 NMEA(美国国家海洋电子协会,National Marine Electronics Association)格式中使用最广的数据之一。$ GPGGA 语句包括了 17 个字段:语句标识头、世界时间、纬度、纬度半球、经度、经度半球、定位质量指示、使用卫星数量、HDOP - 水平精度因子、椭球高、高度单位、大地水准面高度异常差值、高度单位、差分 GPS 数据期限、差分参考基站标号、校验和结束标记,分别用 14 个逗号分隔。

在其后的 32 个字节,记录粘度和刚度等信息;然后,还有 28 个字节。如果有下一个震源,就再增加新震源的状态数据。

(2)Sercel 508XT 系统数据库逻辑结构及其存储

Sercel 508XT 地震采集系统建立了生产信息数据库(hci_508_prod),共包含 15 个数据库表。对于震源状态监控而言,最主要的是如下三个表:

① 采集参数和结果表。

以 table_experience 命名。该表定义包含组合中心北坐标、组合中心高程、设计东坐标、设计北坐标等基本信息,还包含野外文件号、数据保存路径及文件名、DSD 号、震源组号、记录长度、采样率、滤波类型、扫描长度、死道数、死道排列、丢失道数和丢失排列等参数。

② 滑动扫描时间与距离结果表。

以 table_slip_time_running_experience_data 命名。该表定义本激发点与上一激发点的距离、与上一激发点滑扫时间差和理论时差之间的差值、根据滑动时间图和距离计算的滑动时间(理论时差)、与上一激发点滑扫时间差等信息。

③ 震源状态信息表。

以 table_vibrator_status 命名。该表定义了激发点的东/北坐标、高程、平均出力、峰值出力、平均畸变、峰值畸变、平均相位、峰值相位、状态码等参数。

Sercel 508XT 采用 PostgreSQL 进行数据库管理。PostgreSQL 是目前功能非常强大的、源代码开放的数据库管理系统,采用客户/服务器(对象) - 关系型数据库管理系统(Ordbms),它是以美国加州大学计算机系开发的 PostgreSQL 4.2 版本为基础的对象关系型数据库管理系统。PostgreSQL 支持大部分的 SQL 标准,并且,提供了很多其他现代特性,如复杂查询、事务完整性、多版本并发控制等。同样,PostgreSQL 也可以用许多方法扩展,例如,通过增加新的数据类型、函数、操作符、聚集函数、索引方法、过程语言等。另外,因为许可证的灵活,任何人都可以以任何目的免费使用、修改和分发 PostgreSQL。

PostgreSQL 提供了两种可选模式:一种模式保证如果操作系统或硬件崩溃,则数据将保存到磁盘中,这种模式通常比大多数商业数据库要慢,这是因为它使用了刷新(或同步)方法;另一种模式与第一种不同,它不提供数据保证,但它通常比商业数据库运行得快。不过,目前还没有既能提供一定程度的数据安全性,又有较快执行速度的模式。

Sercel 508XT 采用 PostgreSQL 数据库的第一种管理模式,数据库的刷新速率为 30s(因此,很多基于该数据库开发的质控软件对于高效地震采集过程实时监控滞后于激发,读者应特别注意)。

3. 震源状态码实时监控

震源状态码是 VE464 箱体(包括 DSD 和 DPG)发出的关于震源扫描状态结果是否合格的信息。共定义了 18 种状态码,它们代表了不同的扫描状态,其中,合格的状态码有 3 个,不合格的 15 个,参见表 5.3。

表 5.3　由 DSD 返回的扫描状态码

状态码	物理意义	合格否
1	原始模式	合格
2	DSD 终止扫描	不合格
10	用户终止扫描	不合格
11	DSD 和 PC 间的网络错误	不合格
12	滤波模式	合格
13	DSD 与 DPG 采集表冲突	不合格
14	升板错误	不合格
19	GPS 秒脉冲信号冲突小	合格
21	扫描信号定义错误	不合格

续表

状态码	物理意义	合格否
22	定制错误,定制信号不存在或无法读取	不合格
23	扫描起始时间已到	不合格
25	超限错误	不合格
26	从记录单元无法开始	不合格
27	GPS 秒脉冲信号冲突	不合格
28	出力太低	不合格
29	DSD 没有时间把先前的信号存储到文件中	不合格
98	未收到 T_0 数据	不合格
99	未收到 T_0 数据或没有报告状态	不合格

通过震源状态码的监控,尤其是在震源车上通过对状态码的实时监控,勿需移动车位,即可及时对不合格状态码的炮重振,以提高工效,降低补炮成本。

4. 震源激发属性实时监控

震源激发属性实时监控的内容包括平均相位误差、峰值相位误差、平均畸变、峰值畸变、平均出力、峰值出力,这些属性均可通过前述的震源状态数据库获取。企业标准中规定了每个属性值的取值范围,超出范围的振动是不合格的。

震源激发属性监控不仅仅局限在每次的振动,也应跟踪每台震源连续振动的属性变化,这里有两种情形:

①根据预先设定的阈值,实时监控同一台震源的振动属性,如果连续多炮超出阈值,则应发出警示;

②如果激发属性在多次连续扫描时,某种属性都超出所有震源同类属性的平均值,则认为该震源的属性连续变差,发出警示。

现场人员根据警示情况及时检查问题原因,进行检修或维护。

在震源激发属性评价方面,已有大量研究与实践经验,总结如下:

①相位误差。相位误差按照按如下方式确定:在 1 ms 采样率下,1/4 的样点误差是 0.25 ms,它等于主频为 25 Hz 的子波相位误差 4.5°。因此,要求平均相位误差在 5°以内,但在实际采集施工中,误差控制在 2°。

平均相位反映的是稳态相位误差,将影响最终的相关结果,因此,对平均相位的分析更重要。

②输出力。峰值出力与平均出力的差值越小越好,在采用基值力控制下,一个 70 % 左右的振幅控制水平相当于峰值力控制下 90 % 左右。

③输出力畸变。可控震源激发过程中,畸变产生的原因较多,通常由以下三个因素造成:控制/执行系统采样非线性、近地表条件呈非线性影响、控制过程中含有扰动信号。因此,震源输出信号不发生畸变是不可能的。

同类震源在完全相同的激发参数并在基本一致的激发环境下,震源输出力的畸变水平应该相当，即各激发信号畸变误差相对在一定范围内。根据经验值，一般定义为10%。

可以通过采取一些措施降低畸变水平，但实际上降低的是近激发源的畸变。如果不考虑激发因素的改变，可通过降低激发强度并优化控制参数方式降低或改善输出信号品质；不过，降低激发能量显然会影响深层资料品质，所以，应做好前期的实验工作，优化采集参数。

一般地，高畸变主要影响近激发源（排列）地震道的信噪比，对远排列影响相对较小。有时，为了获得深层有效反射，必须牺牲浅层信噪比为代价。

5. TD 规则实时质控分析

TD 规则是在可控震源高效采集中描述组间扫描时间间隔和组间震源距离变化的函数，TD 规则关系到采集资料品质和施工效率。

TD 规则实时监控的目的在于对相邻震次震源的起震时间、距离进行测度，看其是否满足预先定义的时间与距离规则，并对不符合规则要求的激发重振。根据高效采集方式的不同，TD 规则具有不同的表现形式。

（1）交替扫描

相邻两个震次的起震时间间隔必须大于扫描时间与听时间之和；对空间距离不作要求。

（2）滑动扫描

相邻两个震次的时间间隔大于记录时间；空间距离一般要求大于某个固定值（视工区地表地质条件确定，一般为 6 km）。

（3）空间分离同步扫描

不同震源组激发的间距应大于规定的距离，一般为 12 km；对时间不作要求。

（4）动态扫描

动态扫描方式综合了多种扫描方式，因此，TD 规则比较复杂。把不同扫描方式集中展示在同一张图上（图 5.12），图中横坐标为两震源间的距离（m），纵坐标为相邻两炮起震的时间差（s）。

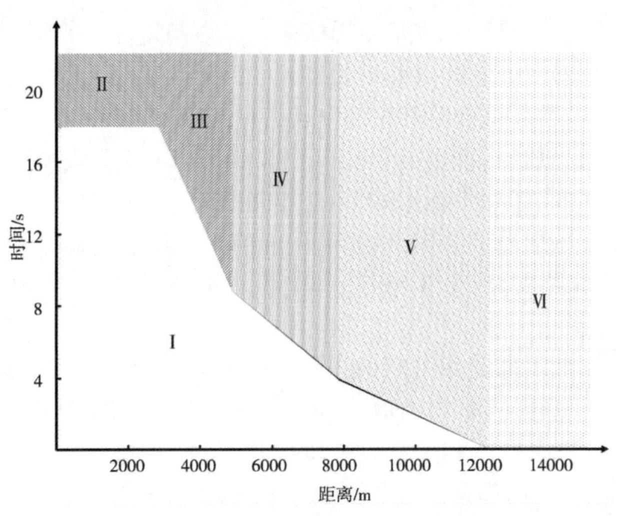

图 5.12　动态扫描 TD 规则示意图

TD 规则描述如下:如果任意两个震次之间的 TD 关系位于区域Ⅰ中,则后激发的震次为不合格,需要补炮;其他区域为合格激发范围,其中,Ⅱ区为交替扫描区域,Ⅲ～Ⅴ区为滑动扫描区,Ⅵ区为空间分离同步扫描区。

6. 组合中心分析及高程实时监控

组合中心分析是对震源振动位置与设计激发位置的一致性检查,实际震源坐标来自 DSD 反馈的状态信息数据库,设计位置来自 SPS 设计物理点。

在获取激发的震源组中各震源坐标后,由其空间组合形式,求取组合中心坐标,并计算其与设计坐标间的距离,此即为组合中心位置,亦即 COG(Center of Gravity,重力中心点)距离。

在获取坐标的同时,读取震源高程数据,计算组内高程平均值,在给定阈值时,对于超出阈值的高差示警。

7. 实时施工效率与怠工监控

施工效率是高效地震采集关心的主要内容之一。

震源每扫描一次,如果合格,就计数一次。对比每台震源,比较相互间的效率高低,对所有震源统计,形成每天的施工效率。

比较每台震源上次扫描与当前时刻的时间差,如果超出某个时间阈值,发出警示,说明怠工时间过长,提醒设备检查或维护。

8. 基于 RS 的属性显示分析

在 RS 图像上,显示每天施工的地表硬度、粘度等状态参数,为后期现场施工提供指导。

5.3.2 接收设备状态监控技术

地震采集设备状态实时监控是确保当前采集地震记录质量过程的监控,同时,通过段时间内状态值的统计分析,为地震采集设备的维护、保养提供最基础的参考资料。

地震采集系统提供了软硬件接口作为质控的重要监控手段。

1. SEG－D 地震数据

SEG－D 格式最早是由 SEG 现场磁带标准委员会制定的,1994 年该委员会推出了数字现场磁带标准—SEG－D 版本 1(特殊报告)。1996 年 12 月,美国地球物理学家学会在版本 1 的基础上,又推出了适合于高密度介质的标准《地震磁带记录格式》,也即 SEG－D 版本 2。2011 年 5 月,SEG 标准委员会发布了 SEG－D Rev3.0 版本。

1999 年,我国发布了行业标准《SEG－D 地震磁带记录格式》(SY/T 6391－1999),它等同于 1996 年 SEG 标准委员会发布的 SEG－D Rev2.0 版本;2014 年发布了《SEG－D Rev3.0 地震数据记录格式》(SY/T 6391－2014),它是采用 2011 年 SEG 标准委员会发布的 Rev3.0 修订的。

SEG－D 是地震数据采集中常用的一种源地震数据记录格式,目前,Sercel 400 系列采集系统采用 SEG－D Rev2.1/1.0,而 Sercel 508XT 采用 SEG－D Rev3.0 记录地震数据,因此,以下讨论均基于 SEG－D Rev2.1 和 Rev3.0 两种版本。

从这两种版本看,它们都是以字节流方式记录数据,其结构基本一致,包括文件头块和地震道数据两部分,如图 5.13 所示。头块数据又分为普通头块、扫描类型头块、扩展头块和外部头块三部分；地震道数据分为地震道头、道头扩展和采样数据三部分。

2. 地震采集参数一致性检查

在地震头块数据中，记录了当前工区的主要采集参数，如记录长度、采样率、记录总道数、扫描类型、滤波类型等，根据提取的这些参数和工区的定义参数逐一比对，实现采集参数检测。

3. 检波器接收状态监控

如图 5.13 所示，根据 SEG－D 格式地震道头定义，每个地震道头由 20 个字节构成，其后包括最多 7 个道头扩展，每个道头扩展是由 32 个字节构成。

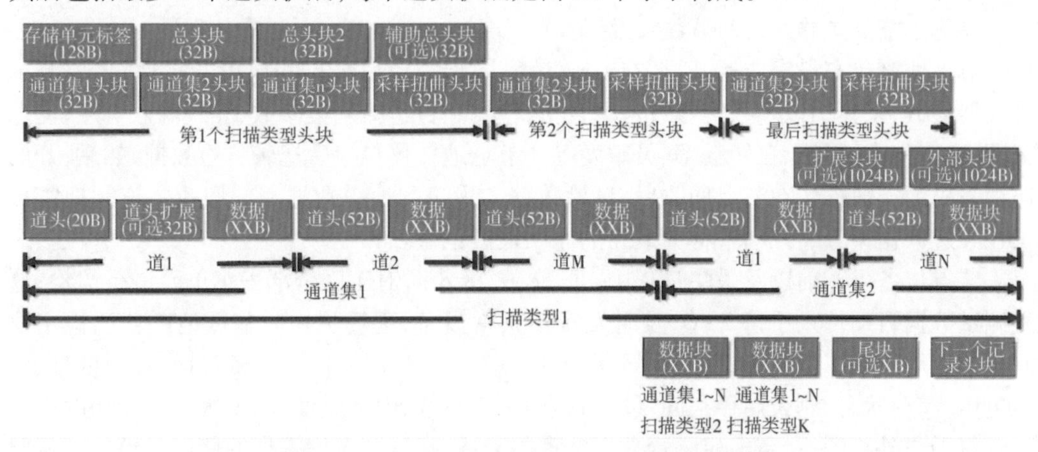

图 5.13　SEG－D Rev2.1/3.0 地震数据格式

在地震道头数据中，记录了一些特殊地震道，如静噪声道或死道、传输错误道和噪声编辑道。

在道头扩展中，记录了该地震道相关信息，如地震道桩号、检波器类型；还记录了相应检波器的状态参数，如检波器的电阻值、倾斜度值、漏电值等。

在读取这些数据后，判定检波器的工作状态是否正常，做统计分析，并对超限参数的检波器提出预警。表 5.4 列出了主要参数处于道头中的位置、数据类型、域名和相关说明。

表 5.4　地震道头中检波器主要状态参数

字节位置	数据类型	域名	简要说明
1－4	浮点型	电阻下限	仅限于连接到 FDU 的检波器
5－8	浮点型	电阻上限	
9－12	浮点型	电阻值	单位：欧姆
13－16	浮点型	倾斜度界限	
17－20	浮点型	倾斜度值	对于 FDU，地震道为%；对于 DSU，地震道为度
21	逻辑型	电阻误差	0 为否；1 为是
22	逻辑型	倾斜度误差	0 为否；1 为是

5.3.3 节点采集质控技术

与传统检波器不同,节点地震仪具有自采自储的特点,节点之间没有电缆连接,因此,它比传统检波器施工更加轻便、快捷。目前,节点采集技术是一种新式地震采集生产模式,处于技术发展完善中,中国石化主要采用自研的 I – Nodal 节点地震仪。

节点采集经历了节点与有线联合采集的混采阶段和全节点接收的"盲采"阶段,现在正处于技术发展的上升期。在混合采集时,通过对有线采集资料的实时监控分析,有效监控激发的能量和信噪比,确保激发过程质量。在盲采时,一些地震队创造性地提出了在既定的观测方式下,专门增设一条有线接收检波器线,通过对该线的监测,确保激发质量。

1. 基于节点工作状态的监控技术

节点地震仪布设完成后开机,在 GPS 信号同步完成后进行一次设备自检,主要测试检波器参数、采集站以及采集参数是否合格,检测项目包括采集参数、等效输入噪声、动态范围、谐波失真、阻抗、自然频率、灵敏度等。节点地震仪自检后记录自检数据,然后,开始连续采集地震数据。在节点回收后,自检数据与采集的地震数据一起回收。连续地震数据在经过数据拆分、合成后,称为最终的原始地震记录。

节点设备生产前以及采集过程中,每 24 或 48 小时对工区全部采集单元进行巡检,巡检测试数据自动传入手持 PAD,及时发现不正常设备,现场更换。节点地震仪巡检主要测试节点地震仪工作状态、存储空间、GPS 状态等工作情况。检测项目包括线号、桩号、电池电压、储存状态、剩余储存空间、设备状态、采集参数、内部温度、GPS 状态与经纬度信息等。每天户外检测后,室内应进行数据整理与分析,指导节点地震仪的使用与整体分析状态,进一步筛选、检查野外节点设备的工作状态。

对于室内节点资料,每天通过地震数据极性以及时间漂移的检查,详细记录极性以及时间漂移的地震道,更新地震数据合成的设备列表,重新对数据进行切割合成处理,并将反道设备进行检修,确保单炮无反道以及时间漂移的现象,图 5.14 为节点地震仪资料的检测。同时,检查炮点、检波点位置,确定物理点位的准确性。

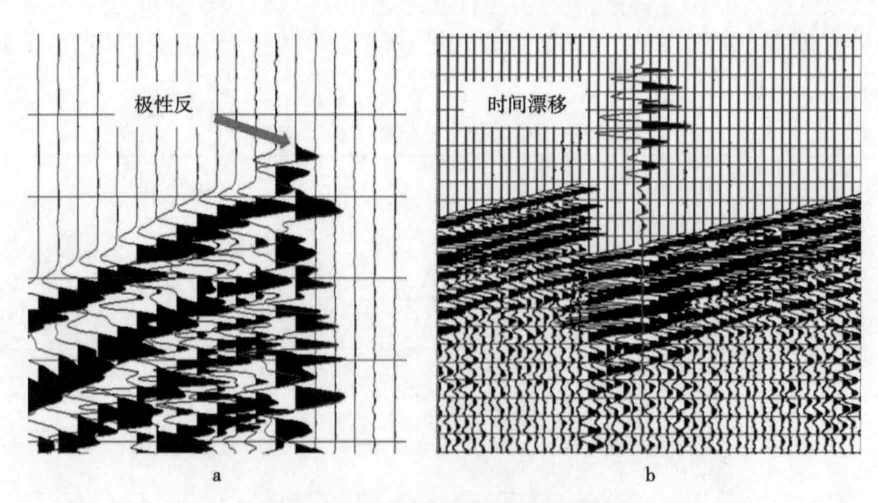

图 5.14 节点地震仪资料检测项目
(a:极性反转;b:时间漂移)

2. 无人机实时节点监控技术

将手持中继单元的信号接收能力进行提升,加装 2.4 GHz 定向天线和平板定向天线,并增大中继单元功率,扩展覆盖范围。同时,对现有轻小型民用多旋翼无人机加装巡检云台支架,按负载平衡配比对中继单元和巡检手簿进行挂载,并增加电池电量,提高中继单元平衡度与续航时间。

在无人机航行过程中,巡线手簿实时获取野外节点采集参数、工作状态、存储空间、GPS 信息等数据,并通过 4G 模块传回到现场监控系统,完成实时质量监控。一般情况下,无人机保持 50 ~ 70 m 航高,以 10 m/s 航速飞行时,一次接收节点状态的采收率能达到 95 %。

将回收的巡检数据汇总整理与分析,可实现节点坐标与测量成果自动匹配,综合分析节点桩号准确性,快速筛选节点异常状态,自动生成巡检报告。图 5.15 为无人机节点巡检数据分析图。

测量成果 | 节点巡检成果 | 质量监控结果

序号	设备号	线号	桩号	LQI	电池电压	温度	存储器状态	存储空间	采集状态	PPS	同步状态	采集间隔	增益	滤波	检波器通道	检波器连接状态	WIFI
3809	627691	1221	5998	-88	16.4	29	OK	14989	采集中	连续	已同步	2ms (500SPS)	12dB (×4)	Sinc+LPF+HPF+LP	内置普…	1840	WIFI-OFF
44	615733	1125	5984	-87	15.9	28	OK	13780	采集中	连续	已同步	2ms (500SPS)	12dB (×4)	Sinc+LPF+HPF+LP	内置普…	1910	WIFI-OFF
4915	625201	1167	6178	-88	15.7	23	OK	12618	采集中	连续	已同步	2ms (500SPS)	12dB (×4)	Sinc+LPF+HPF+LP	内置普…	1830	WIFI-OFF
2341	618877	1233	6082	-84	16.3	31	OK	14011	采集中	连续	已同步	2ms (500SPS)	12dB (×4)	Sinc+LPF+HPF+LP	内置普…	1930	WIFI-OFF
4421	606924	1167	6165	-91	15.7	20	OK	13586	采集中	连续	已同步	2ms (500SPS)	12dB (×4)	Sinc+LPF+HPF+LP	内置普…	1810	WIFI-OFF
2099	621289	1227	6017	-86	16.3	30	OK	14922	采集中	连续	已同步	2ms (500SPS)	12dB (×4)	Sinc+LPF+HPF+LP	内置普…	1840	WIFI-OFF
2354	691770	1233	6090	-89	16.4	32	OK	15034	采集中	连续	已同步	2ms (500SPS)	12dB (×4)	Sinc+LPF+HPF+LP	内置普…	1920	WIFI-OFF
2821	692452	1173	5857	-89	16.3	20	OK	14126	采集中	连续	已同步	2ms (500SPS)	12dB (×4)	Sinc+LPF+HPF+LP	内置普…	1820	WIFI-OFF
1552	625906	1149	5881	-75	16	34	OK	14810	采集中	连续	已同步	2ms (500SPS)	12dB (×4)	Sinc+LPF+HPF+LP	内置普…	1850	WIFI-OFF
4391	613744	1167	6199	-89	15.7	25	OK	12622	采集中	连续	已同步	2ms (500SPS)	12dB (×4)	Sinc+LPF+HPF+LP	内置普…	1830	WIFI-OFF
726	623471	1131	6178	-86	16.5	33	OK	15011	采集中	连续	已同步	2ms (500SPS)	12dB (×4)	Sinc+LPF+HPF+LP	内置普…	2370	WIFI-OFF
1304	623279	1137	5859	-86	16.1	36	OK	14537	采集中	连续	已同步	2ms (500SPS)	12dB (×4)	Sinc+LPF+HPF+LP	内置普…	2450	WIFI-OFF
7572	622031	1107	6078	-84	16.1	28	OK	13753	采集中	连续	已同步	2ms (500SPS)	12dB (×4)	Sinc+LPF+HPF+LP	内置普…	2300	WIFI-OFF
2648	669584	1239	5981	-88	16.3	28	OK	15008	采集中	连续	已同步	2ms (500SPS)	12dB (×4)	Sinc+LPF+HPF+LP	内置普…	470	WIFI-OFF
6303	669980	1215	5934	-87	16.4	32	OK	14555	采集中	连续	已同步	2ms (500SPS)	12dB (×4)	Sinc+LPF+HPF+LP	内置普…	460	WIFI-OFF
6479	669404	1119	5786	-88	16.2	34	OK	14629	采集中	连续	已同步	2ms (500SPS)	12dB (×4)	Sinc+LPF+HPF+LP	内置普…	690	WIFI-OFF
8261	612406	1101	5928	-74	13	30	OK	14609	采集中	连续	已同步	2ms (500SPS)	12dB (×4)	Sinc+LPF+HPF+LP	内置普…	1770	WIFI-OFF
740	622919	1137	6190	-80	15.9	27	RW_Error	14924	采集中	连续	已同步	2ms (500SPS)	12dB (×4)	Sinc+LPF+HPF+LP	内置普…	1830	WIFI-OFF
1726	617757	1155	5870	-82	15.9	35	RW_Error	14960	采集中	连续	已同步	2ms (500SPS)	12dB (×4)	Sinc+LPF+HPF+LP	内置普…	1840	WIFI-OFF
6041	629522	1221	6202	-80	15.6	33	RW_Error	15096	采集中	连续	已同步	2ms (500SPS)	12dB (×4)	Sinc+LPF+HPF+LP	内置普…	1840	WIFI-OFF
2110	669653	1227	5998	-90	16.3	30	OK	14978	采集中	连续	已同步	2ms (500SPS)	12dB (×4)	Sinc+LPF+HPF+LP	内置普…	1840	WIFI-ON & WIFI-Di…
911	616571	1143	6043	-88	15.4	28	OK	14568	采集中	连续	已同步	2ms (500SPS)	12dB (×4)	Sinc+LPF+HPF+LP	内置普…	1850	WIFI-ON & WIFI-Di…
4170	602220	1161	5997	-90	15.7	22	OK	14614	采集中	连续	已同步	2ms (500SPS)	12dB (×4)	Sinc+LPF+HPF+LP	内置普…	1790	WIFI-ON & WIFI-Di…
2605	663956	1239	6013	-90	16.4	31	OK	14976	采集中	不连续	已同步	2ms (500SPS)	12dB (×4)	Sinc+LPF+HPF+LP	内置普…	1820	WIFI-OFF

图 5.15　节点巡检数据分析图

利用巡检报告,可及时指导野外节点状态的监控与整改。无人机实时节点状态监控技术有效解决了复杂地表环境节点巡检难、巡检效率低下的问题,有效避免巡检时的工农矛盾,减少人员作业风险。

3. 节点资料快速检测技术

节点采集资料目前面临着回收资料与合成数据慢的问题,因此,不能及时获得采集资料质量。若出现大量废道、零值道或废炮,难以现场马上解决,为此,可采取抽检的方式监控节点资料接收情况。

选择一条排列,每天收集该排列上所有节点记录资料,合成为标准地震数据(SEG - Y 文件)。通过读取该数据文件,分析道头字,确认合成数据是否造成关键字的丢失,例如,线号、点号;同时,提取能量、主频和频宽、信噪比等参数,确定是否是空值道、零值道、强振幅道和弱振幅道等。图 5.16 为 C1J 工区抽检合成数据监控异常道实例。

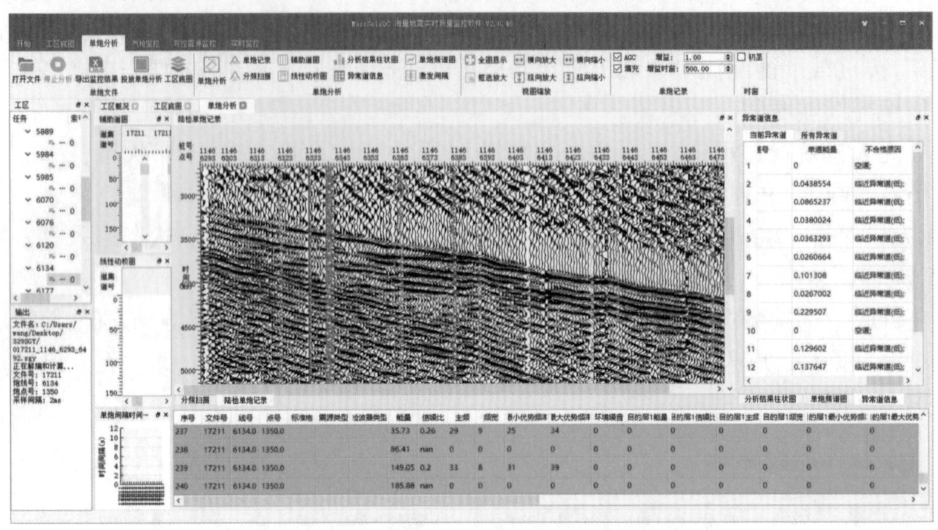

图 5.16　C1J 工区合成数据异常道检测

4. 共接收点道集快速质量监控技术

随着高密度地震采集应用的不断深入,野外施工单炮的接收排列越来越多,完整的地震单炮排列回收需要较长时间,导致共炮点记录数据合成与质量监控滞后,现有共炮点道集资料监控方法无法满足节点地震采集需求,而且,严重影响地震资料处理速度。

通过地震数据道头中文件号、桩号、物理坐标等信息进行加观处理,自动计算共接收点记录的能量、频率、信噪比,并把其属性展布在平面图上。利用属性分布图找出异常点位,综合评价地震资料品质,发现地震采集资料异常变化情况,图 5.17 为共接收点道集能量分布图。

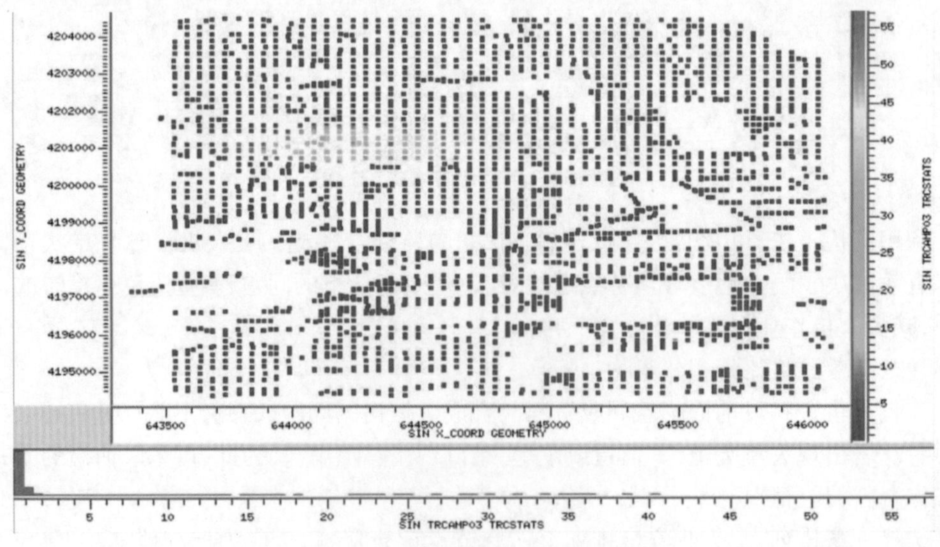

图 5.17　共接收点道集能量分布图

节点地震采集质量监控主要通过现场单炮分析，水平叠加较为滞后，无法及时掌握高密度地震采集质量。采用常规线性动校正与共接收点道集线性动校初至叠加相结合的方法可以快速完成炮点位置监控。

根据地震波传播规律，在近地表条件相同情况下，同一炮线上不同共接收点记录初至时间在相同的偏移距范围内应该是相同的。在该偏移距范围内，地震资料经过线性动校正再叠加形成的剖面初至呈现为平直状态；否则，该炮发生了偏移。图5.18为共接收点道集在经过线性动校正做初至拉平后的叠加剖面，标示位置炮偏异常。由此，可有效监控炮偏。

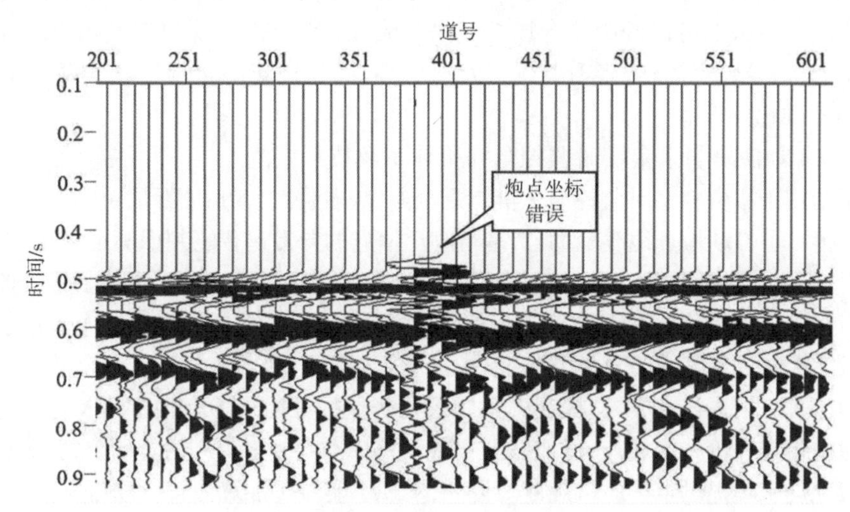

图5.18　初至拉平叠加剖面

5.4　MassSeisQC 软件监控技术

5.4.1　MassSeisQC 软件概述

MassSeisQC V2.0 软件是中石化石油工程地球物理有限公司胜利分公司研发的具有完全自主知识产权的海量地震采集现场质量监控软件，它面向油气地震勘探采集工程领域，为高密度、高精度和高效地震采集工程质量监控提供全方位实用技术。

1. MassSeisQC V1.0 软件

该项目于2017年启动，在中国石化集团公司资助下，通过科技项目“海量地震数据现场质量分析监控及软件”(JP17036)研发，2020年6月，完成 MassSeisQC V1.0 开发，并于2021年6月被集团公司鉴定为“整体达到国际先进水平”。MassSeisQC V1.0 软件在2019年底开始生产试应用，并于2020年成熟，已先后应用于东部平原、西部沙漠、南方山地和滩浅海地区的30余个地震采集工程，在现场采集施工中发挥了重要作用，确保了资料品质，提高了施工效率。

该成果主要包含5项技术与产品，形成了完备的海量地震资料采集质量监控体系。

(1)海量地震资料采集高效传输与存储模型

地震数据高效传输是实现海量地震资料采集实时监控的关键技术之一，提出了海量地震数据传输与存储的物理模型与逻辑模型，由 NAS 盘构建的稳健型和 FTP 构建的高效型两类物理模型提高了大数据量单炮记录的高效传输速率,双线程控制的随机伺服模型有效解决了单位时间内单炮文件积压形成的大数据流传输瓶颈,消除了同类技术存在的待机和宕机难题,这些模型设计与实现有效确保瞬时大数据量和段时间内大数据流的传输高效。设计了性能优良的海量地震数据模型,并建立了科学的调度机制,显著提高了数据存储与访问速率。

(2)面向现场质控需求的多维度海量地震数据压缩技术

海量地震数据压缩是实现快速、高效地震数据分析与监控的重要手段,时变因子压缩从数据域角度提出了一种解决时/空变相关问题常用的技术方案,但仍然受压缩比的制约。基于小波变换的分段两级联合压缩方法及流程,在压缩比、保真度及压缩时间三者之间取得平衡。这些压缩方式各有其优势及适应性,满足现场海量地震采集数据监控处理与分析的多样化要求。

(3)海量地震资料采集实时监控与评价体系及技术规范

海量地震采集资料实时监控与评价体系全方位、多层次、多角度开展单炮记录质量监控与评价。提出了自动检查地震辅助道、基于初至信息的异常道智能判识等定量化方法,便于质量分析;提出了包括激发、接收和环境因素等6类30余种监控内容,弥补了传统监控的许多盲区。在多元统计分析方法研究基础上,针对海量地震数据特点,提出了先验信息约束的单炮记录多元统计判别两级分类方法,形成了基于标准记录与施工模式结合的实时监控与评价技术流程。根据技术成果,提交的集团公司企业标准 QSH 0767 - 2021《海量地震资料采集实时监控与评价技术规范》已经发布实施。该标准的制定为今后集团公司高密度、高精度与高效地震采集提供生产质量规范。另外,实现了实时叠加算法,通过流程优化和多线程处理技术,使得已有科研方法专利化、技术成果软件化、数据监控实用化。

(4)采集资料延时分析与快速偏移

不局限于地球物理方法,通过数学与统计分析等也可以实现属性优化。利用不同数据域下的地震属性监控方法与技术,弥补现场实时只对点、线的监控,从而进一步延伸到线和面全方位的监控与分析。针对实时单炮质量评价相对简单、主观性强的问题,以及没有考虑单炮记录内在的、本质的相互联系,提出了基于人工智能进行科学、客观评价的方法,解决了基于 PCA 的参数优化、样本增强化的训练样本扩充和随机森林地震数据品质智能评价三项关键技术,最终,创新提出了基于 AI 的单炮记录三级建模评价技术,该方法具有良好的抗噪性,且避免了一般人工智能分类普遍存在的过拟合问题,由于该方法采用并行化处理,训练快,满足现场资料评价需求,完全改观了传统的人工定性进行地震资料分级评价模式。地震资料快速偏移也是如今高覆盖、低信噪比资料监控的一项重要手段,通过快速偏移剖面,动态了解新采集单炮对最终成像的影响,开展了快速偏移方法的探索性研究,通过算法优化、多线程并行及指令级并行等多粒度优化极大提高了偏移的计算效率,适应地震采集现场技术应用需求。

(5)海量地震资料采集质量监控软件 MassSeisQC V1.0

海量地震资料采集质量监控软件 MassSeisQC V1.0 包括适于两个不同目标的实时监控平台与延时分析平台,它们是两个独立运行的软件,分别部署在仪器车和现场驻地两个不同的工作地点。按照先进的 MVC 模式设计软件架构和物理架构,方便未来维护、升级。

解剖了两种主要的地震数据格式 SEG－D 和 SEG－Y，并研究了其并行化解编方法。提出的基于网络映射的单炮数据高效访问、面向目标应用的自适应数据抽稀与双缓冲单炮记录动态显示技术等，既提高了地震数据显示效率，又改善图像显示效果；首创单炮记录双线程成图技术，结束了依靠纸质监视记录进行人工评价的历史。

利用该技术成果，可及时发现炮偏、异常道和异常排列，同步评价生产炮，对发现问题立即整改；通过炮集、目的层、激发和环境噪声等多角度监控，全方位检测资料品质；结合卫片、障碍物、高程、井深和药量分布，利用地震属性平面分析，及时掌握施工期段时间内资料状况，并对影响质量因素做动态调整；交互预设监控内容与评价模式，并借助面向大数据量和大数据流的高效传输模型，实现资料监控、评价一体化。该成果的应用确保了采集资料质量，提高施工效率，优化质控流程，节省生产成本，取得了较大经济效益。该软件把传统通过查看纸质监视记录的人为定性分析与部分资料抽检的监控方式转变为计算机定量化、系统化、自动化和智能化监控，达到海量地震采集"点""线"和"面"的全方位监控，它结束了油气地震勘探四十多年来依靠监视记录进行质控的历史，实现了海量地震采集工程质量监控技术质的飞跃。

2. MassSeisQC V2.0 软件

2021 年 7 月，中石化石油工程技术服务有限公司立项科技课题"海量地震采集质控系统升级及推广应用"（SG20－60K），对 MassSeisQC 软件进行二次开发。经过近两年的研发，开发形成了 MassSeisQC V2.0 软件。

MassSeisQC V2.0 软件除包含 MassSeisQC V1.0 功能外，新扩充完善了相关的监控技术，研发了滩浅海地震采集实时监控技术、可控震源导航与同步监控技术。MassSeisQC V2.0 的具体功能见 5.4.2。

MassSeisQC V1.0 主要实现了野外地震记录从人工、定性分析到定量、客观、实时和自动化监控，并把由每个单炮的"点"监控扩展到"线"和"面"监控；MassSeisQC V2.0 从最终的地震记录监控前移到施工过程的状态监控，达到"过程可控，结果可信"的目标，并在可控震源导航方面取得较大进展，为下一步 MassSeisQC 软件由"被动监控"向"主动控制"方面发展打下坚实的基础。

5.4.2　MassSeisQC V2.0 软件监控技术

MassSeisQC V2.0 软件主要包括四个子系统：单炮记录实时监控、地震资料延时分析、滩浅海地震资料实时监控、可控震源导航与监控技术。

1. 单炮记录实时监控子系统

通过监控地震采集服务器地震数据，传输并解编新生成的单炮记录；提取单炮记录地震属性，根据预置标准记录判定当前炮的合格与否，检测辅助道信息，利用线性动校正检测炮偏。通过这些实时监控手段，及时发现异常道、异常排列和废炮，利于发现影响生产的质量因素，并马上补炮，提高资料品质，减少后期返工，节省成本，提高时效。图 5.19 为地震资料实时监控主界面。

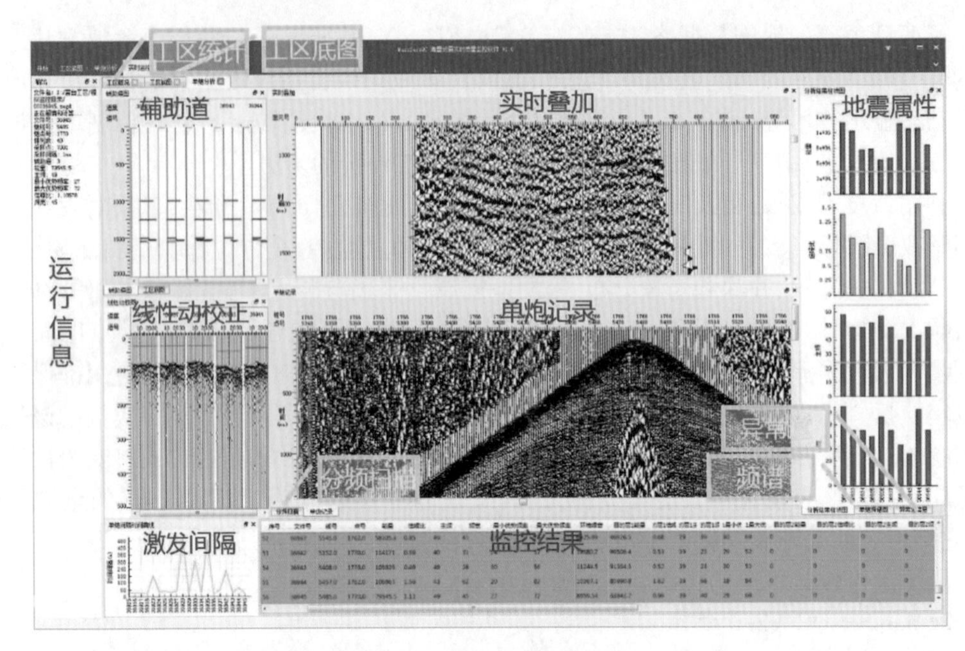

图 5.19　单炮记录实时监控

(1)单炮记录监控

提取并图形化显示多种地震属性，如能量、主频和频宽、信噪比等，这些属性不局限在单炮，也可以是目的层；地震记录显示与回放、分频扫描显示；监控异常道和断排列，如图 5.20 所示。

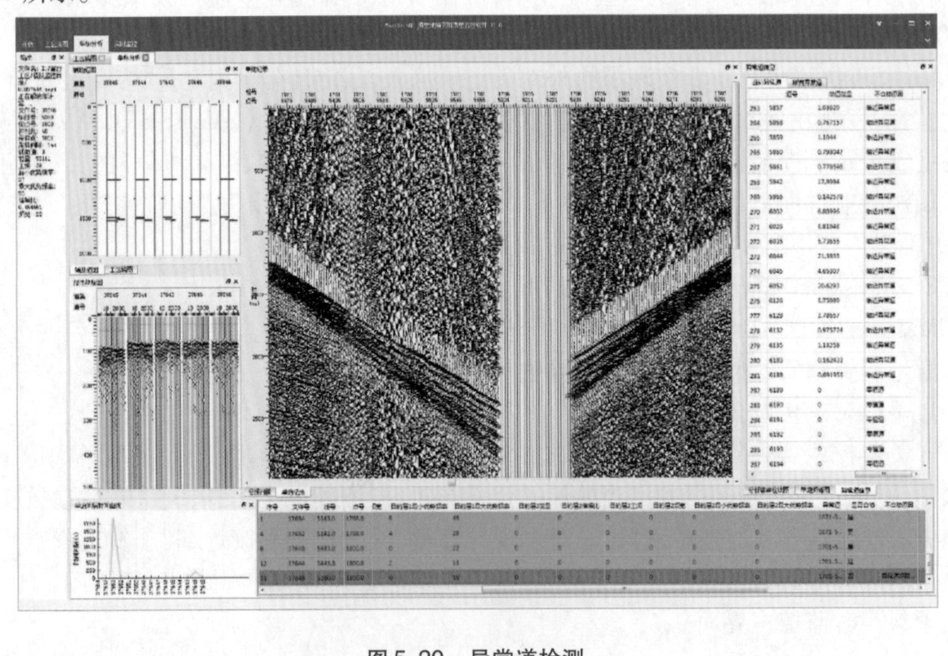

图 5.20　异常道检测

(2)单炮记录两级自动评价

采用多元统计分析方法，对地震单炮记录进行两级评价。这里的多元是指由单炮地震属性或目的层地震属性以及噪声能量构成的评价集。评价指标由用户和甲方确定,评价使用两种模式:区域单一标准炮与多炮平均。

① 区域单一标准炮模式。

按地表/地下地质条件、激发因素等分区定义标准炮,每个工区可有多个标准炮,适合地表、地下比较复杂的地区。图5.21为区域标准炮定义。

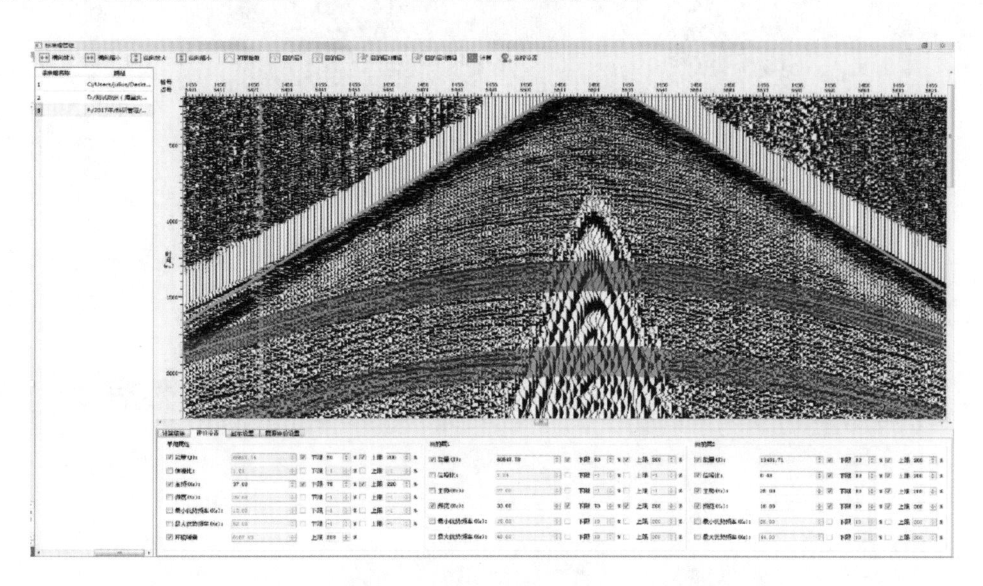

图5.21　区域标准炮定义

② 多炮平均模式。

采用连续多炮平均,判定生产炮是否合格,适合地表、地质条件变化不大的地区。

(3)辅助道监控

根据企业标准,对TB时差进行监控,超出范围的为不合格炮。

(4)炮偏检测

由线性动校正检测炮偏位置是否偏差过大。

(5)自动电子成图

用户设定成图的排列、时间范围及图像要求等,后台自动生成目前通用格式的电子图像,替代原始纸质记录。

(6)实时叠加

采用加权叠加方法,在选定面元线上,实时叠加地震剖面,反映新激发炮对叠加剖面的贡献,如图5.22所示。

(7)监控与评价结果的自动统计及报表生成

自动生成每天监控报表(Excel)和监控报告(PDF)以及段时间内的监控报告(PDF),反映生产炮信息、合格与不合格品的数量以及不合格原因等,参考图5.23。

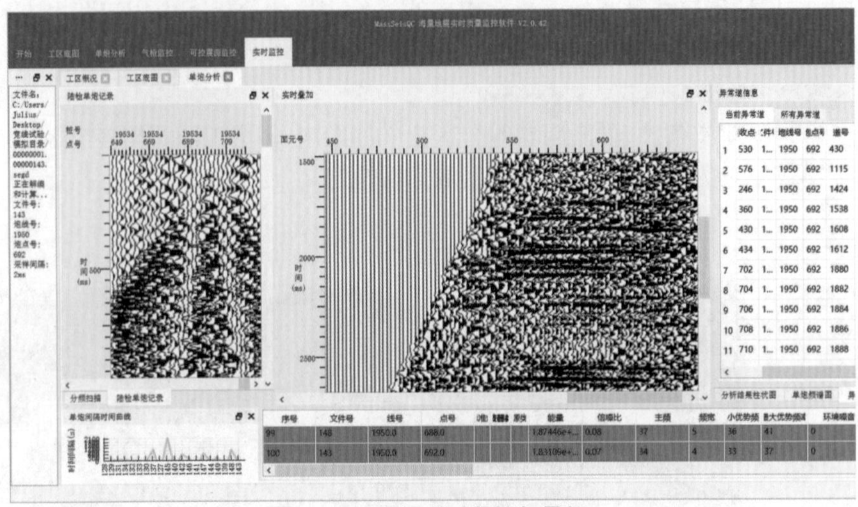

图 5.22　现场实时监控与叠加

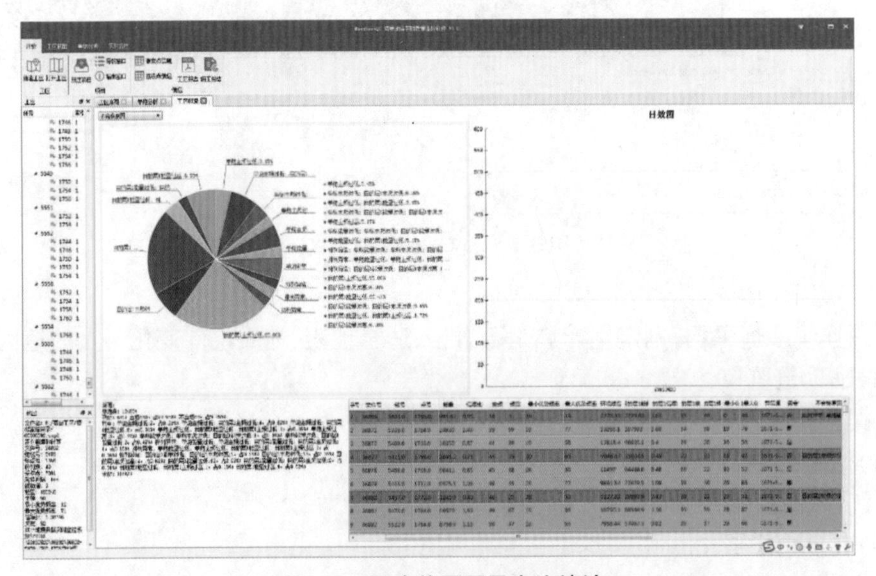

图 5.23　不合格原因及占比统计

2. 地震资料延时分析子系统

在脱机环境（相对于实时监控）下，基于 SEG－D 格式的单炮资料分析，提供高效采集时无法深度分析地震资料的手段。

(1) 地震资料深度分析

从地震资料分析 TB 时差，炮偏检查，单炮属性检测，环境噪声检测，异常道与异常排列检测；目的层、特定时窗的地震属性分析，包括能量分析、频率分析、时频分析、频时分析、信噪比分析、自相关分析和子波分析等。

(2) 单炮资料三级评价

类似实时监控中基于多元统计的单炮记录评价，不过，根据传统，评价分为三级；

通过随机森林训练，构建基于机器学习的地震记录三级评价模型（请参考 5.2.2 节）。

(3)基于 RS 的单炮信息平面分析

通过 RS 照片上的平面分析(请参考 5.1.5 节),达到由单炮的点监控,到线和面分析与监控。这些多图层信息包括如下内容:

综合展示炮点与检波点位置及其关系、激发状态、合格/不合格炮、地表障碍物;

激发因素(井深、药量)与施工因素(炮检点、高程)展布,如图 5.24 所示;

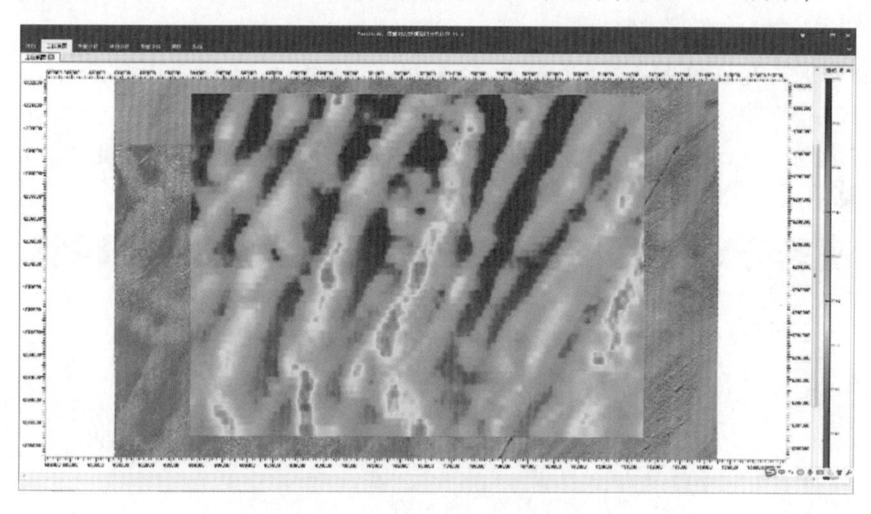

图 5.24　基于卫片的沙丘高程分布

单炮属性(能量、主频/频宽、信噪比)分布,图 5.25 中的信噪比与沙丘形态呈正相关关系;

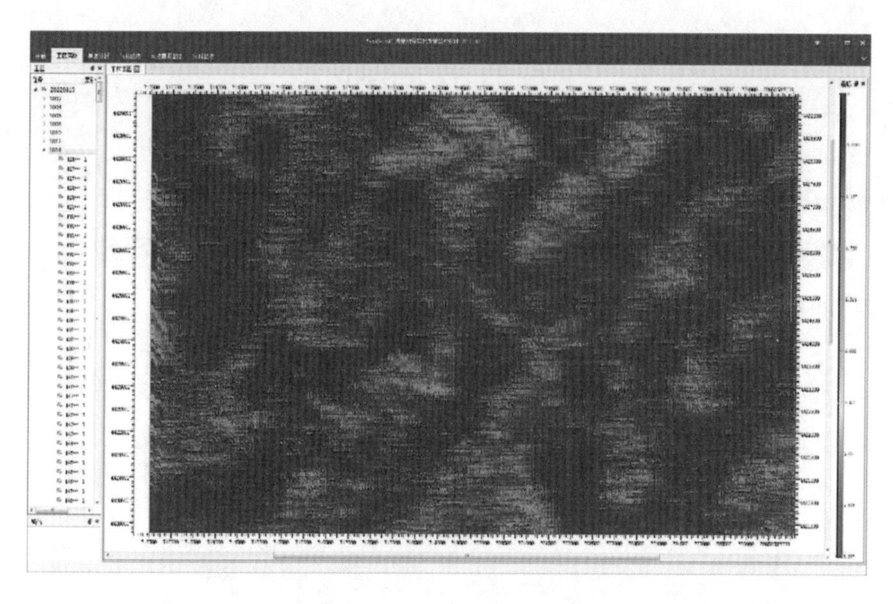

图 5.25　沙漠区信噪比分布

监控标准层属性(能量、主频/频宽、信噪比)分布;

环境噪声分布。

3. 可控震源导航与监控子系统

该子系统分别部署在仪器车和震源车上。

仪器车上主要用于接收所有震源车振动状态信息及 GPS 信息等,监控当前激发震源的状态;

震源车端用于本车导航及监控本车振动的激发状态。

(1)震源激发状态实时监控

部署在仪器车上,实时监控所有震源反馈的 GPS 信息和激发震源状态,主要功能如下:

震源状态检测,这些状态请参考表 5.2;

震源激发属性,这些属性包括平均相位误差、峰值相位误差、平均畸变、峰值畸变、平均出力、峰值出力,如图 5.26 所示;

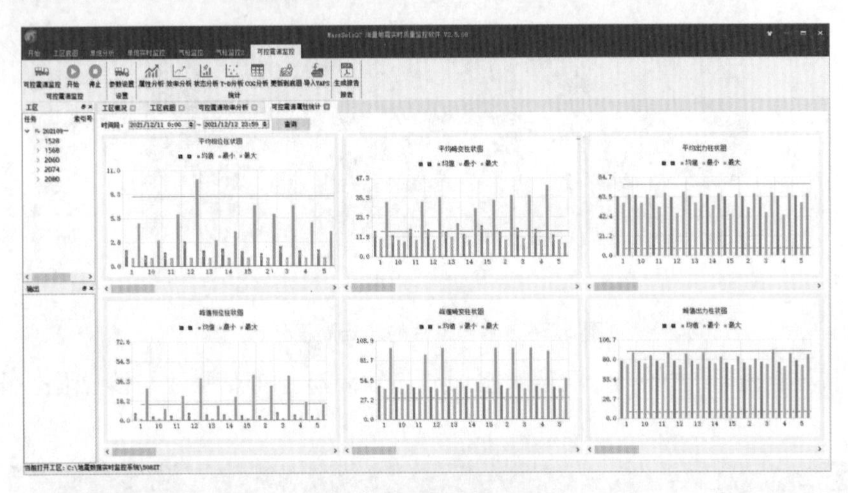

图 5.26　震源属性统计

震源点位(COG)分析;

TD 规则分析;

震源施工效率分析,如图 5.27 所示;

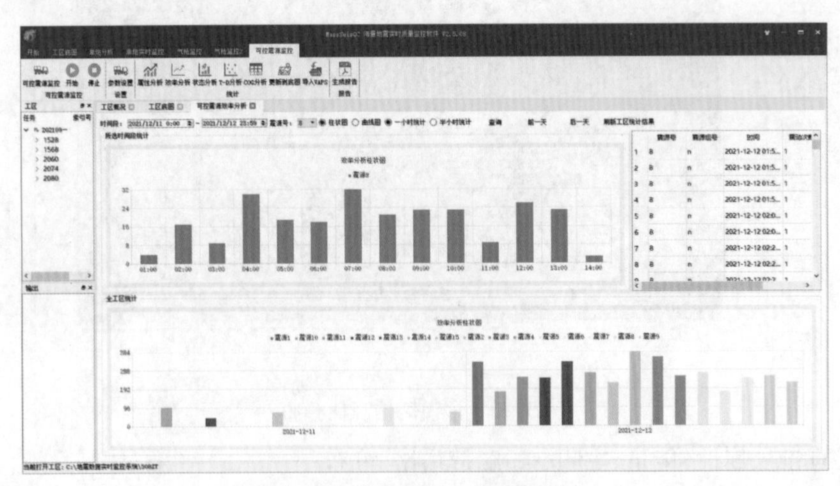

图 5.27　震源施工效率统计

基于 RS 的施工因素及其他属性统计分析；

自动日报表(Excel)输出。

(2)震源导航与同步状态监控

作为一个独立的软件模块，部署在每台震源车上，对当前车进行导航指引并同步监控振动属性和状态。有别于一般导航软件与监控软件独立满屏显示，本模块将导航与监控同屏显示，方便实时监视振动不合格时立即重振。主要功能如下：

按照车与目标物理点的距离远近，分为常态导航、近态导航和自定义目标导航三种，其中，近态导航是指本车与目标点低于 3 m 范围，常态导航是指本车与目标点不低于3 m 范围，用户可自定义导航模式。导航界面如图 5.28 所示。

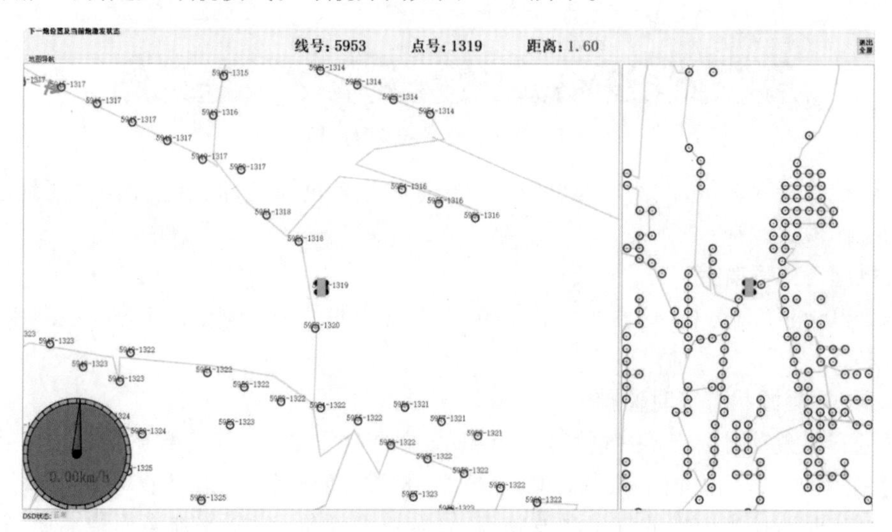

图 5.28　震源导航截图

设置导航辅助功能，如白天和夜间模式、罗盘调整等；

激发状态与振动属性实时监控；

自动日志生成及一键导出；

其他辅助功能，如 SPS 文件导入、路径文件导入、障碍物文件导入等。

4. 滩浅海地震采集实时质控子系统

注：本节内容与本书主旨无关，但为了 MassSeisQC 软件功能的完整性，在此简要叙述，不感兴趣读者可以跳过)

不同于陆地和海洋地震勘探，滩浅海(水深小于 50m 的地区)地震数据采集独具特色，它主要通过气枪震源并辅以井炮或小震源激发，采用陆检、水检和双检混合接收，现场监控方式有别于其他。

(1)双检资料实时监控与资料评价

双检接收是滩浅海地震采集的一大特色，双检单炮记录是由陆检和水检分量交替构成的，速度检波器与加速度检波器由于检波机理不同造成记录信号在能量、频率和相位间的差异。从现场实时质控角度，应区分陆检与双检资料，分别质控。主要监控功能包括：

双检单炮记录实时监控(图 5.29)；

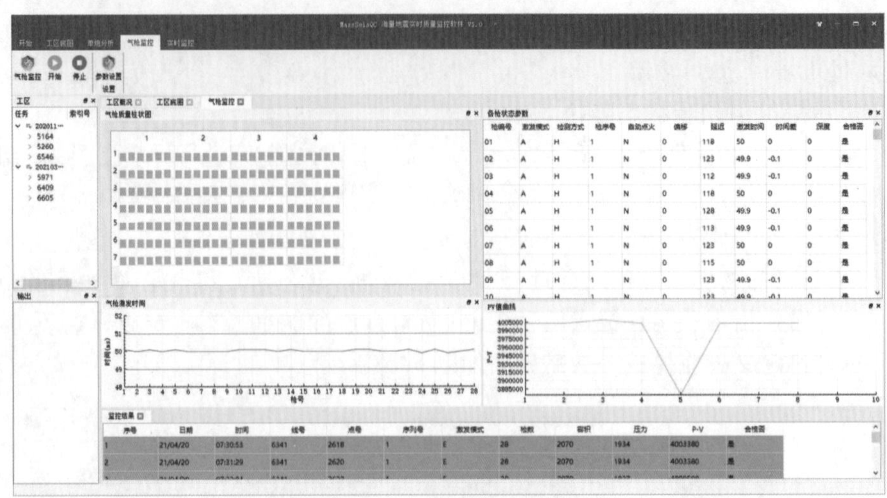

图 5.29　双检资料实时监控

混合接收资料评价，该评价模型继承自普通单炮评价模型，但结合了滩浅海地震混合接收的工作模式；

气枪施工效率监控；

基于 RS 的统计分析，这些统计内容包括检波器的类型、单炮或目的层地震属性、施工效率等。

(2) 气枪震源状态实时监控

气枪震源激发时，会产生气枪数据、导航数据和辅助数据，气枪数据包含枪阵头段的 ASCII 字符串，这些信息包括激发时间、子阵数、枪数、有效枪数、总容量和压力等，利用这些信息可实时监控当前炮的气枪激发状态，结合单炮评价，综合评判当前炮品质，并由此分析问题单炮可能存在质量问题的原因所在。

主要监控功能包括多源气枪激发状态监控(图 5.30)、单气枪激发状态监控和自动报表生成。

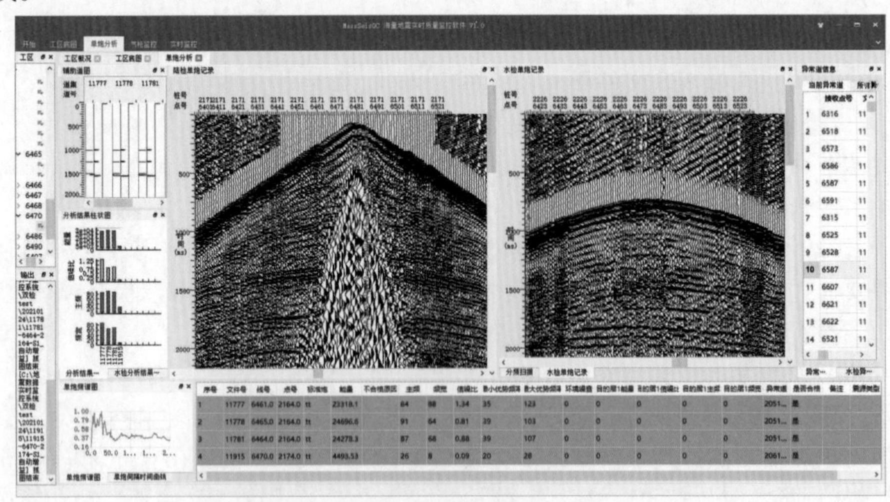

图 5.30　气枪激发状态实时监控

第六章　可控震源技术典型应用

目前，中国石化在可控震源宽频高效采集领域已形成成熟的技术系列，这些技术在准噶尔盆地、塔里木盆地、松辽盆地和鄂尔多斯盆地等多个区块地震勘探中进行了规模应用，在各类复杂地表和地下地质条件下表现出良好的适应性，取得较好的资料品质。本章选取了中国石化可控震源技术发展中具有里程碑意义的几个具有代表性的区块，结合实施工区地形地物特征，从技术应用、资料效果及相应的地质效果等多个角度阐述。

2013 年，HSD 三维采集项目是可控震源高效采集技术初步形成的标志，最高日效达 13000 余炮，山前推覆体成像得到明显改善。2016 年，SJH 三维地震采集项目是中国石化首次在东北探区冻土带开展的可控震源地震采集工程，应用了宽频（低频）扫描信号设计技术，项目实施后深层火成岩内幕清楚。2020 年，D1J 三维地震采集项目是中国石化可控震源宽频高效地震采集技术首次在准噶尔盆地工业化推广应用，基于该项目研究形成的可控震源宽频高效地震采集技术系列在 Q1J 三维地震采集项目中得到进一步完善，并最终形成成熟的采集技术在准噶尔盆地全面推广应用。2021 年，P6J 三维地震采集项目首次实现可控震源超宽频激发，扫描频率达到 1.5 ~ 150 Hz，满足了中浅层分辨率和深层石炭系成像的需要。

在国外，沙特 RubAl - Khali 沙漠地区二维地震勘探项目以及 S62、S84 等三维地震勘探项目均采用了可控震源激发方式，形成了可控震源高效地震采集技术系列。其中，S84 项目研发的宽频高效地震采集技术成功应用了无桩号施工，最高日效达到 28197 炮，平均日效 14679 炮。

6.1　山前带勘探应用实例

HS 地区是中国石化在准噶尔盆地重点勘探区块，属于山前逆冲推覆构造带。2011 年 ~ 2013 年，在该区开展山前带攻关，先后完成了 HSX、HS 和 HSD 三维地震勘探项目，施工面积分别为 322.95 km^2、380.89 km^2 和 251 km^2。2013 年，在 HSD 三维地震采集项目首次开展了可控震源高效采集试验，初步形成了可控震源高效采集技术，并取得了高品质地震资料。

6.1.1　地震地质条件

HSD 工区地形整体呈中部高、南北低、西高东低的形态。地形较为平坦，主要以戈壁砾石区为主，适合可控震源施工。表层多为三层结构，其中，低速层速度为 300 ~ 550 m/s，降速层速度为 800 ~ 1000 m/s，高速层速度一般不大于 2000 m/s，低降速层厚度一般为 4 ~ 30 m。地下构造纵向上为准原地系统、冲断系统和浅层超剥带三层，主要发育白垩系、侏罗系、三叠系以及石炭系地层。浅层超剥带横贯工区大部分地区，构造幅度变化不大；深层构造非常复杂，逆掩推覆构造发育，重重叠合，存在速度反转现象。复杂地表与近地表及复杂地下地质构造的影响使得地震采集遇到较大困难。

复杂地表及近地表条件使地震波激发与接收效果受到较大影响。起伏地形使地震波产生复杂的次生干扰，影响地震有效波信噪比；起伏地表产生的较大野外静校正量影响地震资料处理效果；较厚的砾石覆盖使地震反射波吸收衰减严重。这些多重因素叠加显著降低单炮资料品质。

山前带复杂地下地质构造条件使逆掩推覆构造及高陡构造带地震波场十分复杂，难以准确成像。此外，在强逆掩推覆构造区，由于上覆高速地层的屏蔽效应，透射能量弱，地震资料信噪比低。

6.1.2 主要技术方法

HSD 山前带地震勘探的主要目标是改善山前带复杂构造成像效果，需要大幅度提高炮道密度，从而有效改善观测系统属性。这对地震采集时效提出较高要求。基于复杂构造成像和高效高密度地震采集需求，开展了高效采集试验，研究并应用了可控震源台次拆分技术、高效高密度观测系统设计技术、时变滑动扫描技术以及高效采集质量监控方法。

1. 基于高密度采集的可控震源台次拆分技术

在复杂地质目标勘探中，常规可控震源激发参数的选取注重单炮品质的提高，但观测系统炮点密度较稀，影响采样密度，不利于山前带复杂构造成像。提出了基于高密度采集可控震源台次拆分技术，利用合理的台次拆分提高炮点密度，达到改善山前带复杂构造偏移成像质量的目的。

台次拆分是实现可控震源高密度采集的关键手段。台次拆分是在满足目的层能量的基础上，依据剖面信噪比与覆盖次数和单炮信噪比之间的关系，决定拆分后的覆盖次数和震动台次。台次拆分前后的炮记录能量和信噪比产生很大变化，分析和认识这种变化是高密度炮点参数设计的基础。

HSD 工区常规三维可控震源振动台次为 5 台 4 次（图 6.1b），高密度采集将其拆分为 1 台 1 次（图 6.1a），其信噪比较 5 台 4 次降低 2.8 倍。若达到相同剖面信噪比，通过试验，拆分后覆盖次数提高 7.8 倍。按照 1 台 1 次激发确定了可控震源高密度激发参数。主要参数如下：

振动台次：1 台 1 次；

扫描频率：6 – 72 Hz；

扫描长度：16 s；

驱动幅度：70 %；

斜　　坡：500 ms；

扫描方式：线性升频。

图 6.2a 是可控震源常规采集剖面（5 台 4 次激发、覆盖次数为 252 次），图 6.2b 可控震源高效采集剖面（1 台 1 次激发、覆盖次数 1680 次）。采用 1 台 1 次激发因素，单炮信噪比降低，但通过炮密度和覆盖次数的增加，剖面信噪比还有所提高，且有效改善了成像质量（图 6.2）。

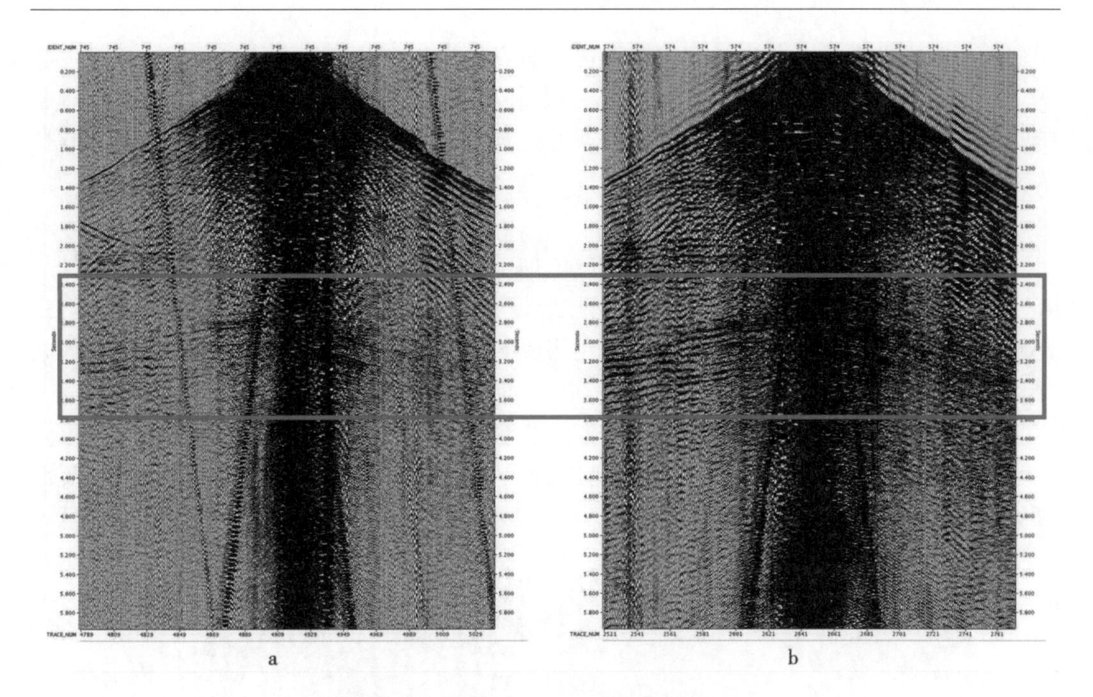

图 6.1　高效采集单炮与常规采集单炮

（a：高效采集，1 台 1 次；b：常规采集，5 台 4 次）

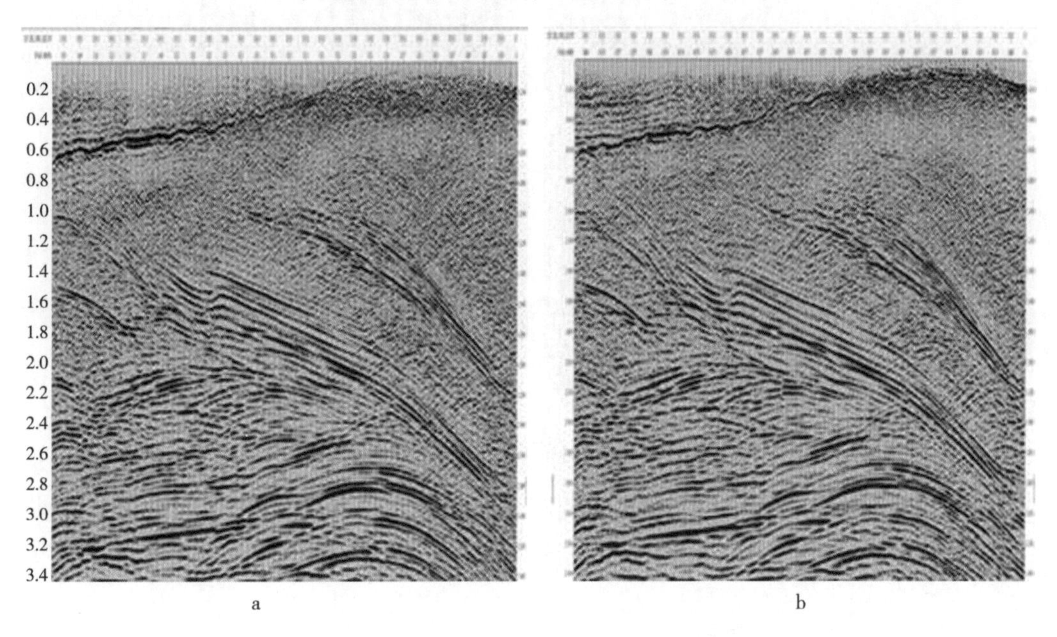

图 6.2　高效采集剖面与常规采集剖面对比

（a：常规采集；b：高效采集）

可控震源台次拆分技术的应用实现了施工参数选取和资料评价由单炮评价向剖面评价的转变，更加适应可控震源高密度地震采集资料特点。

2. 面向山前带复杂构造的可控震源高效高密度观测系统优化设计技术

根据 HSD 山前带复杂地下构造特征,设计了适合可控震源高效采集高密度观测系统,它基于以下两个原则:充分发挥可控震源优势,通过台次拆分达到高炮点密度和高覆盖次数;遵循高密度采集密集采样、充分采样、连续采样和对称采样要求,以获取高保真、高分辨率与高信噪比地震数据。

为此,相对于常规采集方案,覆盖次数增加了 6.67 倍,达到 1680 次;接收线数增加到 40 条;方位角更宽,由 0.34 增加到 0.48;接收道数增加了 1.67 倍,达到了万道采集;炮道密度达到了每平方千米 268.8 万道。由此构成的观测系统属性更有利于山前带叠前偏移成像处理。

高效采集试验采用了锯齿状炮点分布方式(图 6.3a),有利于可控震源搬点,搬家距离为 35.5 m,完成一次激发(从前一炮起振到下一炮起振)需要 50 s 左右,满足可控震源高效同步滑动扫描方法的实现。

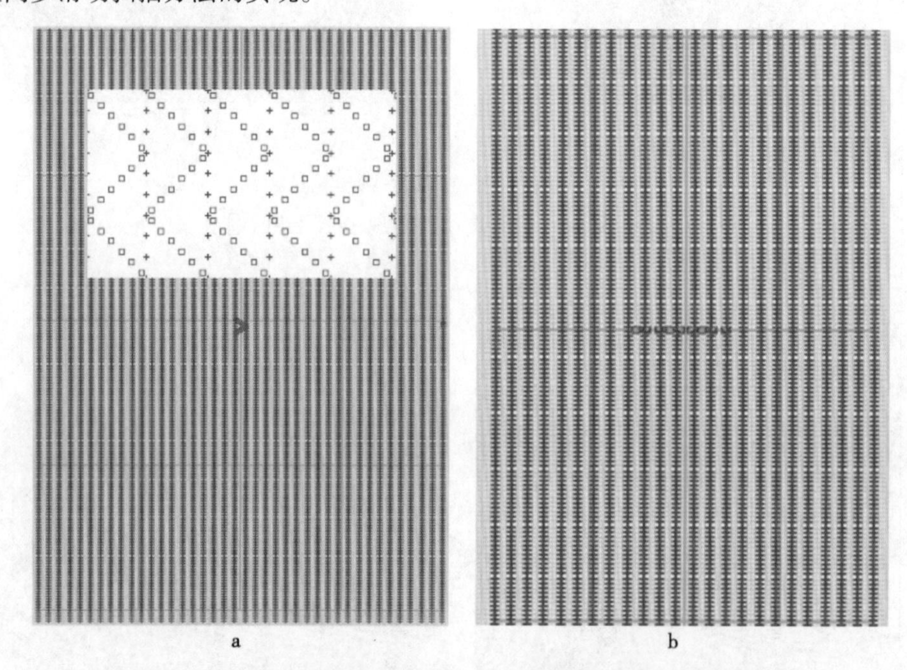

图 6.3　HSD 可控震源高效采集方案 a 与常规采集方案 b 模板对比

通过可控震源高效高密度观测系统的应用,HSD 山前带剖面成像效果明显改善(图 6.2b),与常规采集资料相比(图 6.2a),浅层超剥带成像更加清晰,深层信噪比得到提高,推覆构造形态更加清楚。

3. 可控震源时变滑动扫描技术

时变滑动扫描技术是可控震源高效采集的关键,重点在于时变滑动扫描时距曲线的设计。当滑动时间小于扫描信号的扫描长度与记录长度之和时,不可避免地引入了一种谐波噪声干扰,滑动时间越小,采集效率越高,谐波干扰影响也就越大。因此,同时考虑两组可控震源将会相互产生同步交涉干扰对目的层的影响,形成了时变滑动扫描时距曲线(即相邻两炮距离与对应滑动时间关系)的设计方法,既能保证地震数据质量,又能提高可控震源采集效率。

在 HSD 可控震源高效采集试验区首次大规模应用可控震源时变滑动扫描技术，初步形成了可控震源高效采集时变滑动扫描 $T-D$ 规则分析方法，有效提高了可控震源高效采集时效。表 6.1 为 HSD 可控震源高效采集时变滑动扫描 $T-D$ 规则。

表 6.1　HSD 可控震源高效采集时变滑动扫描 $T-D$ 规则

可控震源间距	滑动时间
0	交替扫描
150 m	
151 m	12 s
4000 m	
4001 m	10 s
8000 m	
8001 m	8 s
12000 m	
12000 m 以上	0 s(同步)

4. 可控震源高效采集质量监控方法

在可控震源高效采集试验中，对单炮资料和可控震源状态质量监控要求更高，采集质量监控采取了现场实时监控和室内监控两种方式，初步形成了可控震源高效采集质量监控方法。

现场质量监控包括地震仪器实时监控和可控震源自身状态实时监控两部分。地震仪器质量监控以对可控震源、排列工作状态和噪音干扰情况的监控为主。排列工作状态监控内容包括：排列的单道工作状态、电阻、极性和倾角等参数，以及排列连接状态等因素；可控震源状态监控包括激发点位置、振动出力、畸变、相位、机械状态等参数；噪音干扰主要监控生产过程中的噪音状态。另外，还对采集资料品质进行分析，分析内容包括辅助道信息、信号能量、环境噪音、单道工作状态等。

利用 VE464 电控箱体的自身功能可对每台可控震源的出力、相位和畸变进行实时监控，对指标超常的震源实时更换和检修，达到所有在用可控震源工作在最佳状态，保证激发质量。监控内容包括：监控单次出力、相位和畸变的变化，以 500 ms 间隔对整个扫描长度进行监控，通过波形图可以详细了解震源的振动状态（相位、畸变、驱动幅度、大地阻尼等）。

室内质量监控是通过采集震源车或仪器车上的相关质控信息进行可控震源振动状态分析。VE464 生成的可控震源工作状态文件一般包括 APS、VAPS、COG 等文件。通过分析 SPS、COG 和 OB 文件，检查震源激发点偏移；通过 VAPS 文件的检查和分析，对震源工作状态进行质量检查，量化分析震源工作指标。经过对上述可控震源振动信息文件的检测，从不同角度有效监控可控震源状态，及时指导可控震源检修，确保可控震源施工质量。

6.1.3 应用效果

1. 采集资料效果

HSD 山前带可控震源高效采集试验共采集 10 万余炮，获得了 25TB 地震数据。应用时变滑动扫描采集技术，显著提高了可控震源野外采集施工效率，最高日产 13000 余炮，平均日产达 6110 炮，较常规采集提高了 14 倍。

图 6.4 为该工区与常规采集时效对比图。图 6.5 为 HSD 三维叠前时间偏移剖面与老资料对比。HSD 工区新采集的剖面浅、中、深层有效反射信息丰富，波组特征清晰，同相轴连续性好，准原地系统形态舒展，冲断区接触关系明显，高陡构造成像准确。

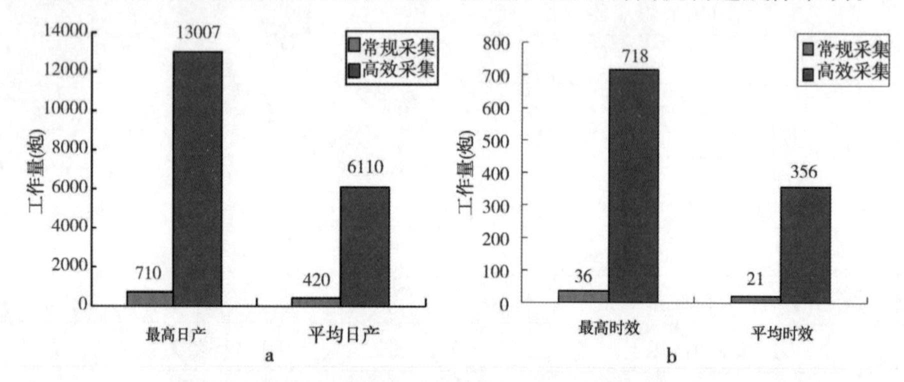

图 6.4 HSD 高效采集与常规采集时效对比柱状图
(a：日产；b：时效)

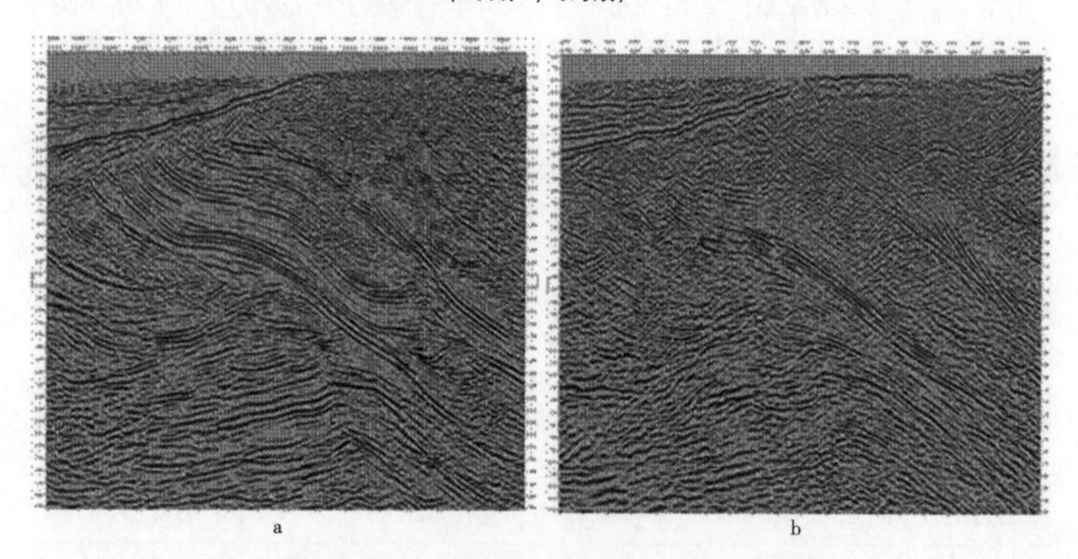

图 6.5 HSD 常规三维叠前时间偏移剖面 a 与以往二维剖面 b

采用高效采集技术获得的剖面品质得到了进一步提高，图 6.6 为高效采集剖面与常规可控震源采集剖面相比，整体波组特征清晰，浅、中层有效反射能量强，浅层超剥带、推覆体内幕、深层剖面信噪比明显提高，成像质量改进显著。

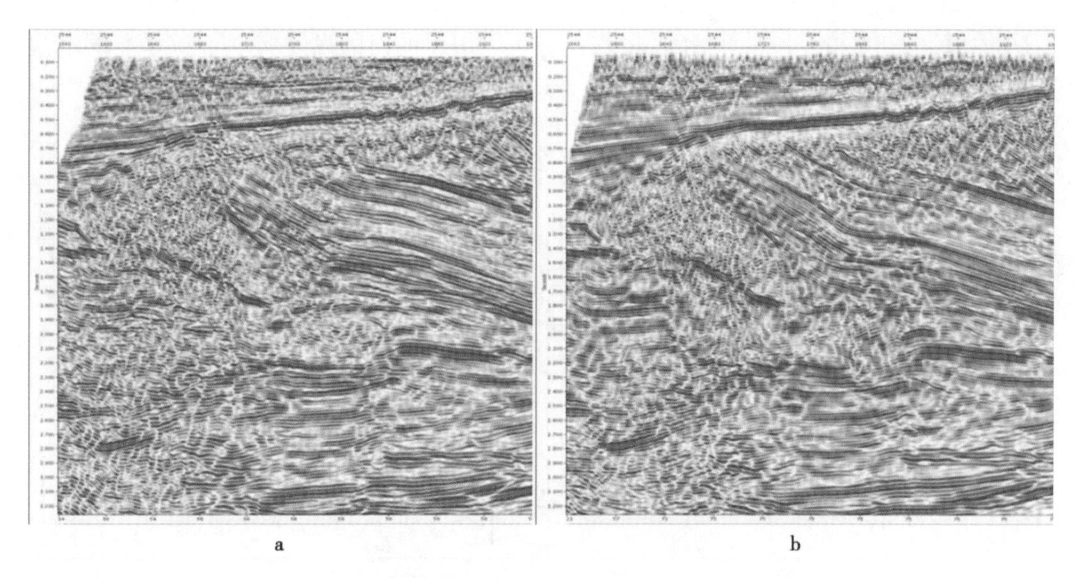

图 6.6　HSD 常规三维与高效采集叠前时间偏移剖面
(a:常规剖面;b:高效采集剖面)

2. 地质应用效果

利用 HSD 地区三维叠前偏移成果,建立了 HSD 山前带地质模型(图 6.7)。模型整体为推覆叠加构造,划分为 4 个构造体系。提出 HSD 地区 P_1f 沉积期为以现今谢米斯台山为边界的裂陷盆地,烃源岩范围扩大了 1000 km^2,提升了勘探潜力(图 6.8)。

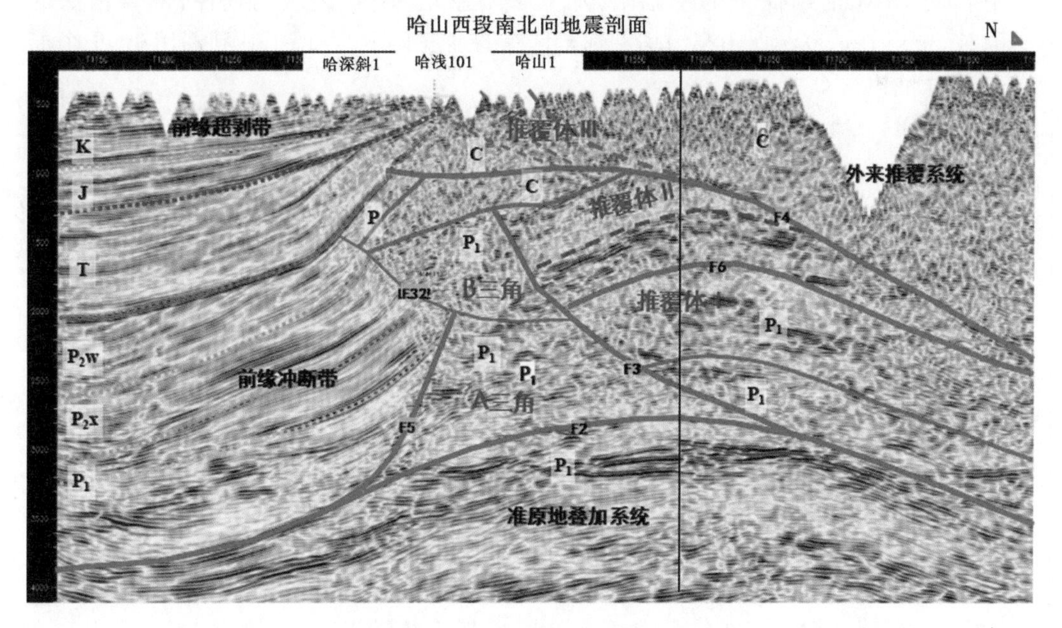

图 6.7　HSD 山前带构造解释模型

在浅层超剥带成功钻探 HQ1 井,并成功试油,峰值日产油 14.5 t。继 HQ1 井之后,又部署探井 10 口,所钻井位口口见油,发现了胜利油田勘探开发史上的第 78 个油田——

CHH 油田,当年上报控制加预测储量 5 千万吨。CHH 油田的发现实现了新疆准噶尔盆地内新区块、新层系勘探的突破。

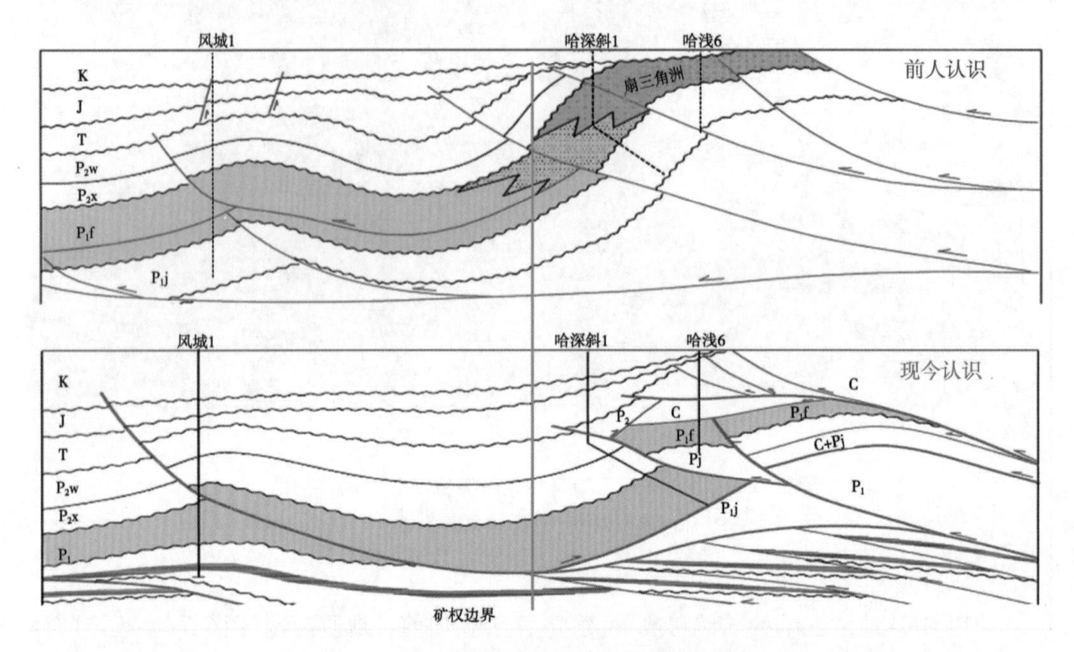

图 6.8　HSD 山前带新老构造地质模型对比

在探明 CHH 油田储量的基础上,加大了对新层系、新区域的勘探,部署钻探的 HQ20、21、22 井在侏罗纪西山窑组均见到了良好的油气显示,发现了胜利油田第 79 个油田——ALD 油田。

因此,HSD 三维地震勘探为西部山前带勘探取得重大突破做出了贡献。

6.2　冻土区勘探应用实例

2016 年,松辽盆地南部实施的 SHJH 三维地震资料采集项目是中国石化首次在东北冻土地区推广可控震源的地震采集工程。为了验证可控震源激发方式在该区的适应性,项目实施前期开展了系统的井炮与可控震源两种激发方式束线对比试验,最终应用了可控震源宽频(低频)激发技术,所获资料有效频带得到拓宽,并精确刻画了火成岩内部构造特征,取得丰富的地质信息。

6.2.1　地震地质条件

SHJH 工区地形东高西低,整体地形平坦,地表主要以农田、草场为主,有利于可控震源的施工组织。近地表多为两层结构,高岗区低降速带相对较厚,高速层顶界埋深一般为 2 ~ 13 m,构造上处于凹陷南部,处于两个次洼之间,总体西南高、北东低,断陷地层发育,断裂较为复杂,目的层埋深变化大,主要目的层为营城组,勘探目标为营城组碎屑岩和火成岩。

该区含油气砂体储层薄,一般为 2 ~ 5 m。营城组内幕反射能量弱,连续性较差,白垩系地层发育齐全。坳陷层地层发育稳定,整合接触,以沉积岩为主,地层倾角小于 5°;断陷层断层较发育,地层变化大,多为不整合接触,火山岩发育,地层倾角最大15°。

地震资料采集主要技术难点为小断层多、砂体尖灭、薄储层和火成岩刻画较为困难,主要表现为:

①地质目标包括小断层、砂体尖灭、薄互层等,对分辨率要求高,纵向分辨率提高困难。

②断陷层埋深变化大,断层较发育,地层变化快,多为不整合接触,复杂断陷结构和火成岩严重影响成像效果。

③火成岩对下伏地层具有屏蔽作用,造成主要目的层营城组内幕反射能量弱。

6.2.2　主要技术方法

松辽盆地地震勘探一直采用井炮激发,在复杂地表条件和严寒气候环境下,针对提高分辨率和火成岩内幕成像的需求,通过大量试验研究分析可控震源对复杂的外界环境及地震地质条件的适应性,应用并实施了冻土区井震激发对比匹配试验方法、面向岩性和火成岩目标的可控震源宽频激发、基于井震匹配的可控震源高密度观测系统优化设计以及基于宽频信号保真接收等多项新技术、新方法。

1. 冻土区井震激发对比匹配试验方法

该区及邻区一直采用井炮激发,通过在高速层内激发,避开了低降速层和地表冻土层的影响,单炮信噪比,频带较宽。可控震源施工最主要的优势是能够实现高炮点密度采集,虽然单炮品质略低于井炮,但通过增加炮点密度,提高覆盖次数,可改善观测系统属性,提高成像质量。

井炮采集的关键是获取井炮和可控震源激发的匹配系数。因此,工区进行了井炮与可控震源的束线对比试验,可控震源炮密度相对于井炮增加了1倍,如图6.9所示。

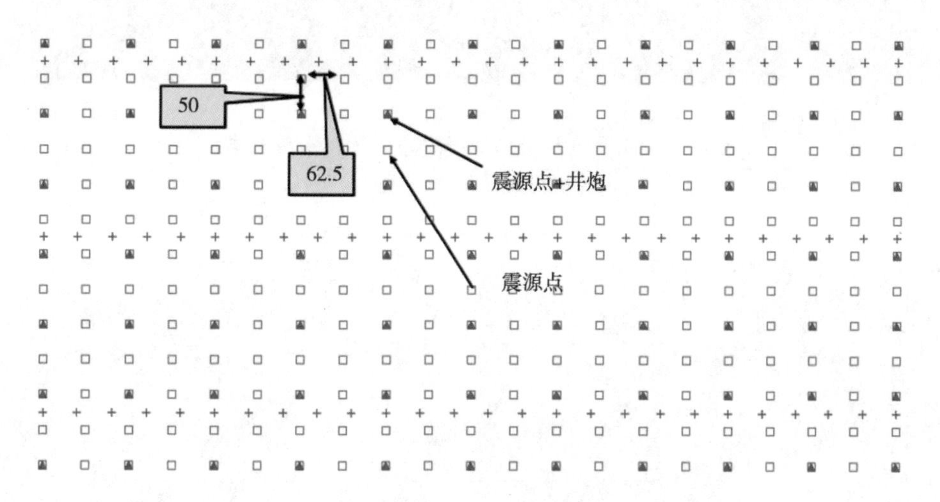

图6.9　井震对比束线试验炮检点分布示意图

对比井震剖面(图6.10),可控震源原始叠加剖面信噪比优于井炮。

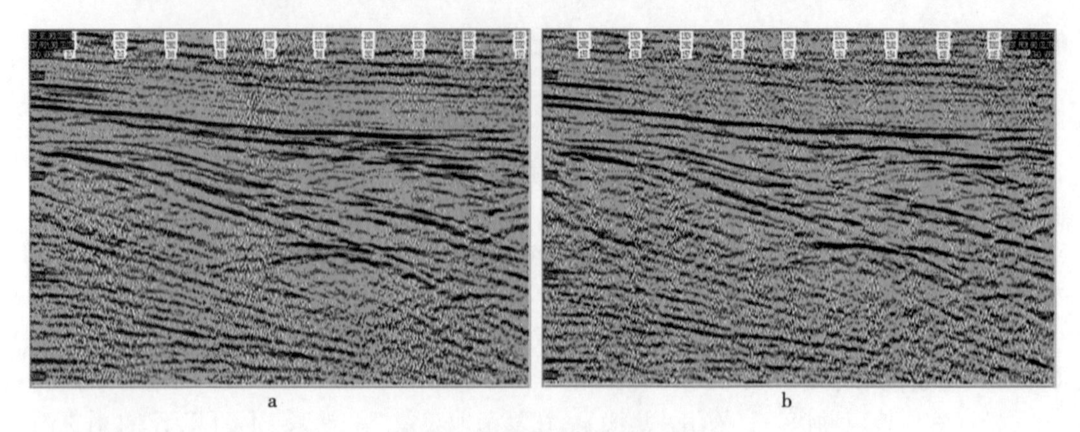

图6.10 井震对比叠加剖面
(a:可控震源;b:井炮)

分频扫描叠加剖面(图 6.11 和图 6.12)愈加明显,可控震源剖面频带更宽,40 ~ 80 Hz 滤波优势明显,更有利于提高资料成像的分辨率。

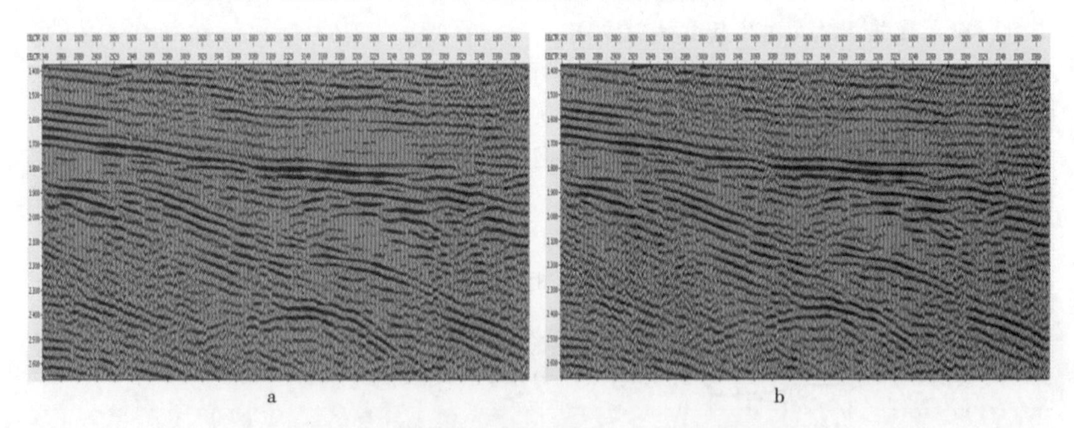

图6.11 井震对比叠加剖面(20 ~ 40 Hz 分频扫描)
(a:可控震源;b:井炮)

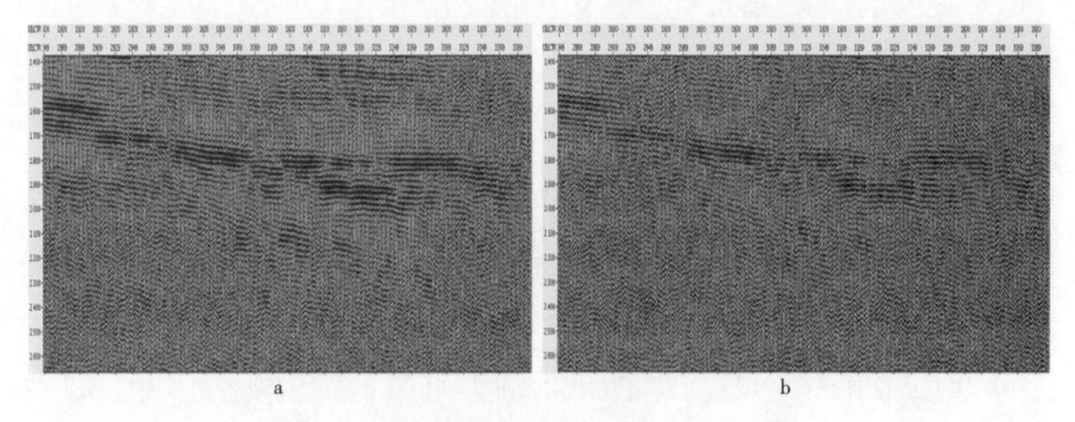

图6.12 井震对比叠加剖面(40 ~ 80 Hz 分频扫描)
(a:可控震源;b:井炮)

2. 针对薄储层和火成岩目标的可控震源宽频激发技术

低频具有衰减速率慢、透射能力强、速度反演精度高和分辨率高四大优势，可有效改善火成岩内幕成像，提高对薄储层的分辨能力。通过应用宽频扫描信号设计技术，利用可控震源频率可控的优势，采用基于低频补偿的宽频扫描信号，拓展激发频宽，频宽达到5个倍频程，有利于提高纵向分辨率。

图6.13为工区不同起始扫描频率试验叠加剖面，宽频信号剖面深层目的层资料能量略有提高。对比本区可控震源不同起始扫描频率试验中(0～5 Hz)分频扫描剖面(图6.14)，宽频扫描信号剖面有效反射清楚，波组特征更加明显，有利于营城组火成岩内幕成像。

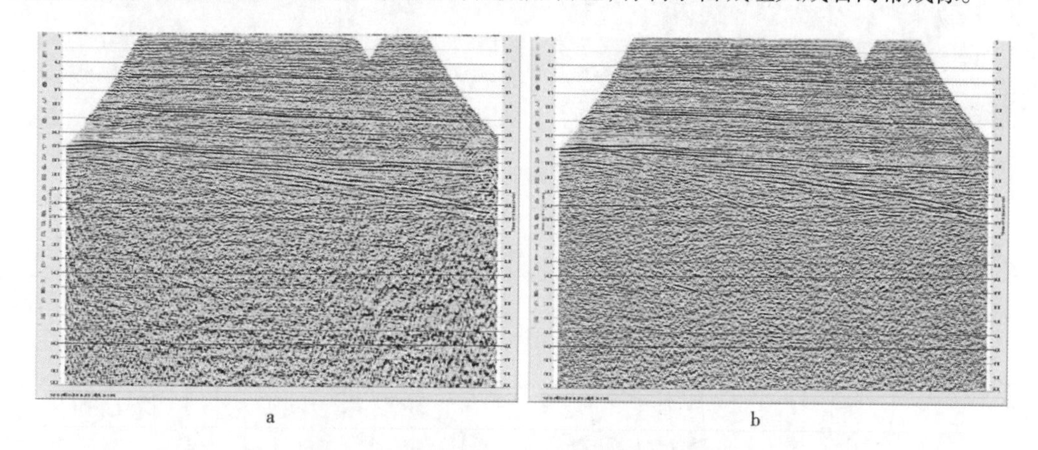

a　　　　　　　　b

图6.13　宽频扫描信号试验剖面对比(AGC)
(a:2～96 Hz;b:4～96 Hz)

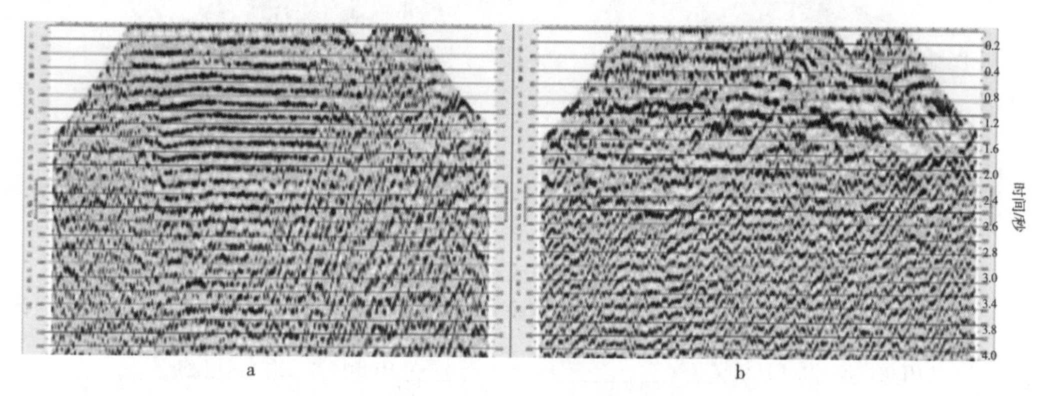

a　　　　　　　　b

图6.14　宽频扫描信号试验剖面对比(0～5 Hz)
(a:2～96 Hz;b:4～96 Hz)

3. 基于井震匹配的可控震源高密度观测系统优化设计技术

利用可控震源激发优势，以可控震源和井炮束线试验结论为依据，优化观测系统参数，采用宽方位(横纵比大于0.6)、小面元(12.5 m×25 m)和高覆盖(360次)观测系统，炮道密度达到了每平方千米115.2万道。

与井炮观测系统属性对比(图6.15和图6.16)，观测属性明显改善，采集痕迹更小，叠前时间偏移响应更加尖锐，分辨率更高。

与以往三维观测系统参数相比，可控震源观测系统接收道数和炮点密度都大幅度提高（图 6.17），从而提高了空间采样率和覆盖次数，提升了高频资料信噪比，有利于提高小断块和砂体尖灭的分辨率，有利于营城组火成岩内幕成像，可有效改善地质目标成像质量。

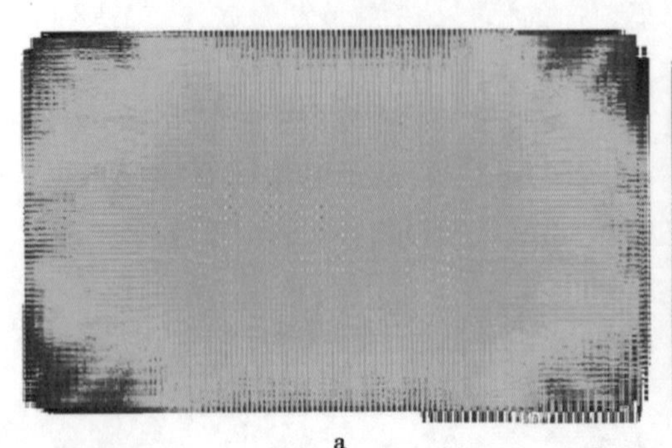
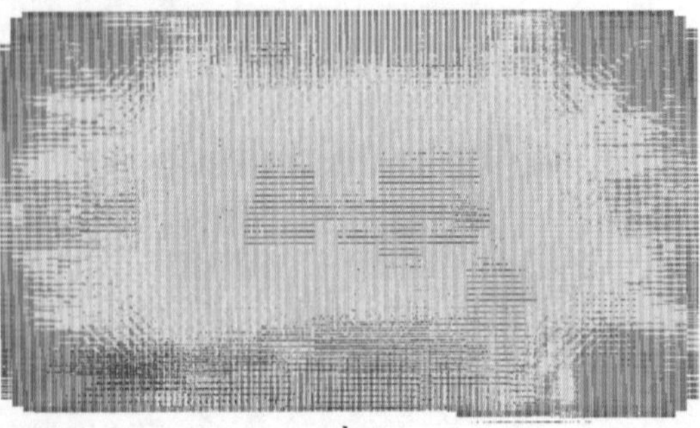

a　　　　b

图 6.15　采集痕迹对比分析

（a：可控震源高密度观测系统；b：井炮常规观测系统）

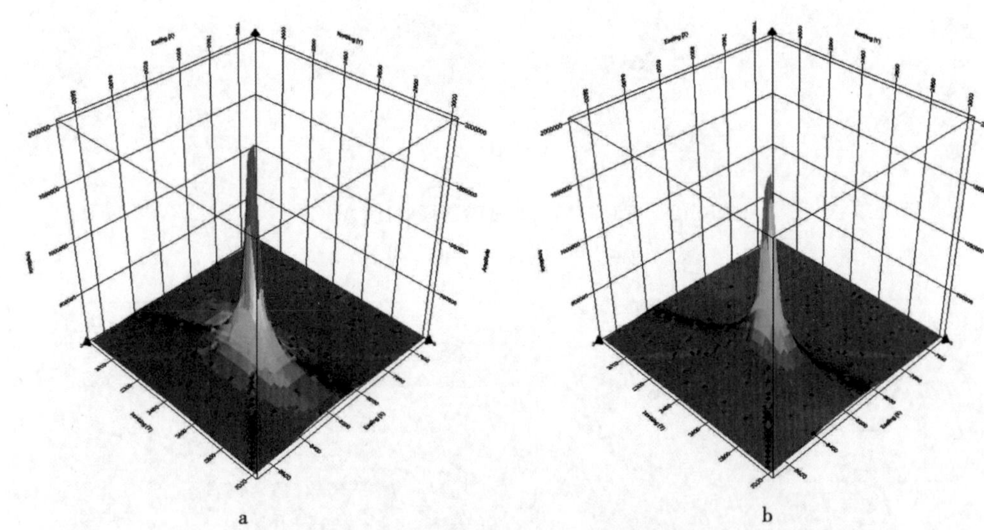

a　　　　b

图 6.16　叠前偏移响应对比

（a：可控震源高密度观测系统；b：井炮常规观测系统）

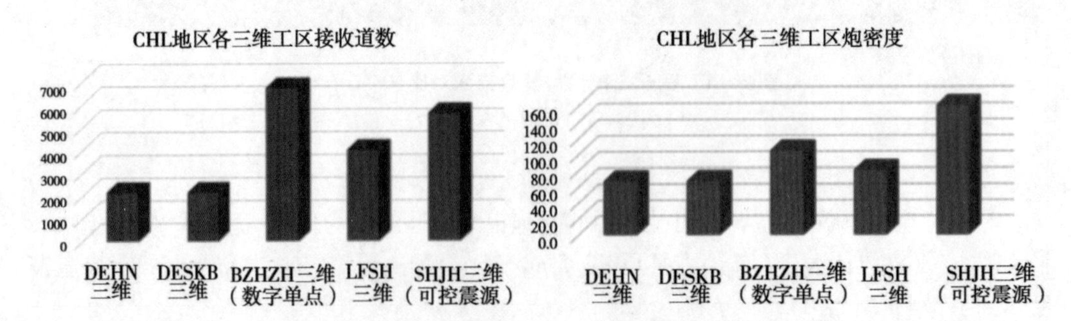

图 6.17　长岭地区各三维工区观测系统参数对比图

4. 基于宽频信号的保真接收技术

与可控震源宽频扫描信号技术相匹配，在接收方面应该开展不同组合基距对比分析，确定小组合基距接收，保护高频反射信号。对比不同组合图形剖面(图 6.18)，2 m 以上组合基距信噪比略高。

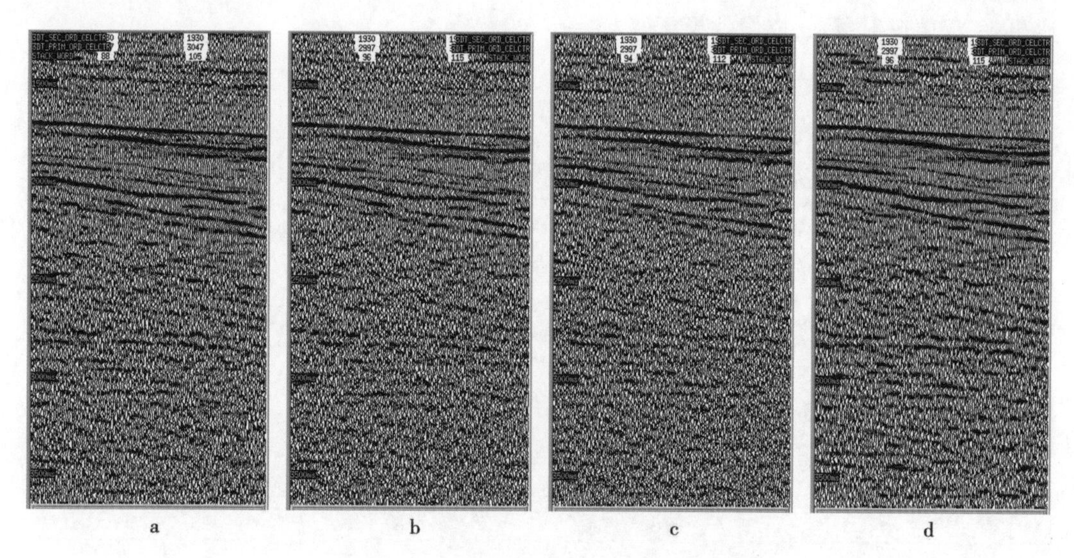

图 6.18　不同组合图形叠加剖面对比图
(a:1 串，点组合；b:2 串，1 m×1 m；c:2 串，2 m×2 m；d:3 串，16 m×12 m)

从图 6.19 频谱分析图看，频率随着组合基距的增加略有降低。

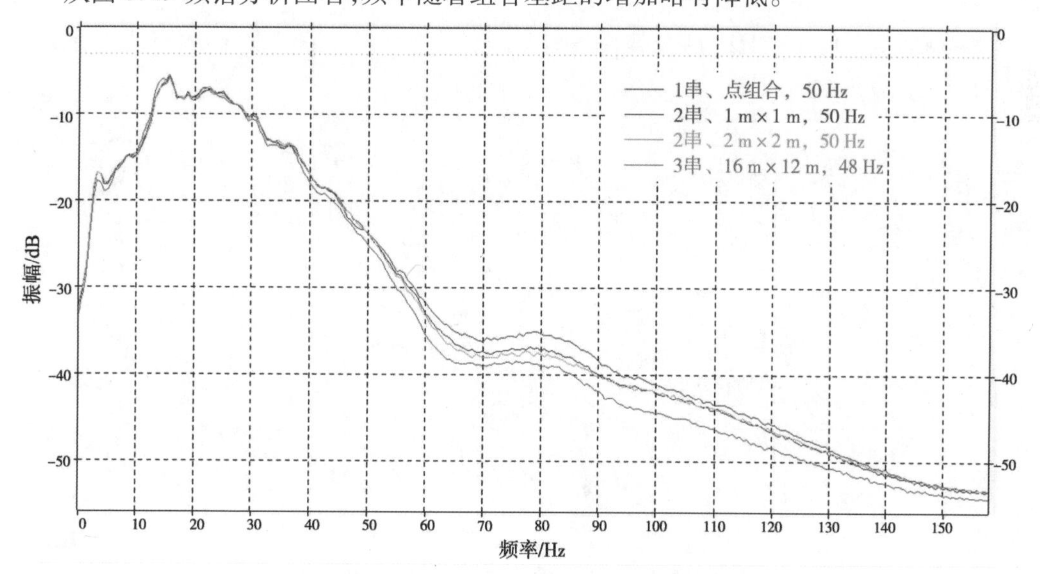

图 6.19　不同组合方式叠加剖面频谱分析图

综合考虑，确定 2 m×2 m 组合图形，既保证资料具有一定信噪比，同时又保护高频反射信号。

6.2.3 应用效果

图 6.20 为 SHJH 三维与邻区 DRHN 三维叠前时间偏移连片处理剖面，SHJH 三维剖面(图 6.20a)目的层反射齐全，断陷层基底清楚，厘定了本区沉降中心；断层清晰，层间弱反射信息丰富，火成岩轮廓明显。与图 6.20b DRHN 三维剖面对比，SHJH 三维剖面信噪比更高，深层反射更强，成像效果更好。

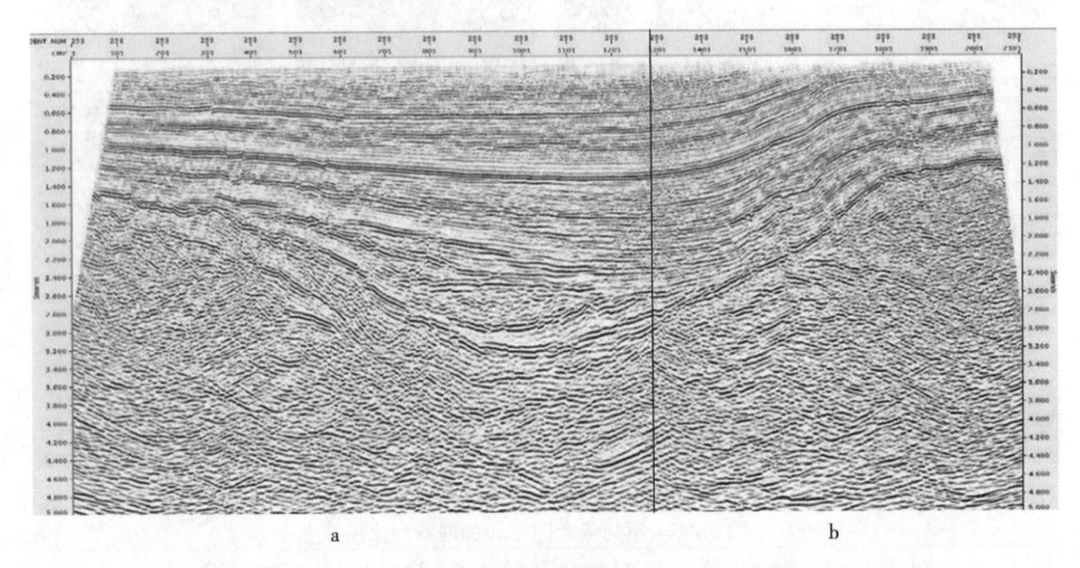

图 6.20　三维剖面对比
(a：SHJH 可控震源采集剖面；b：DRHN 井炮采集剖面)

图 6.21 为 50 ~ 100 Hz 分频剖面。SHJH 三维采用可控震源激发，高频有效成分更丰富，信噪比更高。

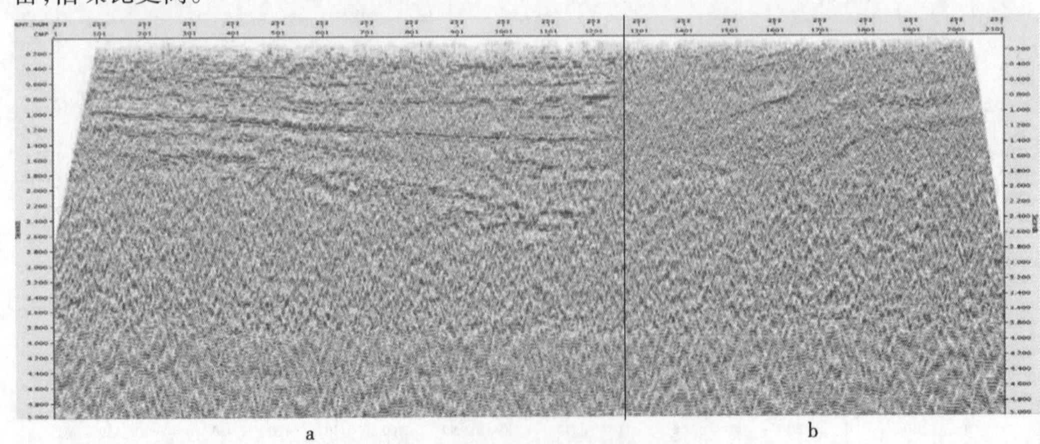

图 6.21　50 ~ 100 Hz 分频剖面对比
(a：SHJH 可控震源采集剖面；b：DRHN 井炮采集剖面)

图 6.22、图 6.23 分别为 SHJH 与 BZZ、LFSH 三维剖面对比图，各目的层反射清楚，在尖灭点、小断块处绕射清晰，SHJH 新剖面层间信息丰富、信噪比高。

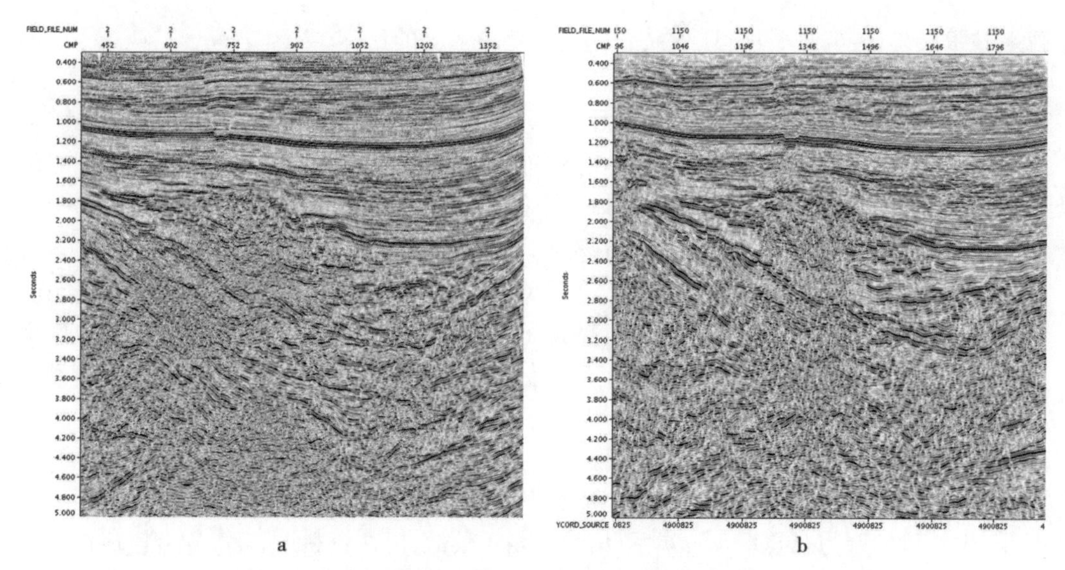

图 6.22　本区和邻区叠前时间偏移剖面
(a:BZZ 井炮采集剖面;b:SHJH 可控震源采集剖面)

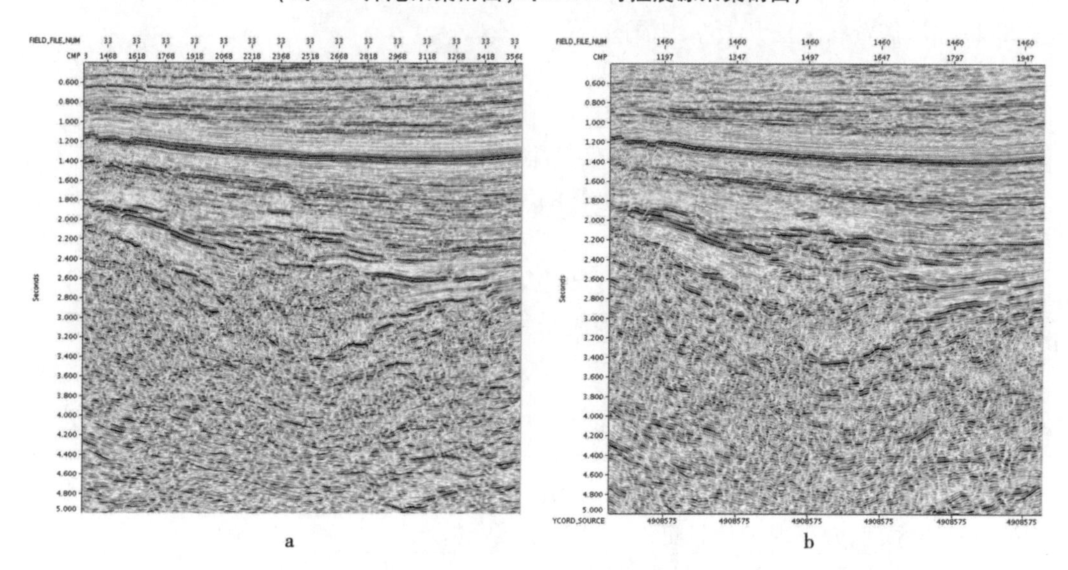

图 6.23　本区和邻区叠前时间偏移剖面对比
(a:LFSH 井炮采集剖面;b:SHJH 可控震源采集剖面)

最终采集资料分析表明,可控震源单炮品质虽然略低于井炮,但通过增加炮点密度,提高覆盖次数,较好地改善了成像效果。

6.3　戈壁砾石区勘探应用实例

Q1J 三维地震采集项目是中国石化在西部探区首次采用单点接收宽频高效可控震源高密度地震采集项目,采用推拉式观测系统,通过宽频激发与接收因素实现了单点高密度和可控震源宽频高效采集规模化应用。通过该项目形成了比较完善的可控震源高效采集配套技术及工艺，实现了项目“优质、安全、平稳、高效”的目标。

6.3.1 地震地质条件

Q1J 工区地势相对平坦，海拔在 501 ~ 818 m 之间，整体地势呈“东高西低，南北高、中间低”的特点。地表主要以戈壁为主，丘陵、雅丹地形为辅，戈壁区地势相对平坦，丘陵区和雅丹区起伏较大。地表地形条件总体适合可控震源高效采集。表层基本为砾石覆盖区域，砾石层较厚，部分地区 10 m 内可见煤层，煤层对地震波具有一定屏蔽作用。

该区勘探潜力巨大，发育二叠（P）、石炭（C）系两套有利烃源岩，处于同一凹陷的 SHQ1 井石炭系测试日产气 $6\times10^4\ m^3$，展现了克拉美丽山前 SHQT 凹陷石炭系巨大勘探潜力。邻区 HSHSH—SHSHG 地区已经形成亿吨级的 P_2l 致密（页岩）油储量阵地。勘探目的为探索 SHQT 凹陷二叠系致密（页岩油）油勘探潜力，突破工业油流关，探索石炭系碎屑岩、火山岩油气潜力，实现商业发现。

区内地下主要地层齐全，从下到上依次发育有石炭、二叠、三叠、侏罗、白垩及第三系地层，主要目的层为二叠系及石炭系，信噪比相对较低，以往资料地震反射杂乱，成像难度较大。通过对以往资料分析，该区勘探主要存在两个方面的问题：

①二叠系甜点储层分布预测不清，二叠系 P_1-P_2 油气显示丰富，云质岩与砂岩甜点发育，以往地震资料无法开展精细描述。

②石炭系有利圈闭类型及分布落实不清，石炭系发育削蚀型岩性圈闭和火山岩圈闭，现有地震资料无法开展精细描述。

综上所述，对地震资料的要求是要保护振幅属性特征，提高二叠系分辨率，提高深层石炭系信噪比，落实构造形态、削蚀型岩性圈闭及火山岩圈闭特征。

6.3.2 主要技术方法

该项目是中国石化在准噶尔盆地开展的第二块可控震源宽频高效地震采集项目，进一步发展和完善了可控震源宽频高效地震采集技术。针对深层石炭系成像，采用推拉式观测系统，并采用“双低频”（低频扫描信号、5 Hz 低频接收）采集，时变滑动扫描技术进一步完善；应用 Smart LF 技术压制低频谐波；推广优化了可控震源高效采集质量监控技术，并且研发和应用可控震源高效采集导航软件，形成了震源导航航迹精细化设计流程等配套技术及工艺，为准噶尔盆地可控震源宽频高效地震采集技术的大规模应用推广提供了成熟的技术系列，并获取了信息更加丰富的地震资料。

1. 可控震源高效高密度观测系统设计技术

为充分发挥震源采集高效高密度优势，观测方式由以往的“常规正交”转变为“推拉式”。在采用相同接收排列的条件下，观测系统横向观测信息提高了一倍，方位角更宽（图 6.24），横纵比达到了 0.75。采用小面元（12.5 m × 12.5 m）和小线距接收，提高空间采样密度，尽量获取全波场信息。进一步加大炮道密度，覆盖次数达到 1200 次，炮道密度达到每平方千米 768 万道，通过高覆盖叠加，提高深层弱信号信噪比和叠加能量。针对页岩油及其深层石炭系地质目标，增加解释过程中需要的方位角信息，有利于各向异性介质成像。

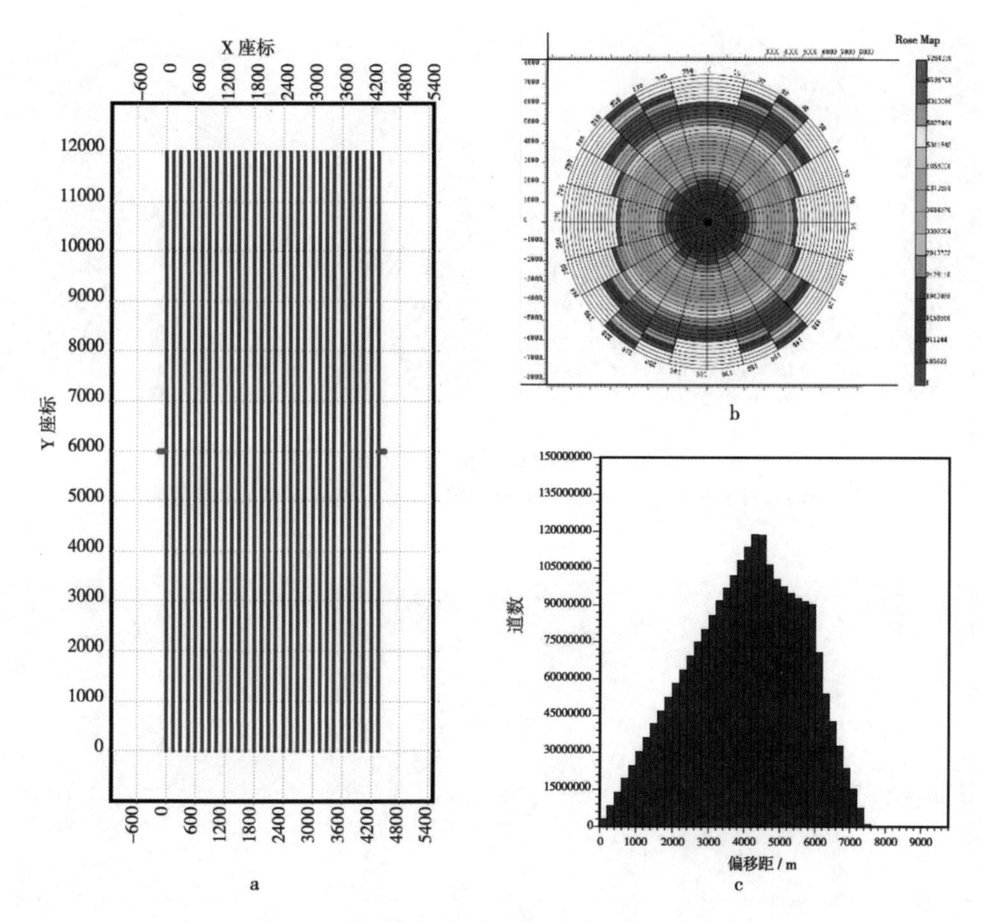

图 6.24　观测系统及属性图
（a：观测系统模板；b：玫瑰图；c：炮检距统计）

2. 可控震源低频扫描信号设计技术

低频信号穿透能力更强，有利于深层勘探，低频也是目前解决火成岩类地区（能量屏蔽）能量透射的主要技术手段之一。针对本区深层石炭系勘探目标，更需要增加资料的低频成分。为此，应用了可控震源低频扫描信号设计技术，设计了低频低畸变、预置和阻尼雷克子波三种具有不同特点的宽频扫描信号，通过对比，优选了适合本区地震地质特点的扫描信号。

图 6.25 是三种不同信号的单炮记录，它们呈现不同的特征：预置信号低频噪音稍重，信噪比低，低频低畸变信号各频率段能量均衡，阻尼雷克子波优势频带得到加强，信噪比高。

图 6.26 为相同覆盖次数叠加剖面对比图。其中，阻尼雷克子波所得资料深层石炭系信噪比较高，由于它的子波形态较好，旁瓣较小，频谱较宽，所以，该信号适合低信噪比地区，增强了地震反射的能量，提高了地震资料的信噪比。

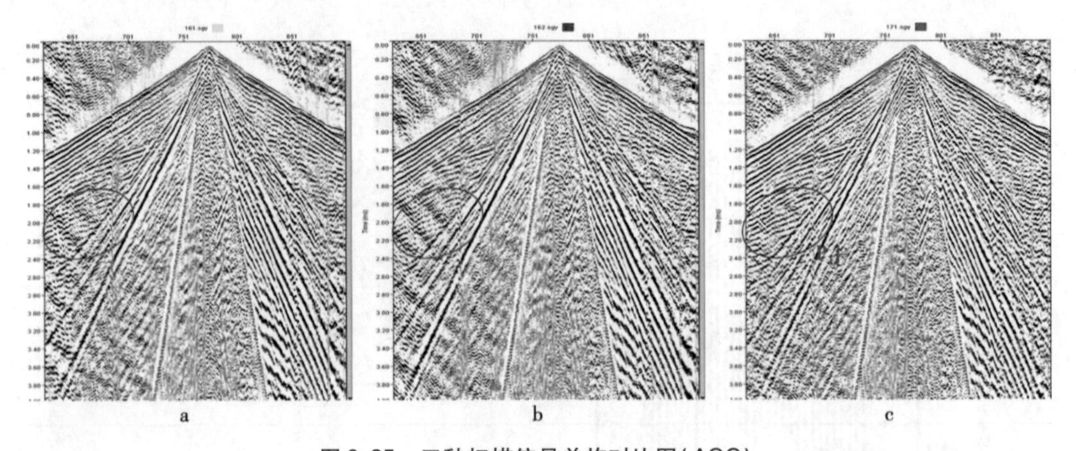

图 6.25　三种扫描信号单炮对比图(AGC)
(a:1.5 ~96 Hz 低频低畸变;b:1.5 ~96 Hz 预置信号;c:1.5 ~96 Hz 阻尼雷克子波)

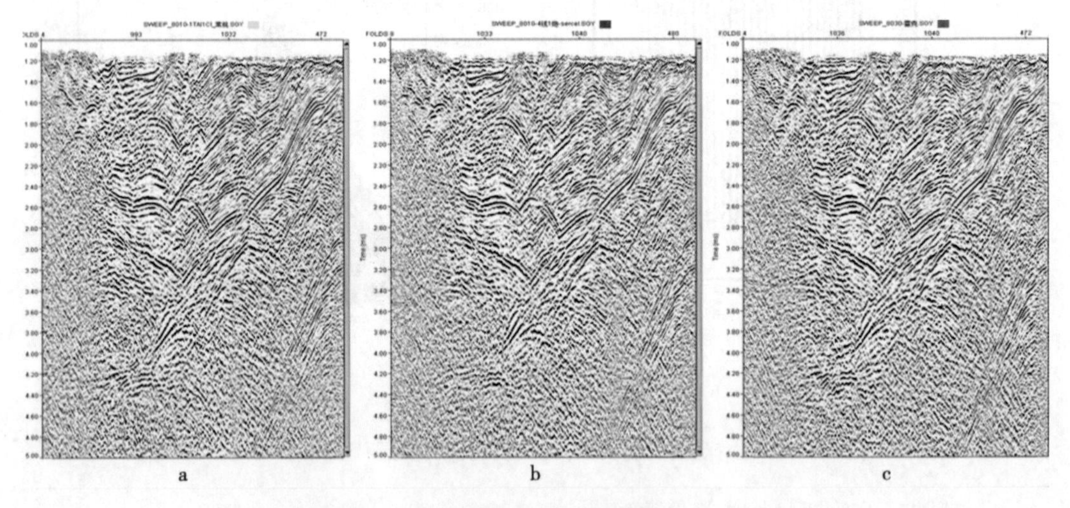

图 6.26　三种扫描信号叠加剖面对比图(AGC)
(a:1.5 ~96 Hz 低频低畸变;b:1.5 ~96 Hz 预置信号;c:1.5 ~96 Hz 阻尼雷克子波)

3. 时变滑动扫描采集技术

重点考虑动态滑扫施工过程中后一炮对前一炮谐波的影响,形成基于谐波影响的 $T-D$ 规则量化分析方法,制定了时变滑动扫描 $T-D$ 时距曲线,通过点段试验验证优化,确定了适合本区资料特征的 $T-D$ 时距曲线。

4. 可控震源低频谐波压制技术

谐波压制技术自动预测低频畸变,并通过伺服阀将输入信号进行相应修正,降低谐波能量。Q1J 工区应用 Sercel 508XT 地震仪与 VE464 箱体对该技术进行了测试与应用,压制效果较好(图 6.27)。

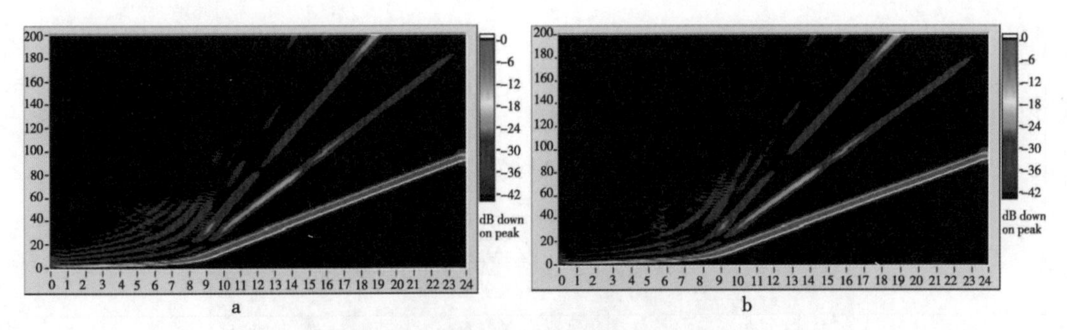

图 6.27　采用谐波压制技术前后效果

(a:应用前;b:应用后)

5. 可控震源高效采集质量监控技术

常规实时质量监控重在单炮记录监控,已不能满足高效采集质控要求。按“过程可控,结果可信”的指导思想,不断探索可控震源高效采集质量监控技术,在 Q1J 三维地震采集项目中完善了影响激发效果的过程状态监控。利用研发的 MassSeisQC 软件,实现了可控震源工作状态“点、线、面”分析,有效监控震源工作性能,确保震源施工质量以及可控震源正常运行。

6. 震源导航航迹精细化设计流程

图 6.28 为精细化导航航迹设计流程。

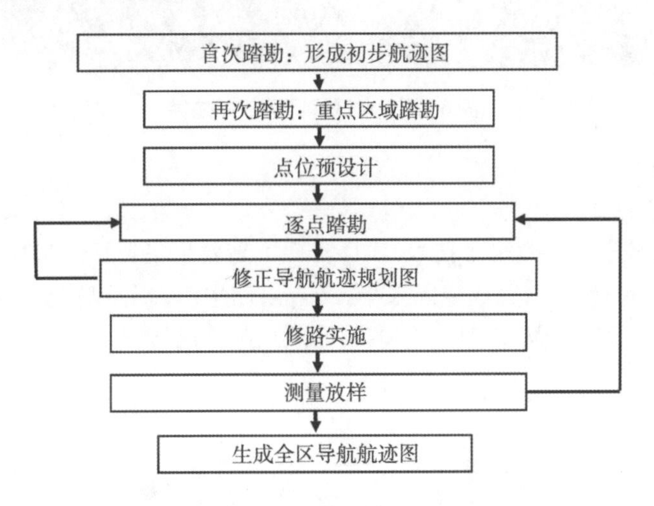

图 6.28　精细化导航航迹设计流程图

首先通过踏勘,了解地形地貌,明确重点区域;

针对本区重点区域,如雅丹、丘陵区、矿区、露天煤矿着火区、铁路等,对这些区域进行点位预设计;

根据预设计结果,再逐点踏勘,做道路修整,保证震源通行,确保震源到点;

在平坦区域通过铲车行驶记录航迹,在复杂区域利用推土机修路记录轨迹,在围网区域提前开口记录位置,然后,记录、整理各类航迹,形成震源导航轨迹图;

最后,整理汇总,形成震源导航所需的全区导航航迹运行图(包括炮排航迹和转排航迹)。

Q1J 共采集 7 568 个关键地标,整理形成 5 436 张照片和 4 582 条轨迹,累计行程 13 502 km,图 6.29 为工区震源导航航迹图。

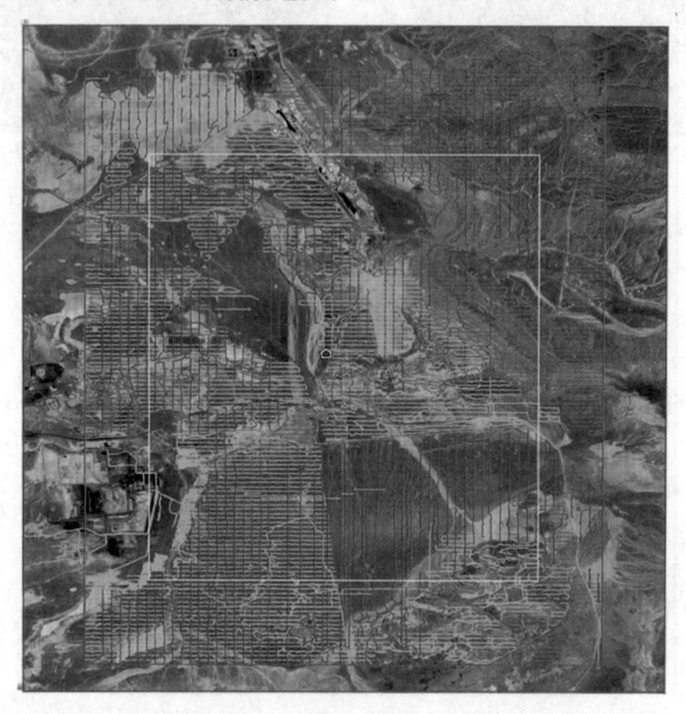

图 6.29 全区震源导航航迹图

6.3.3 应用效果

1. 高效采集施工

通过采用可控震源高效采集技术,项目实现了高效采集目标。2021 年 5 月 14 日,开始正式采集生产,6 月 4 日,完成全区采集工作,累计生产 181 399 炮,有效施工 22 天,最高日产达 11 413 炮,平均日产达 8 245 炮,创造了连续 8 天生产达万炮的新纪录(图 6.30)。

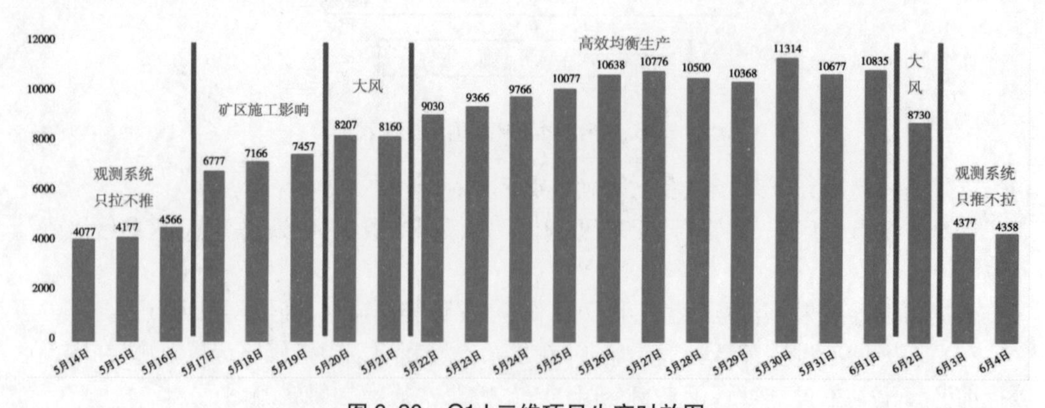

图 6.30 Q1J 三维项目生产时效图

2. 采集资料好

通过采用可控震源低频扫描信号设计技术，同时利用 5 Hz 单点检波器接收，实现了双低频，采集的地震信息更加丰富。图 6.31 为新老剖面对比，图 6.31a 新采集剖面浅、中、深各目的层同相轴连续，构造形态清晰，层间信息丰富，断裂体系特征明显，深层石炭系反射特征明显。和以往老剖面（图 6.31b）相比，新剖面构造形态好，波组特征清楚，低频信息丰富。

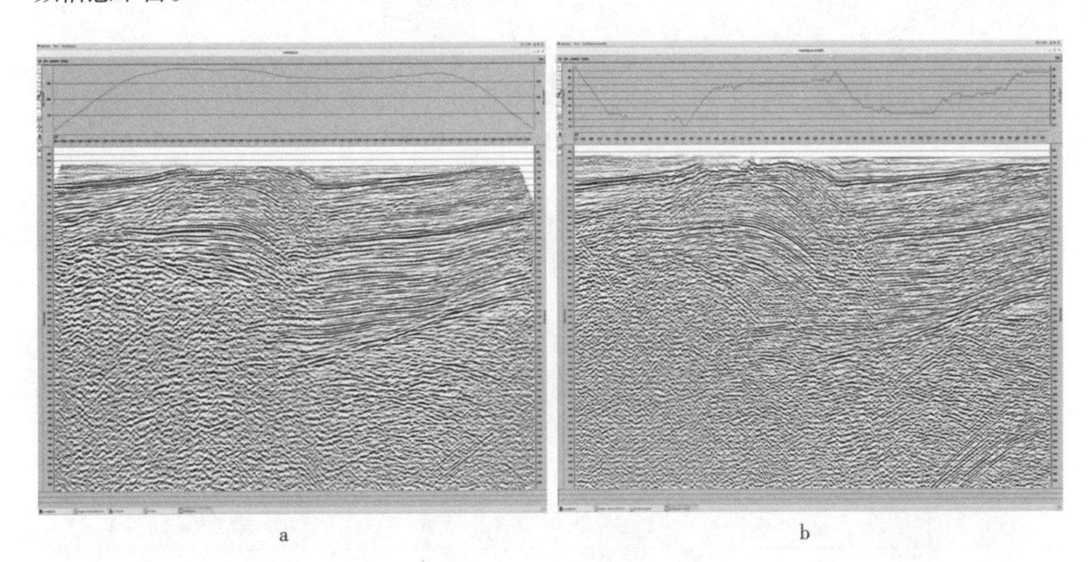

图 6.31　新老剖面对比

（a：新采集第 40 束；b：老资料 11 线）

以往剖面（图 6.32 ~ 图 6.34）缺少低频信息，假频严重，尤其是 5 Hz 以下，老剖面（图 6.32）看不到有效信息，5 ~ 10 Hz 分频显示新剖面较老剖面构造形态更加清晰。从高频分频显示看，两者基本相当。

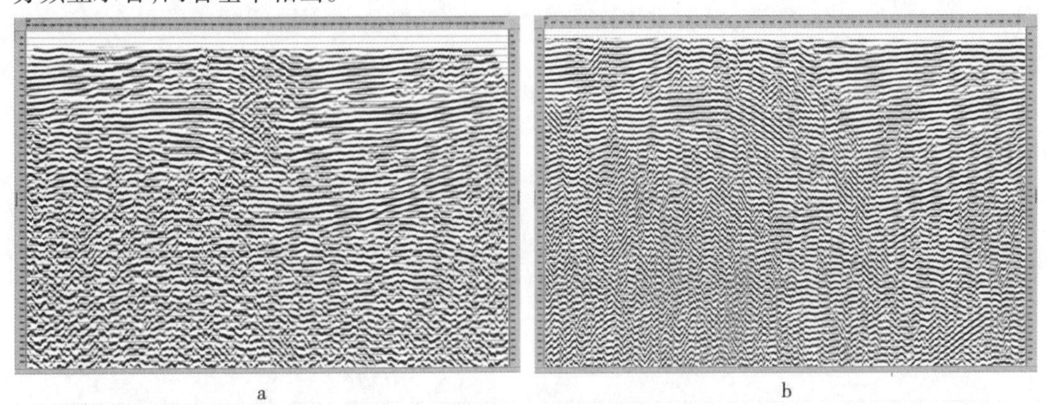

图 6.32　新老剖面对比（5 ~ 10 Hz）

（a：新采集剖面；b：老剖面）

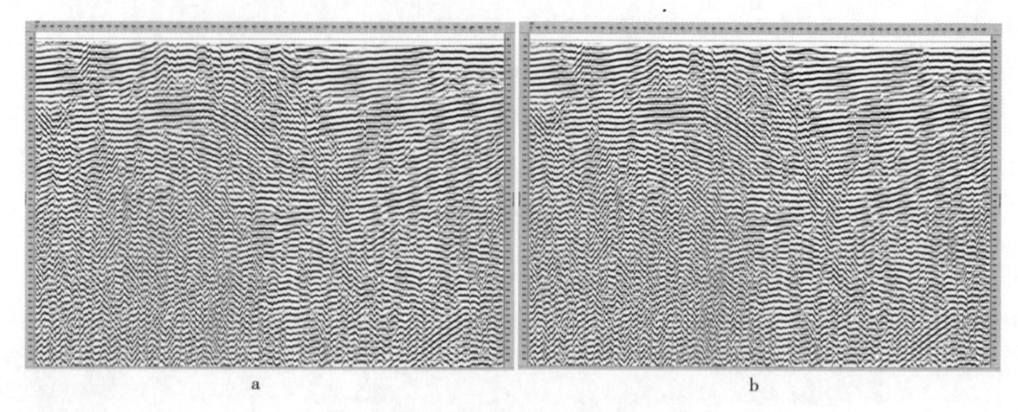

图 6.33 新老剖面对比(20 ~40 Hz)
(a:新采集剖面;b:老剖面)

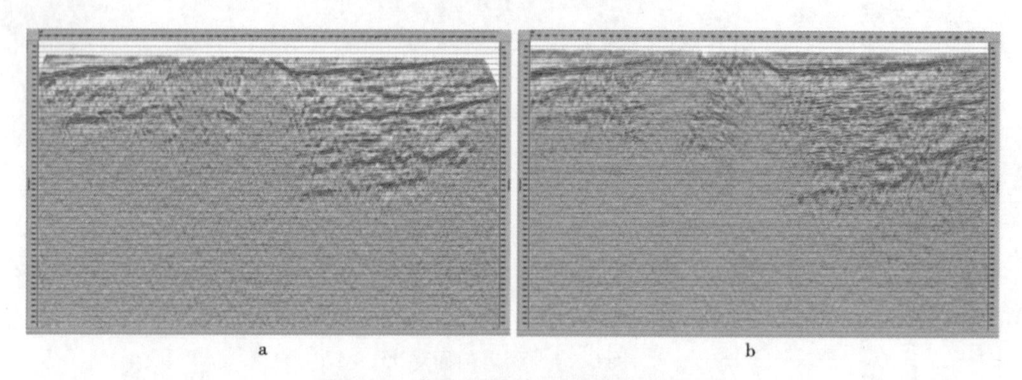

图 6.34 新老剖面对比(50 ~100 Hz)
(a:新采集剖面;b:老剖面)

从叠前偏移剖面分析,南北向偏移剖面(图 6.35)显示新资料在地层挤压断裂处成像好于老资料,东西向偏移剖面(图 6.36)显示新资料整体信噪比好于老资料,深层石炭系低频成像较好。从总体看,两者主体构造基本一致,三维资料深层低频成像更有优势,复杂断裂成像更合理。

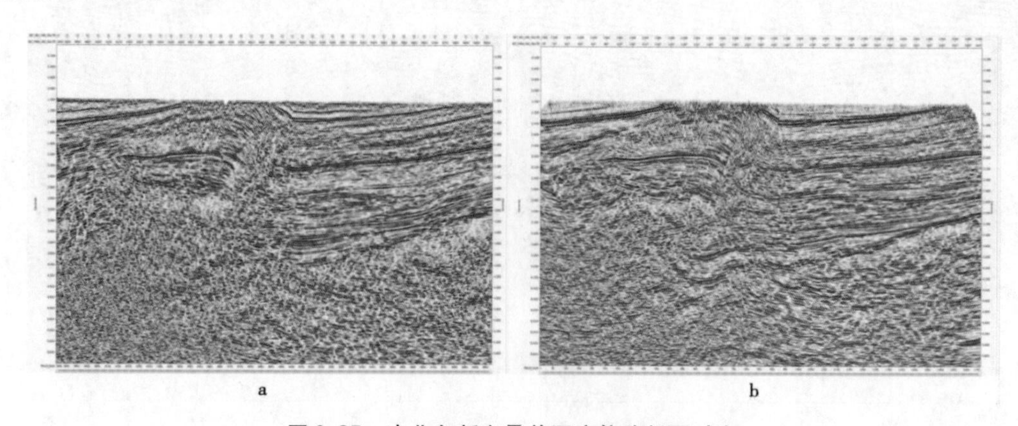

图 6.35 南北向新老叠前深度偏移剖面对比
(a:老剖面;b:新采集剖面)

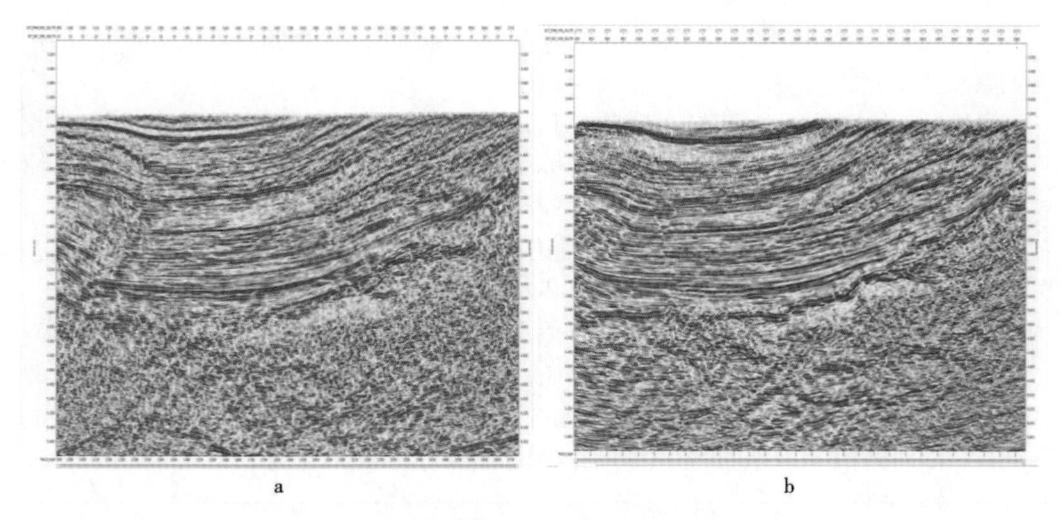

图6.36　东西向新老叠前深度偏移剖面对比(50～100 Hz)
(a:老资料;b:新采集剖面)

6.4　大沙漠区勘探应用实例

2020年,准噶尔盆地中部部署的SH1J三维是中国石化在准噶尔盆地开展的首个大沙漠区可控震源高效采集项目,深层及超深层勘探目标对地震采集提出了更高的要求,复杂大沙漠区地表条件成为影响高效采集的主要因素。在应用成熟可控震源高效采集技术的基础上,通过进一步丰富相关技术,最终取得高品质地震资料。

6.4.1　地震地质条件

工区地处古尔班通古特沙漠西缘,海拔在280～350 m之间,地形整体地势"东南高、西北低"。大部分区域被沙丘所覆盖,分为鱼鳞状沙丘、垄状沙丘和半荒漠密林区,复杂地表条件给可控震源高效采集造成了很大影响。表层结构变化大,低、降速层厚度依沙丘起伏从2 m至27 m不等,低速层速度为235～699 m/s,降速层速度为481～1069 m/s,高速层速度为1694～2284 m/s,高速层界面相对稳定。受复杂近地表干扰波场和吸收衰减的影响,南部高大沙区与北部流动沙丘区单炮信噪比稍低。

该地区地震反射层较为丰富,K_1、J_3、J_2、J_1、T_1、P为本区主要反射层,其中在J_1s获工业油流,在J_1b见到油气显示,邻区在J地层获得高产,在下组合T_1b/P_3w地层取得了油气突破,展现多层系立体成藏潜力。J_1s埋藏位于4000 m以浅区域,埋藏相对较浅;P_3w埋深位于7000 m以浅区域,是近源规模勘探领域。发育走滑断裂体系,多条北西向油源断裂,为油气运移提供优质通道,但是,断层倾角大,断距小,识别难度大。

该工区主要勘探目标有两类:落实上组合侏罗系各砂体储量规模,实现商业发现;探索下组合超深层勘探潜力,实现勘探突破。

上组合和下组合具有不同的勘探要求。

上组合J－K的技术要求为:①降低煤层屏蔽影响,较好识别侏罗系三工河、八道湾组内部各层组反射特征;②提高分辨率,利于圈闭描述;③提高成像精度,走滑断裂清晰,地层接触关系清楚。

下组合 P－T 技术要求为:①提高深层、超深层成像质量,确保断裂特征清晰,地层接触关系清楚;②适当提高分辨率,利于圈闭描述。

通过对以往资料分析,SH1J 工区勘探主要存在以下难点:①沙漠区近地表复杂,吸收衰减比较严重,深层有效信息反射弱;②地震资料分辨率低,砂体描述难度大,难以满足油藏描述的要求;③断层高陡、直立,倾角大,资料信噪比低,地震资料无法准确识别;④深层 P、T 地层波组特征不清晰,地层结构及接触关系不清。

6.4.2 主要技术方法

针对 SH1J 工区复杂地表、近地表条件以及深层和超深层勘探目标,可控震源宽频高效地震采集技术得到进一步应用完善。SH1J 工区采用了基于深层和超深层勘探目标的深层宽频信号设计技术,结合高密度观测系统,提高了低频信号的穿透力,改善了深层成像效果;综合利用无人机航测、炮点预设计、星站差分等新技术,克服了复杂地表条件的影响,取得较好采集效果。

1. 基于深层及超深层勘探目标的宽频信号设计技术

以"中浅层聚焦分辨率,深层聚焦信噪比"为目标,针对地质任务提高上组合分辨率和下组合信噪比的要求,充分利用可控震源频率可控的优势,设计适合工区的宽频扫描信号,在准噶尔盆地沙漠区实现了可控震源 1.5 Hz 起震、6 个倍频程以上宽频扫描,取得了较好效果。图 6.37 分别为叠加剖面 0 ~ 5 Hz 和 5 ~ 10 Hz 的分频显示,获得了丰富的低频信息。

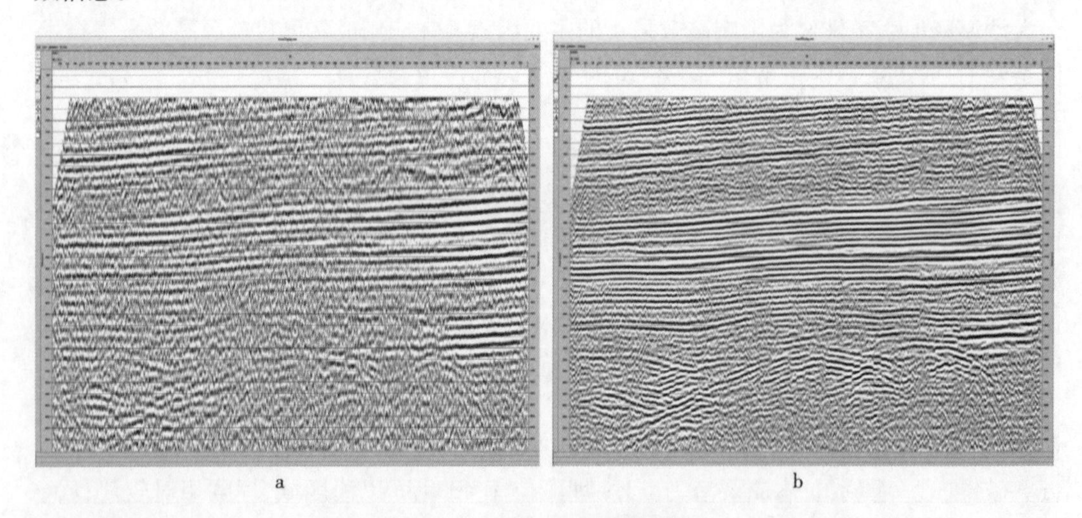

图 6.37 现场处理剖面分频显示
(a:0 ~ 5 Hz;b:5 ~ 10 Hz)

2. 无人机航测技术

首次利用无人机航测,按照"分块航测,分区处理,快速投入预设计"的原则,获取了高精度(0.09m 分辨率)正射影像 DOM(图 6.38)和数字地表模型 DSM(图 6.39)。通过对地表高程进行地理分析,生成坡度图等图件。利用无人机航测数据与野外逐点踏勘结果相互印证,进行室内二次点位设计和调整,确保观测系统属性符合设计要求。

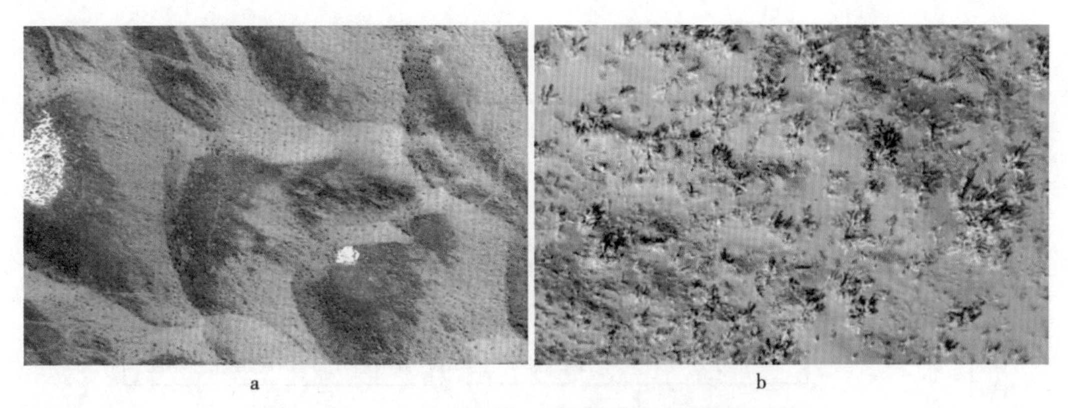

a　　　　b

图 6.38　无人机正射影像 DOM 图 a 及局部放大图 b

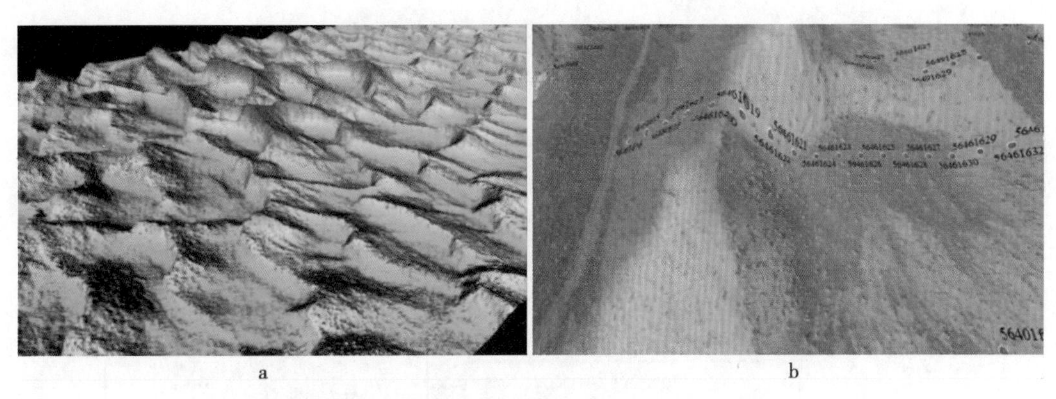

a　　　　b

图 6.39　数字地表模型 DSM 图 a 和实地实景图 b

整个项目累计采集原始航测数据 300GB,分别生成高程图、等高线图、坡度图(图 6.40)等数据体共计 1.4TB。通过专用软件对各类数据分析,确保点位设计合理可行,为点位预设计和路径规划以及电台位置提供准确点位和轨迹导航。

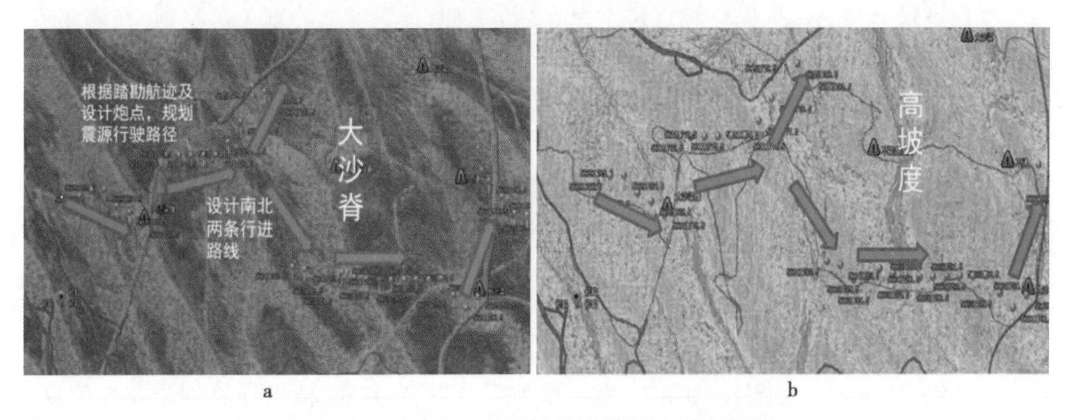

a　　　　b

图 6.40　无人机航测生成的实景图 a 和坡度图 b

3. 复杂地表炮点预设计技术

炮点预设计分为三个阶段,图 6.41 为炮点预设计流程图。

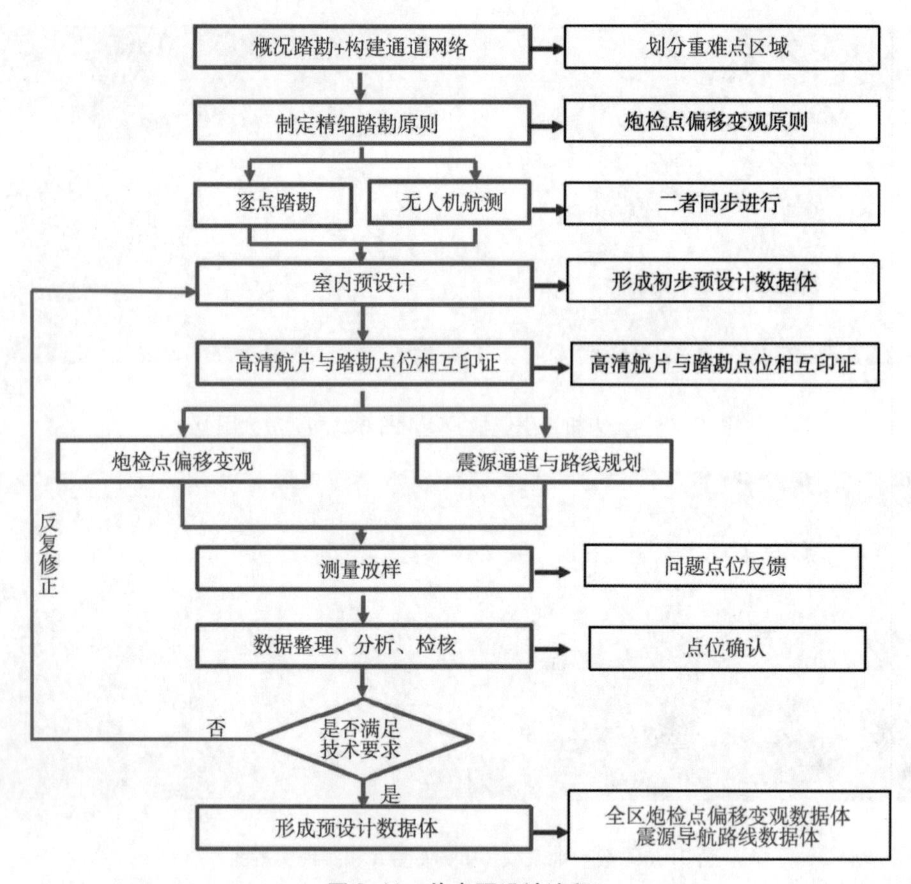

图 6.41　炮点预设计流程

①室内变观设计，野外踏勘找点。在总体踏勘和无人机航测基础上，在室内设计点位，确定点位踏勘原则，现场组织人员逐点踏勘，确定点位合理性。

②划区域，定任务，现场落实点位。以“变线为面，线面结合”为基本原则，在满足安全与技术的前提下，依据沙丘走向分区域进行块状踏勘，逐点落实点位，由测量组进行放样，并做点位合理性检查，进一步修正。

③标准网格布设，野外航迹定点。按照生产组织模式，将工区分区，每个区块采用“175 m 炮排之间布设 25 m 间距的理论网格线”和“预设计炮点指引”的方式，按照施工每三束线设计一条震源转排行驶路径，制作 KML 文件，确保踏勘点位准确、实用和高效，最终形成导航轨迹。

4. 星站差分技术应用

由于 SH1J 工区沙梁大、沙窝密，对 RTK 基站覆盖信号产生较强的阻挡作用，影响导航定位的精度。为此，在 SH1J 工区应用了星站差分 RTX 方式，精确导航到激发点位置，并获取最终测量成果。与传统 RTK 测量相比，该方法不受基准站距离和数传电台距离的限制。它完整、有效地接收卫星差分数据，避免因数传网络和电台中断造成无差分信号回传的现象，提高测绘保真度。按照 RTX 布设，地震仪器机动性更加灵活，在搬家时无需停点测量，利于可控震源高效采集，仪器管理的电台数量也得到增加。

6.4.3 应用效果

SH1J 工区共采集 32 万余炮，取得 400TB 地震数据。应用滑动扫描采集技术，显著提高了可控震源野外采集施工效率，最高日产 1 万余炮，平均有效日产达 7043 炮，较常规采集提高了 10 倍。

新采集资料如图 6.42 ~ 图 6.45，整体波组特征清晰，浅、中、深层有效反射能量强。对比该地区以往采集的三维老剖面，新采集剖面低频信息丰富（图 6.43），波组特征更加清楚，下组合反射更加清晰，满足勘探需求，也进一步验证了可控震源宽频采集的可靠性。

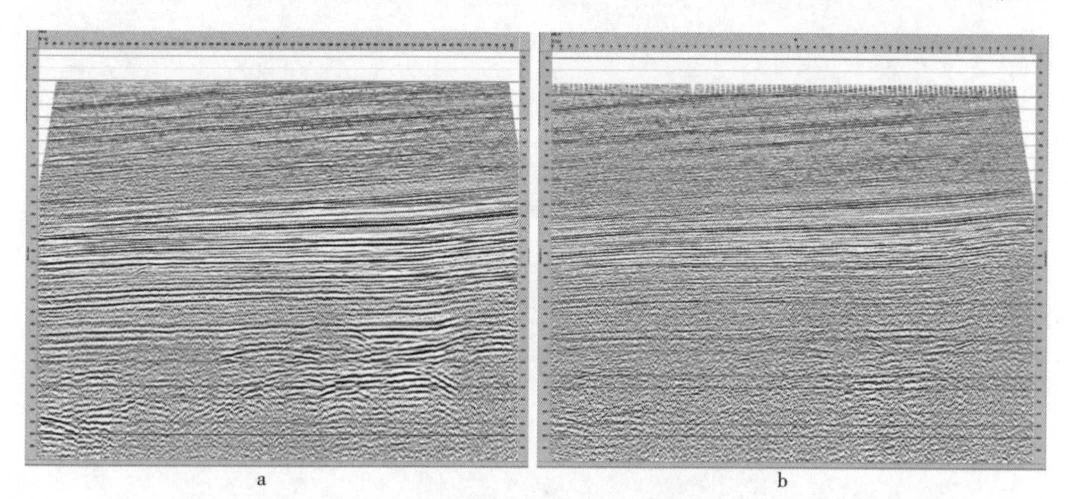

图 6.42　新老剖面对比（AGC）
（a：新采集剖面；b：老剖面）

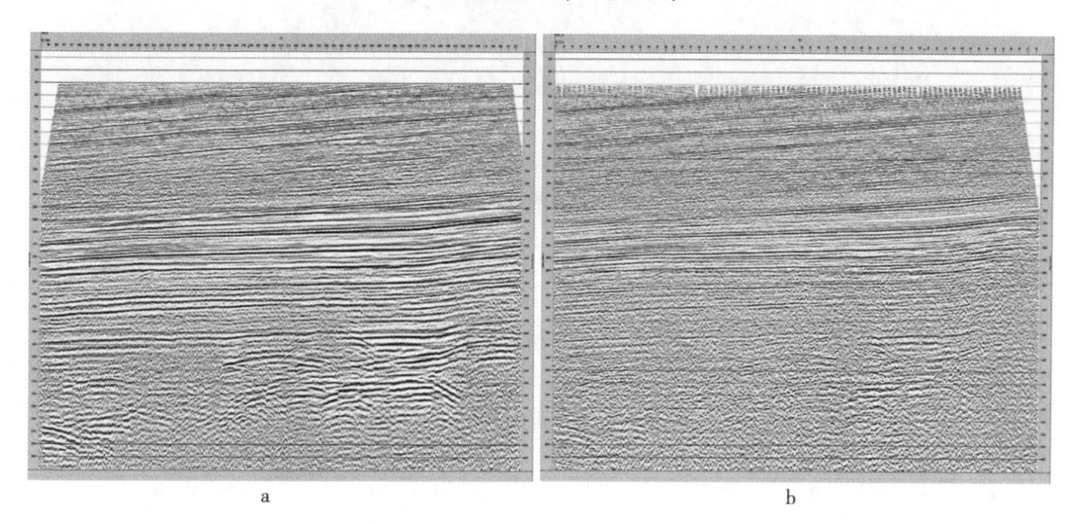

图 6.43　新老剖面对比（5 ~ 10 Hz）
（a：新采集剖面；b：老剖面）

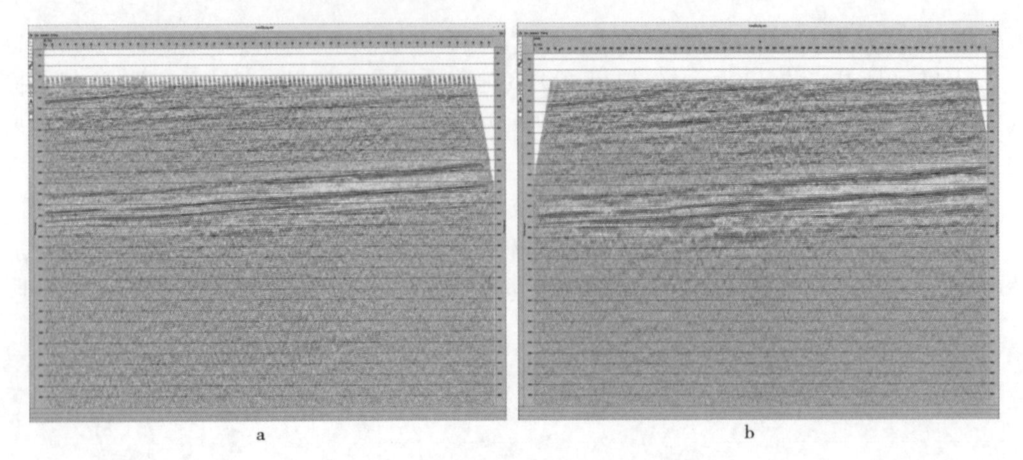

图 6.44　新老剖面对比(30 ~60 Hz)
(a:新采集剖面;b:老剖面)

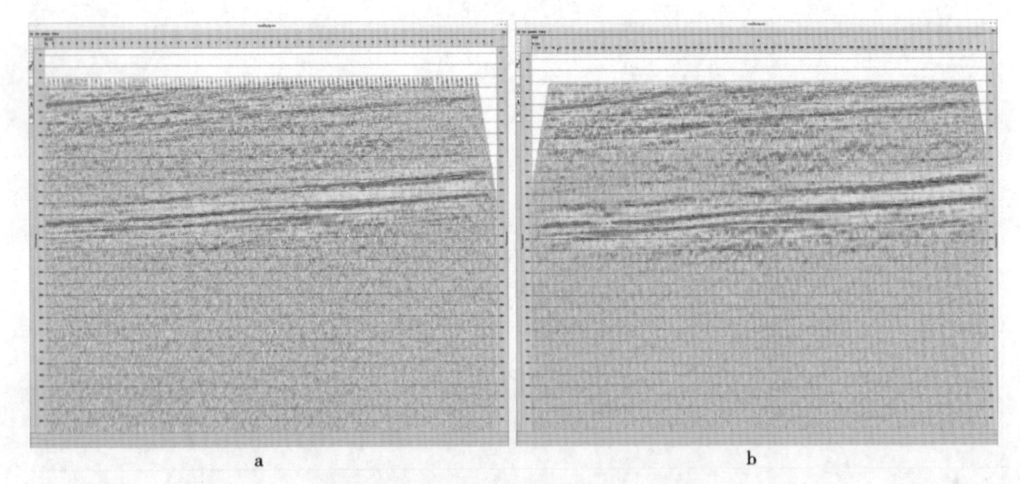

图 6.45　新老剖面对比(40 ~80 Hz)
(a:新采集剖面;b:老剖面)

6.5　超剥带勘探应用实例

P6J 三维地震采集项目是准噶尔盆地西缘车排子地区首个二次采集项目,针对该区地震地质条件和勘探目标超宽频带采集的需求,通过进一步优化完善宽频扫描信号设计技术与可控震源高效采集质量监控技术,在国内外首次实施可控震源超高宽频采集,实现了 1.5 ~150 Hz 超宽频采集目标。

6.5.1　地震地质条件

P6J 工区内地势平坦,整体呈南北略高、中间洼的趋势,地表类型主要有农田、林场、砾石区。农田区低、降速带厚度较薄;砾石区低、降速带厚度较厚,最厚 50 m 以上,表层分布有巨厚层状砾石,砾石直径 1 ~10 cm,且从南向北砾石层逐渐变厚,砾石颗粒变大。总体看,表层结构相对稳定,以三层结构为主。

准噶尔盆地西北缘超剥带指受达尔布特控盆断裂构造影响,在扎伊尔山 – 哈拉阿拉特山隆起区，地层遭受强烈抬升剥蚀的区带，其北侧石炭系基底出露地表，南侧的侏罗系和白垩系向北依次超覆尖灭于石炭系基岩之上，形成山前超覆剥蚀带，是盆地西北缘油砂的主要产出区带。地质构造为一个向北、向西抬起的斜坡，构造相对简单。区内主要目的层有石炭系以上新近系塔西河组、沙湾组、白垩系及侏罗系等。主要目的层在西北部相对较浅，北部石炭系顶的反射时间在0.21 s附近；东南部较深，最深处在1.26 s附近。

地震采集难点主要包括以下四个方面。

①沙湾组一段1砂组发育多期砂体，形成多个砂岩尖灭带，但目前资料对单砂体无法分辨；近源砂体超覆点不清晰，扇体边界不确定；断裂刻画精度要求提高，现有资料难以满足描述需求。

②白垩系勘探潜力大，主要发育坡折控制下的扇三角洲砂体、坝砂沉积，白垩系存在滩坝砂体地震反射弱、扇体为空白反射等问题，地震难以识别，低序级断层反射不清楚。

③侏罗系存在较大勘探潜力，三工河组发育多个由沟谷控制的坡积扇、河流－扇三角洲沉积，角砾岩大范围分布，存在底界面不清晰、沟谷内反射杂乱或空白反射等问题，断层断距不清楚。

④石炭系需要进一步精细探索勘探。区内石炭系发育多种火山岩岩相，均为有利储层，但有利储层分布范围难以预测，此外，石炭系内幕地层反射特征不清，是石炭系的主要勘探难点。

综上所述，该区主要勘探难点是中新生界进一步拓宽有效频带，提高分辨率；石炭系应提高信噪比，得好石炭系地层内幕反射特征。

6.5.2　主要技术方法

1. 可控震源超宽频扫描信号优化设计技术

国内外可控震源应用中，扫描频宽大多在100 Hz以内，没有实施过超高宽频采集试验与施工。P6J三维老资料浅目的层有效频率高达135 Hz，针对沙湾组中生界储层，地震资料分辨率还需要进一步提高。

在阻尼雷克子波扫描信号设计基础上，再进一步优化，在拓展扫描信号频宽的同时，降低高频与低频畸变，改善资料频宽，提高资料品质。

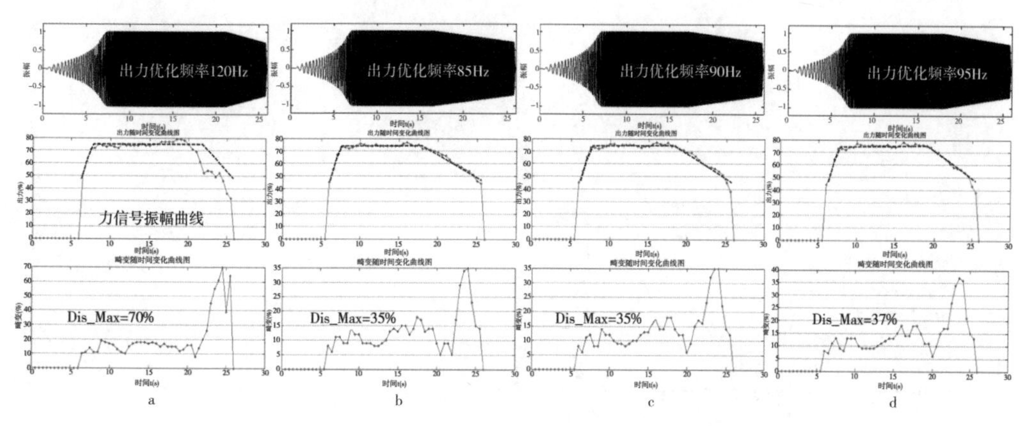

图6.46　不同出力优化频率下的宽频扫描信号畸变
（a：120 Hz；b：85 Hz；c：90 Hz；d：95 Hz）

对重锤与平板输出力优化调整(图 6.46),通过调整降低高频扫描畸变率;对设计信号进行不同频率优化试验与优选,分析不同出力优化频率的畸变情况,优选畸变符合要求的出力优化频率,从源头降低峰值畸变率。优化后,峰值畸变超标率从 45 % 降低到 10 % 以内。

图 6.47 ~ 图 6.49 为不同扫描频率剖面的对比,采用 1.5 ~ 150 Hz 阻尼雷克子波有效频带更宽,分辨率更具优势。

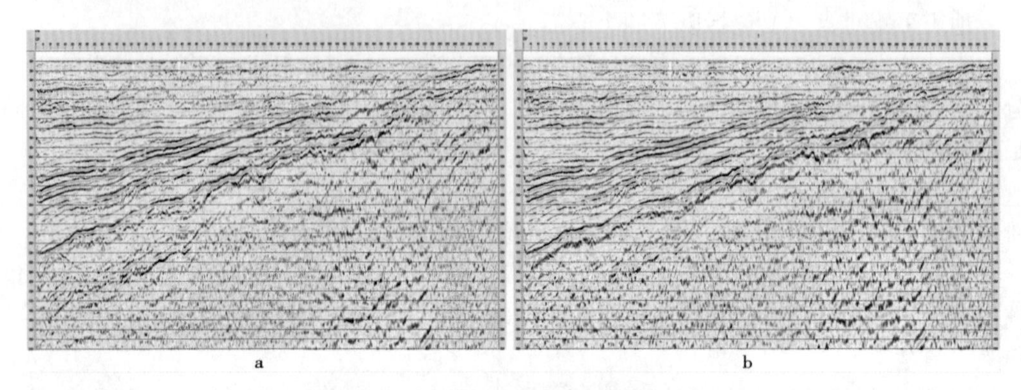

图 6.47　不同扫描频率剖面对比
(a:扫描频率 1.5 ~ 108 Hz;b:扫描频率 1.5 ~ 150 Hz)

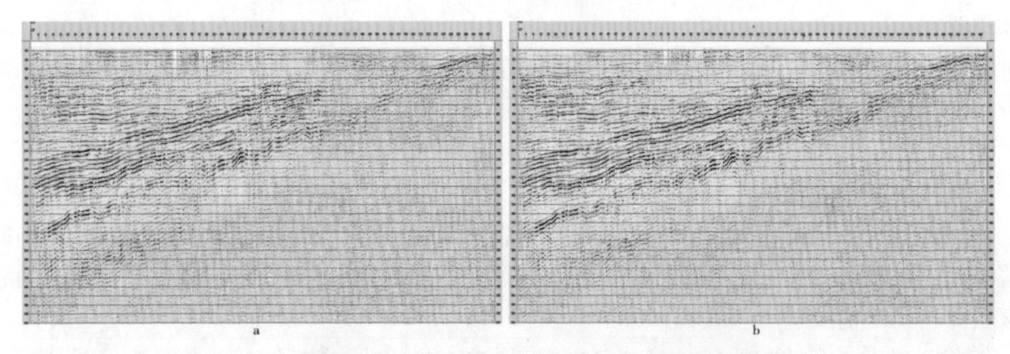

图 6.48　40 ~ 80 Hz 分频滤波剖面对比
(a:扫描频率 1.5 ~ 108 Hz;b:扫描频率 1.5 ~ 150 Hz)

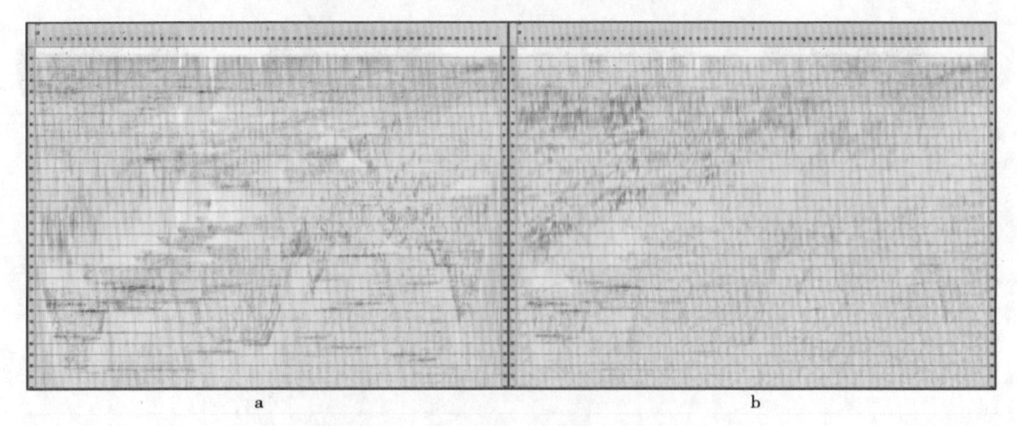

图 6.49　100 ~ 250 Hz 分频滤波剖面
(a:扫描频率 1.5 ~ 108 Hz;b:扫描频率 1.5 ~ 150 Hz)

2. 提高耦合质量的震板除雪工艺

震板粘雪导致震板与大地脱耦畸变超标是北疆冬季震源施工多年的难题。在包彩条布、棉被、刷涂层等多种措施效果不甚理想的基础上，使用焊接薄钢板方式，形成了独有的焊接工艺流程。经过实践验证，此方法稳固耐用（23 台震源全工区仅出现 1 次开焊），质量轻，改善了耦合效果，减少了畸变。

3. 震源导航与同步质控技术

针对高效采集时质控数据回传时有延迟，震源自带质控与导航软件不能同屏显示问题，开发了震源导航与同步质控技术。

通过截获 DSD 箱体生成的 GPS 与质控信息字符流，显示在同一软件界面上（图 6.50），既为操作手制定震源定位与导航路线，又即时显示当前震源激发是否合格。操作手完成一个振次后若超标即时弹窗，并语音报警。以实现与仪器监控结果一致，达到零延迟的质控效果，若有问题及时补炮，彻底解决了高效采集震源质控难的问题。

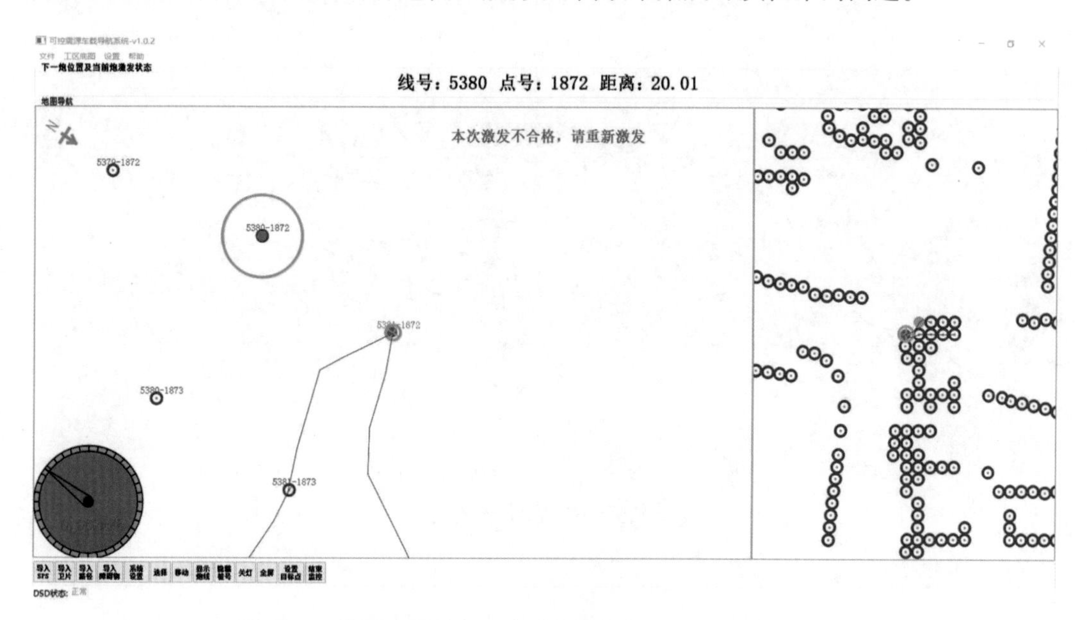

图 6.50　震源车导航与同步质控软件在 CH1J 工区应用截图

6.5.3　应用效果

项目于 2020 年 11 月 26 日开始正式采集生产，2020 年 12 月 25 日完成全区采集工作，累计 258288 炮，有效施工 30 天，平均日效为 8610 炮，最高日效达到 11996 炮。

图 6.51 ~ 图 6.53 是新老现场处理剖面对比。新采集剖面沙湾组反射波同向轴信噪比较高，频宽较老资料有一定程度的提高。与老剖面相比，新剖面层间信息更为丰富，分辨率更高，小断裂断点更加清晰。随着目的层由南向北逐渐变浅，北部信噪比相对降低，新剖面同相轴连续性更好。通过超宽频扫描信号设计，能够有效穿透石炭系顶不整合面，使下伏及内幕成像改善明显。

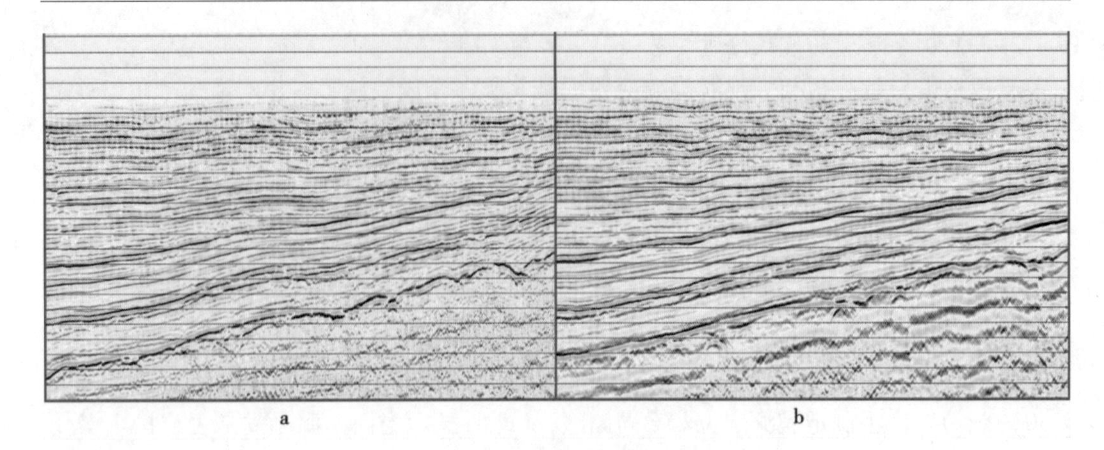

图6.51　新老剖面对比(AGC)
(a:新采集剖面;b:老剖面)

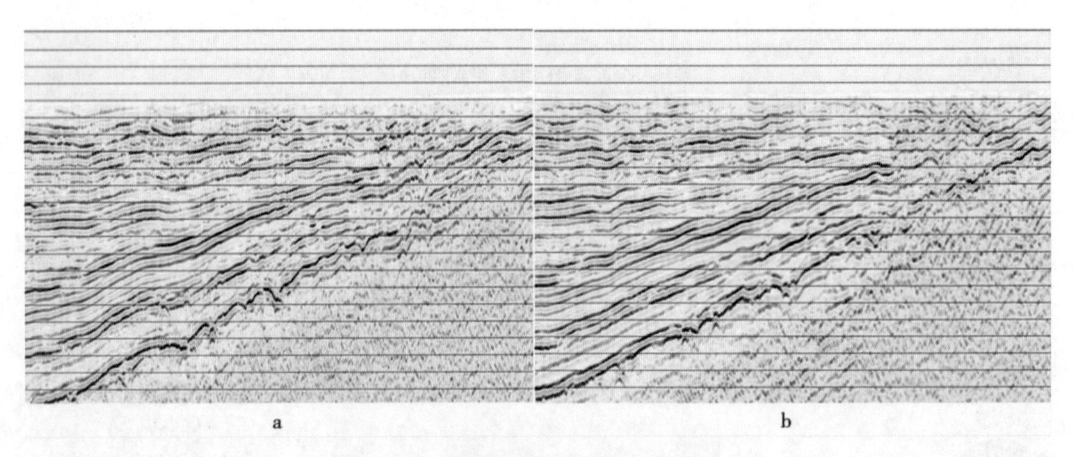

图6.52　新老剖面对比(20～40 Hz)
(a:新采集剖面;b:老剖面)

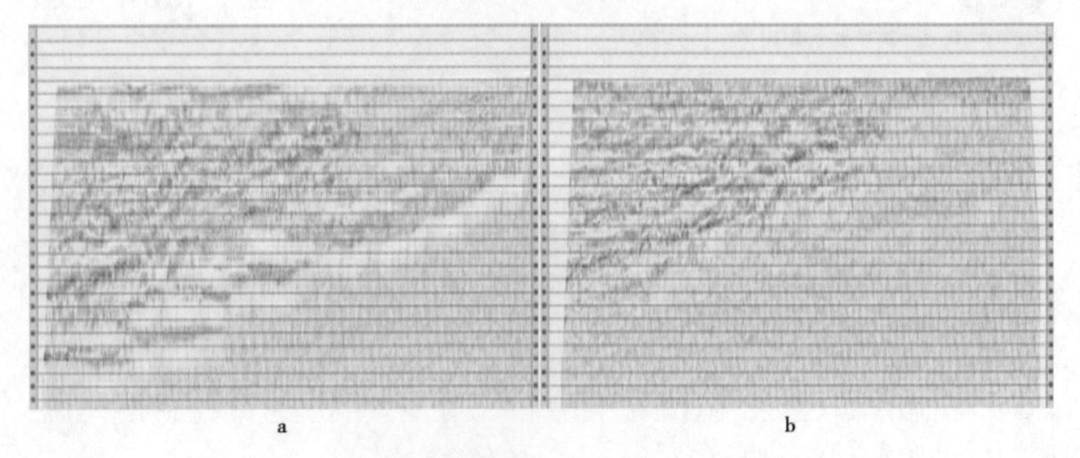

图6.53　新老剖面对比(100～150 Hz)
(a:新采集剖面;b:老剖面)

6.6　国外地震采集项目应用实例

沙特 S84 可控震源高效采集项目是中国石化在沙特市场首个三维采集项目，针对复杂地表条件，开展了无桩号施工、动态扫描、宽频扫描、实时质量监控软件、技术配套方法的试验研究和应用，形成了成熟的可控震源宽频高效地震采集技术，创造了多项中国石化可控震源施工新记录。

6.6.1　地震地质条件

S84 项目施工区块包括 A. Block I & II 区块和 A. East & J. North 区块，其中，A. Block I & II 区块位于沙特东北部 A 城市周边，工区地形为戈壁、山地和城区。A. East & J. North 区块位于沙特东北部，工区地形主要是戈壁和山地。

6.6.2　主要技术方法

1. 无桩号施工技术

可控震源在各自划定的区域，按照设计好的行进路线，采用无桩号自动导航施工技术，每天激发 5.5 束即可达到生产目标。

无桩号施工技术无需常规 GPS 测量炮点，节省测量工作量，该技术包括无桩号施工设备连接及导航技术、无桩号施工炮点的自动偏移设计以及无桩号施工野外作业及数据处理。

无桩号施工设备连接及导航技术。采用 Trimble SPS855 与 VE464 系统连接来实现震源无桩号施工。主要设备配备是主站 SPS855、VE464、Ravon 电台、GPS 天线及平板电脑。

无桩号施工炮点的自动偏移设计是基于高清卫片数据和推土机 GPS 轨迹，把炮点自动偏移到规定的网格或合适点上，减少了手动偏移的工作量，为震源提供准确的行进路线，提高震源作业施工效率。

无桩号施工野外作业及数据处理包括炮检点、基准站检点与输出信息的完整性检查、GPS 卫星质量检查以及炮点现场偏移。

Glonass 和北斗卫星差分对比分析增加了卫星数目，提高了 GPS 信号强度和精度，大大减少了震源点的复测工作量。

2. 可控震源时变滑动扫描技术

S84 项目共有 52 台震源，组成 26 个震源组，分为 4 个大组管理。为保障震源高效生产，必须确保大小号两端的震源同步施工，以保证较高的同源率(同源率是指不同组震源同时激发所占的比例)。因此，考虑地形和操作手熟练程度等因素影响，在施工过程中对震源的分布进行动态调整，保障尽量多的震源同时生产，缩短放炮时间间隔，提高效率。

3. 可控震源宽频扫描技术

根据甲方要求，设计宽频自定义扫描信号，低频拓宽到 1.5 Hz，高频拓宽到 96 Hz，达到了 6 个倍频程。从设计的两种信号中优选适合 ARAR 工区地表条件的信号 Custom sweep 2，对高频进行优化(地表偏硬)，降低畸变。信号 Custom sweep 2 同信号 Custom sweep 1 相比(参考图 6.54)，低频及高频端畸变都得到一定压制，最终选择 Custom sweep 2 宽频自定义扫描信号施工。

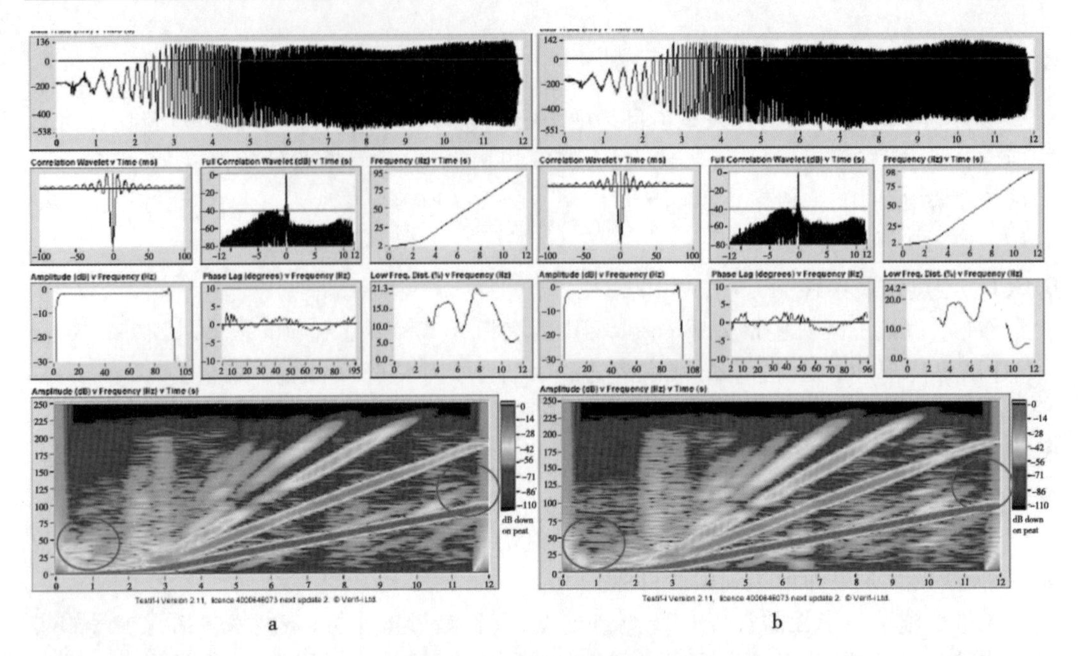

图 6.54　两种宽频扫描信号
(a:Custom sweep 1 信号;b:Custom sweep 2 信号)

现已完成的 ARAR、ARAR EAST 和 Jalamid 三个区块设计满覆盖面积共计 7229 km^2,施工面积 10057 km^2,设计总炮数 777 万余炮,均采用以上设计的扫描信号。

4. 野外实时质量监控技术

S84 高效采集项目生产效率极高,对野外实时质量监控要求高,因此自研自主软件投入使用,有效解决了实时质量监控问题,完全满足当前沙特可控震源高效采集质量监控。该软件针对 Sercel 508XT 系统 PostGreSQL 数据库直接读取生产数据及合成 SEGD 地震数据前的各种指标参数,进行前置质量监控,而非从 NAS 盘中读取 SEGD 地震数据后置监控,提高了监控效率,能及时发现问题炮(COG 超限、不符合 TD 规则、掉排列等),并马上补炮,未发生大量补炮现象,为高效采集提供了有力保障。

(1)工作状态及工作效率的实时监控

设置震源属性的门槛值、连续不正常震次提醒门槛和震源怠工时间,即可实时对震源的工作状态、震源状态码、工作量以及等待时间进行实时监控与统计。同时,还会实时地对已经补炮的炮点进行提醒,避免重复补炮而影响效率。

(2)炮点偏移超限实时监控

为了确保采集效率和震源安全施工,震源沿着推土机推出的道路行进并采集,因而,应将理论炮点偏移至推土机轨迹上。而轨迹上的炮点可能与设计炮点有偏差,如果震源施工时再出现误差,就可能导致总偏移距离超限。因此,专门开发了根据震源 COG 位置与设计炮点理论位置进行实时偏移超限的检查功能。

(3)数据完整性和一致性监控

根据文件号编号分两种情形(整个工区的文件号连续编号或每个线束内连续编号)实现文件号连续性的监控,满足了甲方文件号不能重复也不能跳变的规定。

(4)震源组中心坐标与仪器导出成果坐标的一致性监控

项目采用两台一次的激发方式,生产中,仪器已全部接收各台震源的工作数据(含COG坐标),但由于未知原因,仪器可能只使用其中一台震源的信息进行COG检查和生成炮后SPS,从而出现坐标不一致而导致废炮。基于此,对震源反馈的坐标信息与炮后信息进行实时检查。如果出现不一致,将实时进行警告提示。

(5)地震数据完整性监控

地震采集过程中,由于未知原因,可能有些地震数据头块会丢失部分震源相关信息,也有一些地震数据仅输出了辅助道,这些炮点都是不合格的,需要及时补炮或者空炮。因此,利用地震数据完整性监控功能,根据本炮的接收排列(总道数)计算本炮SEG - D地震数据文件大小,再读取NAS盘中相应的实际地震数据大小,二者进行比对,如果不一致,则警告提醒。

(6)NAS盘容量动态监控

在高效采集时,每天采集的地震数据量最多可达6TB,如果不能及时监控NAS盘容量的变化,可能会因存储容量不足而导致数据丢失。基于此,利用NAS盘容量动态监控功能,在磁盘使用超过90 %时,将用红色提示,并发警告音。

(7)关键采集参数监控

当仪器组搬家或者重启系统后,仪器组需要核对采集参数是否正确,以确保采集参数一致。当炮点激发完成后,系统自动将当前炮的关键参数与设置的参数进行比对,如果不一致,将立即进行提醒。

(8)接收排列实时监控

实时对当前炮接收排列中出现的死道、丢失道提供监控,并显示监控结果,避免出现死道超标后还继续采集施工的事故。

6.6.3　应用效果

中国石化地震队自2004年进入沙特以来,先后完成了9个物探项目,赢得了业主和同行的认可。S84项目部一方面结合沙特阿美要求,凭借多年的技术积累和信息研究成果,确定117个作业实施程序和140多个管理标准,明确全流程工作节点,找出了技术难点和重点;另一方面,成立多个科研攻关小组,重点针对现场质量监控和数据分析情况自主开发和升级软件,确保占领技术“新高地”。项目部依据在沙特多年的施工组织经验,有针对性地调整施工环节,提高单个环节效率,保证工序衔接顺畅无误。

如今,项目逐步走上“管理科学化、制度规范化、工作流程化、成果标准化”的轨道。2021年,该项目完成700万炮,施工面积达8000多平方千米的生产任务。图6.55是该项目2020年3～4月的时效统计,超过2万炮天数达到了42天,创造中国石化地震采集生产新记录。

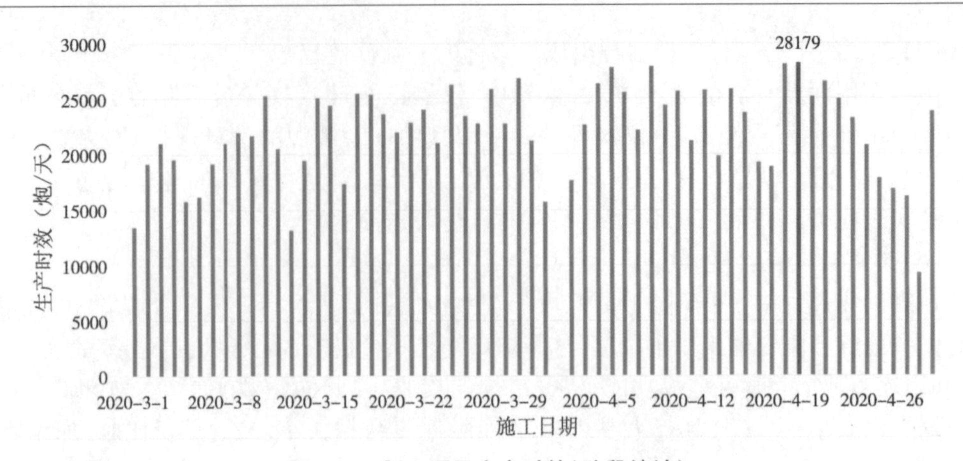

图 6.55　S84 项目生产时效(阶段统计)

采集资料(图 6.56)整体波组特征清晰,浅、中层有效反射能量强,剖面低频信息丰富,深层反射波组特征更加清楚,进一步验证了可控震源宽频勘探的可靠性。

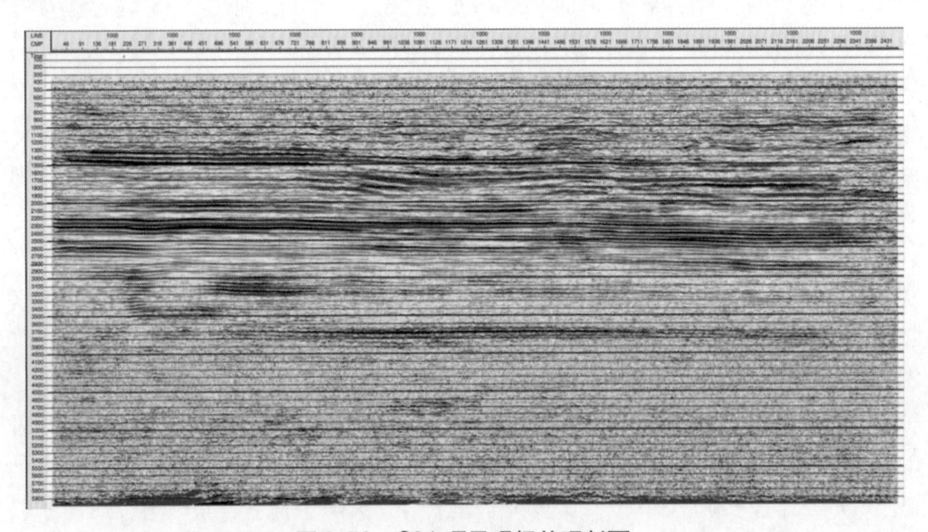

图 6.56　S84 项目现场处理剖面

参考文献

[1]俞寿朋.高分辨率地震勘探[M].北京:石油工业出版社,1993.

[2]陆基孟.地震勘探原理[M].北京:石油工业出版社,1987.

[3]林君.电磁驱动可控震源地震勘探原理及应用[M].北京:科学出版社,2004.

[4]倪宇东.可控震源地震勘探采集技术[M].北京:石油工业出版社,2014.

[5]王华忠."两宽一高"油气地震勘探中的关键问题分析[J].石油物探,2019,58(3):313-324.

[6]倪宇东,王井富,马涛,等.可控震源地震采集技术的进展[J].石油地球物理勘探,2011,46(3):349-356.

[7]佟训乾,林君,姜弢,等.陆地可控震源发展综述[J].地球物理学进展,2012,27(5):1912-1921.

[8]倪宇东.可控震源地震勘探新方法研究与应用[D].北京:中国地质大学,2012.

[9]宁宏晓,唐东磊,皮红梅,等.国内陆上"两宽一高"地震勘探技术及发展[J].石油物探,2019,58(5):645-653.

[10]陶知非,刘志刚,马磊,等.EV-56高精度可控震源技术[J].物探装备,2018(05):281-282+288.

[11]王汉闯.多震源地震勘探方法技术研究[D].杭州:浙江大学,2012.

[12]张洁,周辉,张红静.可控震源高保真采集数值模拟及炮集分离[J].石油物探,2012,51(2):178-183.

[13]张丽艳,李昂,于常青.低频可控震源"两宽一高"地震勘探的应用[J].石油地球物理勘探,2017,52(6):1236-1245.

[14]赵殿栋,胡立新,宋桂桥,等.可控震源时变滑动扫描及低频能量补偿技术[J].中国石油勘探,2016,21(3):116-123.

[15]陈玉达,林君,邢雪峰.可控震源技术发展与应用[J].石油物探,2020,59(5):666-682.

[16]张慕刚,祝杨,董烈乾,等.可控震源超高效混叠采集技术及应用[J].地球物理学进展,2021,36(3):1176-1186.

[17]槐永军,武永生.可控震源的相关技术[J].物探装备,2009(1):30-32.

[18]刘世文,陈振声.可控震源谐振干扰的压制[J].石油地球物理勘探,1998,3(1):25-30.

[19]孟昭波,杨丽华.地震勘探正演问题中震源机理的数值模拟[J].石油地球物理勘探,1990(1):45-52+62.

[20]郭亚平,华顺翔. 谐波干扰产生的原因及压制. 吐哈油气[J],2002,7(2):154 - 155.

[21]韩忠伟,尚永生,魏铁. 低频扫描信号设计技术及其在埃及项目的应用[J]. 物探装备,2019,9(1):15 - 17.

[22]何兵红. 基于衰减介质的地震波数值模拟及吸收属性提取方法研究[D]. 北京:中国石油大学,2011.

[23]黄建平,周学锋,郭军,等. 滑动扫描记录中压制谐波干扰方法[J]. 中国石油大学学报(自然科学版),2012,36(2):81 - 85.

[24]林娟,罗勇,刘宜文,等. 可控震源滑动扫描谐波干扰压制方法[J]. 石油地球物理勘探,2014,49(5):852 - 856.

[25]苏云,游洪文,李令喜,等. 沙漠区可控震源采集资料"黑三角"强能量噪声压制技术[J]. 物探与化探,2022,46(2):410 - 417.

[26]王立歆,陈国金,崔树果,等. 基于地震干涉法的可控震源黑三角噪声压制技术及应用[J]. 石油物探,2021,60(6):925 - 936.

[27]曲英铭,李振春,韩文功,等. 可控震源高效采集数据特征干扰压制技术[J]. 石油物探,2016,55(3):395 - 407.

[28]曲英铭,李振春,黄建平,等. 自适应匹配预测滤波压制可控震源谐波[J]. 石油地球物理勘探,2016,51(6):1075 - 1083.

[29]沈雄君,刘能超. 裂步法. 最小二乘偏移[J]. 地球物理学进展,2012,27(2):761 - 770.

[30]孙沛勇,张叔伦,冯恩民. 一种新的相位编码面炮记录叠前深度偏移方法[J]. 大连理工大学学报,2004,43(6):711 - 714.

[31]陶知非,刘兴元,王志杰. 可控震源低频能量激发在低频地震数据采集应用中的误区[J]. 物探装备,2012,12(4):211 - 217.

[32]涂伟,夏建军,闫杰,等. 分段扫描压制谐波干扰的效果分析[J]. 石油天然气报,2013,35(4).

[33]王忠仁,陈祖斌,姜弢,等. 可控震源地震勘探的数值模拟[J]. 吉林大学学报(地球科学版),2006(4):627 - 630.

[34]王忠仁,陈祖斌,张林行,等. 可控震源非线性扫描地震响应的数值模拟[J]. 地球物理学进展,2006(3):756 - 761.

[35]熊晓军. 单程波动方程地震数值模拟新方法研究[D]. 成都:成都理工大学,2007.

[36]张宏乐. 可控震源信号中的谐波畸变影响及消除[J]. 物探装备,2003(4):223 - 230 + 282.

[37]Abma R T, Manning M, Tanis J, et al. High quality separation of simultaneous sources by sparse inversion [C]. 72nd Annual International Meeting, EAGE, Extended Abstracts, 2009: B003.

[38]Anton Ziolkowski. Review of vibroseis data acquisition and processing for better

amplitudes: Adjusting the sweep and deconvolving for the time - derivative of the true groundforce[J]. Geophysical Prospecting, 2010,58(3):41 -53.

[39]Beasley C J. Simultaneous sources: A technology whose time has come [C]. 78th Annual International Meeting, SEG, Expanded Abstracts, 2008:2796 -2800.

[40]Berkhout A J G, Blacquière, Verschuur D J. The concept of double blending: Combining incoherent shooting with incoherent sensing [J]. Geophysics, 2009,74(4): A59 - A62.

[41]Rajive Kumar, Mariam A,Al - Saeed, and Yuri Lipkov. Seismic source comparison for shallow targets in north Kuwait field [C]. SEG San Antonio 2011 Annual Meeting:102 -106.

[42]Sallas J J, Corrigan D, Allen K P. High fidelity vibratory source seismic method with source separation: U. S. Patent 5,721,710[P]. 1998 -2 -24.

[43]Silverman D. Method of three dimensional seismic prospecting[J]. The Journal of the Acoustical Society of America, 1980, 67(1): 365 -365.

[44] Wuxiang C, BGP C. To attenuate harmonic distortion by the force signal of vibrator[M]//SEG Technical Program Expanded Abstracts 2010. Society of Exploration Geophysicists, 2010: 157 -161.

[45]Zhouhong W, Hall M A, Thomas F P. Geophysical benefits from an improved seismic vibrator[J]. Gohyal Rong, 2012, 60:466 -479.

[46]曹务祥.可控震源非线性扫描参数的定量选取[J].石油物探,2004,43(3): 242 -244.

[47]曹务祥,李宪庆,郭洪启.可控震源扫描信号的整形设计方法[J].石油物探, 2009,48(6):611 -614.

[48]柴童,韩文功,毕明波.一种可控震源非线性扫描信号设计方法及应用[J].物探与化探,2018,42(4): 753 -758.

[49]蓝加达.可控震源非线性扫描在高分辨率地震采集中的应用[J].石油物探, 2008,47(2):208 -211.

[50]刘玉海,尹成,潘树林,等.基于非线性扫描技术的可控震源地震勘探分辨率提高方法[J].东北石油大学学报,2013,37(2):55 -61,90.

[51]陶知非,赵永林,马磊.低频地震勘探与低频可控震源[J].物探装备,2011,21(2):71 -76.

[52]陶知非,苏振华,赵永林,等.可控震源低频信号激发技术的最新进展[J].物探装备,2010,20(1): 1 -5.

[53]陶知非.改善可控震源高频信号输出品质的探讨[J].物探装备,2008,18(2): 71 -77.

[54]王华忠.客户定制反射子波的可控震源地震勘探方法[J].石油物探, 2020,59(5):683 -694.

[55]肖云飞.基于频谱特征的可控震源非线性扫描信号设计[J].地球物理学进展,

2021,36(1):300-309.

[56]张宏乐,王梅生.一种改善相关子波特性的扫描信号[J].物探装备,2006,16(S):33-41.

[57]张宏乐编译.一种改善相关子波特征的扫描信号——"旋转相位,对数分段"扫描信号[J].物探装备,1999,9(3):17-20.

[58]邱庆良,曹乃文,白烨.可控震源激发参数优选及应用效果[J].物探与化探,2021,45(3):686-691.

[59]张剑,赵国勇,宋宁宁.疏松地表可控震源高频畸变分析及改善方法[J].地球物理学进展,2020, 35(1):250-257.

[60]徐雷良,张剑,赵国勇.基于阻尼雷克子波的可控震源非线性扫描信号设计方法[J].石油地球物理勘探,2022,57(3):540-549+490.

[61]中石化石油工程地球物理有限公司胜利分公司.基于阻尼雷克子波的可控震源扫描信号设计方法: ZL 201711458787.6[P].

[62]中石化石油工程地球物理有限公司胜利分公司. 频率域低频补偿扫描信号的设计方法:ZL 20151 0095670.0[P].

[63]中石化石油工程地球物理有限公司胜利分公司.低畸变宽频扫描信号设计方法:ZL 201711111 347.3[P].

[64]Baeten Guido. Method and system for performing seismic survey with low frequency sweep[P]. 2010. US Patent 2010037840.

[65] ChaofuZhu and XuQin. Research on calibration for measuring vibration of low frequency[P]. 2010. IEEE:145-151.

[66]Claudio Bagaini. Enhancing the low-frequency content of Vibroseis data[C]. SEG/New Orleans 2006 Annual Meeting:75-79.

[67]Claudio Bagaini. Low-frequency vibroseis data with maximum displacement sweeps[J]. The Leading edge May,2008,27(5):582-591.

[68] D Boucard, G Ollivrin. Developments in vibrator control [J]. Geophysical Prospecting, 2010,58(1):33-40.

[69] J J Sallas. System and method for determining a frequency sweep for seismic analysis[P]. 2011. US Patent 20110085416.

[70] Mohammadioun B, Pecker A. Low-frequency transfer of seismic energy by superficial soil deposits and soft rocks [J]. Earthquake Engineering & Structural Dynamics, 1984,12:537-564.

[71] Nicolas Tellier, Gilles Caradec, Gilles Ollivrin. Practical solutions for effective vibrator high-frequency generation [C]. SEG New Orleans Annual Meeting, 2015: 201-205.

[72]Peter Maxwell, John Gibson, Alexandre Egreteau, et al. Extending low frequency bandwidth using pseudorandom sweeps[C]. SEG Denver 2010 Annual Meeting:101-106.

[73]Phillips T F , Wei Z . Seismic frequency sweep enhancement[P]. 2013. US Patent

2013040565.

[74]Stephen K. Chiu, Peter Eick, Michael Davidson, Jeff Malloy and Jack Howell. The feasibility and value of low - frequency data collected using co - located 2 Hz and 10 Hz geophones[C]. SEG Las Vegas 2012 Annual Meeting:1 -5.

[75]Wei Guowei, Yang Jinglei, Jin Yong, Cui Kai and Bi Guangming. Quality control of extended low - frequency sweeps with conventional vibrators[C]. SEG Houston 2013 Annual Meeting:244 -248.

[76]Wei Z , Phillips T F . Enhancing the low - frequency amplitude of ground force from a seismic vibrator through reduction of harmonic distortion[J]. Geophysics, 2013, 78 (4):9 -17.

[77]Wei Z. Extending the low frequency content for improved vibrator performance [J]. Vienna, Austria, 2011:23 -26.

[78]Zhouhong Wei and Thomas F Phillips. Analysis of vibrator performance at low frequencies[J]. first break volume 29, July 2011:55 -61.

[79]蔡敏贵,倪宇东,马涛,等. 力信号反褶积运算对于提高地震资料保真度的研究分析[J]. 石油物探, 2020,59(5):788 -794.

[80]陈生昌,马在田. 广义地震数据合成及其偏移成像[J]. 地球物理学报,2006,49(4):1144 -1149.

[81]耿春,尹成,张白林. 分数 Fourier 变换在可控震源信号处理中的应用[J]. 工程地球物理学报,2006, 3(6):427 -436.

[82]黄建平,孙陨松,李振春,等. 一种基于分频编码的最小二乘裂步偏移方法[J]. 石油地球物理勘探,2014,49(4):702 -707.

[83]蒋忠进,邱小军,林君. 小波变换回波提取在可控震源地震信号处理中的应用[J]. 石油地球物理勘探,2006,41(6):687 -691.

[84]凌云,周熙襄. 可控震源自适应地表一致性反褶积[J]. 石油地球物理勘探. 1994,29(3):306 -316.

[85]刘斌,张志林,赵国勇,等. 可控震源谐波影响因素分析及对策[J]. 石油地球物理勘探,2014,49(6): 1053 -1060.

[86]骆飞,魏铁,张慕刚,等. 应用离散余弦变换的去谐波扫描技术[J]. 石油地球物理勘探,2021,56(3): 462 -467.

[87]张怿平,夏洪瑞,董江伟. 循环中值滤波在消除可控震源地震资料噪声中的应用[J]. 江汉石油职工大学学报,2009,22(2):93 -96.

[88]赵景霞,周瑞红,张叔伦,等. 并行合成震源记录逆时深度偏移[J]. 石油地球物理勘探,2010,45: 683 -687.

[89]钟飞,张伟,焦标强,等. 可控震源粘弹性波动方程有限差分模拟[J]. 煤田地质与勘探,2011(2): 57 -60.

[90]徐雷良,徐维秀. 海量地震采集资料现场质量评价方法探讨[J]. 石油地球物理勘探,2021,56(6): 1205 -1213 +1195.

[91] Abma R, Yan J. Separating simultaneous sources by inversion[C]. 71st Annual International Meeting, EAGE, Extended Abstracts, 2009: V002.

[92] Chiu S K, Eick P P, Emmos C W. High fidelity vibratory seismic(HFVS): optimal phase encoding selection[J]. 75th Annual International Meeting, SEG, Expanded Abstracts, 2005:37 – 40.

[93] Dai, Schuster. Least – squares migration of simult aneous sources data with a deblurring filter[C]. 79th Annual International Meeting, SEG, Expanded Abstracts, 2009: 2990 – 2994.

[94] Moerig R. Method of harmonic noise attenuation in correlated sweep data: U. S. Patent 7,260,021[P]. 2007 – 8 – 21.

[95] R E Plessix, Guido Beaten, Jan Willem De Maag, Mari – nus Klaassen, Zhang Rujie, Tao Zhifei. Application of a – coustic full wave inversion to a low frequency long – offset land data set[J]. Denver, SEG, 2010.

[96] Sicking C, Fleure T, Nelan S, et al. Slip sweep harmonic noise rejection on correlated shot data[C]//2009 SEG Annual Meeting, 2009.

[97] Sun P, Zhang S, Liu F. Prestack migration of areal shot records with phase encoding [C]//2002 SEG Annual Meeting. Society of Exploration Geophysicists, 2002.

[98] Zhouhong W, Thomas F P, Michael A. Fundamental discussions on seismic vibrators[J]. SEG Expanded Abstracts ,2010,75(6):W13 – W25.

[99]冯玉苹,徐维秀,杨晶,等.海量地震数据现场监控软件研发及应用[C].中国石油学会2019年物探技术研讨会,2019:1381 – 1384.

[100]岩巍,夏颖,李铮铮,等.G3i仪器野外数据采集质量监控软件简介[J].物探装备,2015,25(4): 274 – 279.

[101] 黄有晖,朱运红,蔡明,等.实时质量监控技术在复杂山地三维地震采集中的应用[J].天然气勘探与开发,2015,38(2):31 – 34.

[102] 张全胜,罗春波,杨宝珍,等. Reland. SeisQC系统在地震采集质量监控中的应用[J].物探装备,2013,1:67 – 69.

[103]杨振邦,屈邵忠,周卉丽.克浪软件在煤田地震勘探试验资料评价中的应用[J].煤炭技术,2014,33(3):61 – 63.

[104]魏新建,李书平,陈德武,等.复杂区域地震采集质量评价技术及其应用[J].石油物探,2019, 58(1):27 – 33.

[105]曲英铭,李振春.可控震源混叠地震数据分离与成像[J].石油物探,2020,59(5):713 – 724.

[106]徐强.海底电缆资料双检合并处理技术研究与应用[J].工程地球物理学报,2017,14(2): 130 – 134.

[107]徐云霞,文鹏飞,刘斌.海底地震仪双检合并技术与应用[J].海洋地质前沿,2019,35(7):34 – 38.

[108]王增波,黄少卿,尚民强,等.深海拖缆地震数据采集实时质量控制[J].石油地

球物理勘探, 2020,55(S):9 - 14.

[109]朱立彬,王彦春,贾恒悦. 滩浅海地震资料一致性处理技术[J]. 海洋地质前沿, 2017,33(11): 48 - 53.

[110]黄晓军. DIGSHOT 数字式震源控制器简介[J]. 物探装备,2007,17(1): 77 - 78.

[111]李亚夫,高斌,高增会. BIGSHOT 气枪控制系统及其应用[J]. 石油科技论坛, 2011(5):33 - 35.

[112]陈公社,陈东,罗少卿,等. Bigshot 气枪震源技术在尼日利亚项目的应用以及故障的应急处理[J]. 中国科技信息,2009(22):58 - 60.

[113]崔兴宝. 复杂条件下的地震采集质量监控[J]. 石油地球物理勘探,2003,38(1):11 - 16.

[114]冷广升. 地震数据采集质量控制方法研究与应用[J]. 中国煤炭地质,2010(B08):67 - 72.

[115]张翊孟,刘秋林,张永科. 地震资料品质定量分析和采集参数优选[J]. 石油地球物理勘探, 2008(S2):1 - 5,177,10.

[116]段云卿. 地震资料自动评价系统[J]. 勘探地球物理进展,2006,29(3): 221 - 224.

[117]潘树林,周熙襄,钟本善. 地震资料采集监控及评价系统的开发[J]. 物探化探计算技术,2007, 29(1):12 - 14.

[118]蓝宣. SACS 地震采集质量控制评价系统介绍[J]. 物探装备,2003,13(3): 209 - 210.

[119]Mjolsness E and D DeCoste. Machine learning for science: State of the art and future prospects[J]. Science, 2001, 293(5537):2051 - 2055.

[120]Howard W R. Pattern recognition and machine learning[J]. Kybernetes,2007,36(2):275.

[121]赵贤正,邓志文,白旭明. 基于视觉特征的地震资料品质分析方法[J]. 石油地球物理勘探, 2016(S1):42 - 46.

[122]王瑞贞,张小燕,张学银,等. 地震成果数据智能评价方法与实现[C]. 中国石油学会 2017 年物探技术研讨会,2017:1102 - 1105.

[123]周志尧,石慧敏,吴勇. 基于地质导向的三维地震资料品质评价方法[C]. 吉林省科学技术协会学术部会议论文集,2014:179 - 180.

[124]石翠翠,杨晶,徐维秀. 基于机器学习的地震资料品质自动评价方法研究[C]. 中国石油学会 2019 年物探技术研讨会,2019:1110 - 1113.

[125]Breiman L. Random forests[J]. Machine Learning,2001,45(1):5 - 32.

[126]Rokach L. Ensemble - based classifiers[J]. Artificail Intelli - gence Review,2020, 33(1): 1 - 39.

[127]詹仕凡,赵恒,邹雪锋,等. GB/T 33583 - 2017,陆上石油地震勘探资料采集技术规程[S]. 中华人民共和国国家质量监督检验检疫总局与中国国家标准化管理委员

会,2017.

[128]科普中国. 人工智能[OL]. https://baike. baidu. com/item/% E4% BA% BA% E5% B7% A5% E6% 99% BA% E8% 83% BD/9180? fr = aladdin. 2021.

[129]徐维秀. 地震属性优化分析和预测及有效性方法研究[D]. 上海:同济大学. 2007:38 – 39.

[130]周志华. MACHINE LEARNING 机器学习[M]. 北京:清华大学出版社,2019:23 – 24,28 – 37.

[131]张玉玺,刘洋,张浩然,等. 基于深度学习的多属性盐丘自动识别方法[J]. 石油地球物理勘探,2020,55(3):475 – 483.

[132]Sebastian Raschka, Vahid Mirjalili. Python Machine Learning, 2nd Edition(影印版)[M]. 南京:东南大学出版社,2018:13 – 16,51 – 58,99.

[133]scikit learn. Scikit – learn Machine Learning in python[OL]. https://scikit – learn. org/ stable. 2021.

[134] Wu Q, Burges C, Svore K, etc. Adapting boosting for information retrieval measures[J]. Information Retrieval Journal,2010,13(3):254 – 270.

[135]孙哲,杜清波,翟金浩,等. 超高效混叠地震采集实时质控技术[J]. 石油物探,2020,59(2):177 – 185.

[136]梁正洪,张伟宏,刘胜,等. 自动检查地震辅助道的方法:CN201210553625. 1[P]. 2014 – 01 – 01.

[137]Fawcett T. An introduction to ROC analysis[J]. Pattern Recgnition Letters,2006,27(8): 861 – 874.

[138]魏福吉,徐维秀. 面向地震数据采集工程软件的应用集成框架[J]. 石油地球物理勘探,2013, 48(5):809 – 815.

[139]徐钰,段卫星,徐维秀,等. 高精度初至自动拾取综合方法研究[J]. 物探与化探. 2010,34(5): 595 – 599.

[140]徐钰,徐维秀,曾维辉,等. 面向初至拾取的地震波特征属性优化提取方法探讨[C]. 地球物理年会,2010.

[141]魏福吉. 复杂近地表物探采集新技术与应用[M]. 青岛:中国石油大学出版社,2012.

[142]李庆忠. 走向精确勘探的道路[M]. 北京:石油工业出版社,1994.

[143]张伟,王海,李洪臣,等. 用变换时窗统计能量比法拾取地震初至波[J]. 物探与化探,2009, 33(2):178 – 180.

[144]张伟,王彦春,李洪臣,等. 地震道瞬时强度比法拾取初至波[J]. 地球物理学进展,2009,24(1): 201 – 204.

[145]Fahlman S E, Lebiere C. The cascade – correlation learing architecture[J]. Advances in Neural Information Processing Systems,1990:524 – 532.

[146]Baluja S, Fahlman S E. Reducing network depth in the cascade – correlation learing architecture[J]. School of Computer Science, Carnegie University,1994:1 – 11.

[147]印兴耀,韩文功,李振春,等.地震技术新进展(第一版)[M].东营:中国石油大学出版社,2006:58-75.

[148]赵改善.地球物理软件发展趋势与战略研究[J].勘探地球物理进展,2010,33(2):77-86.

[149]张军华,臧胜涛,单联瑜,等.高性能计算的发展现状及趋势[J].石油地球物理勘探.2010,45(6):918-925.

[150]赵改善.高性能计算在石油物探中的应用现状与前景[J].高性能计算发展与应用,2009,29(4):19-23.

[151]邹文,黄东山,巫盛洪,等.GeoMountain山地地震解释平台构建技术[J].天然气工业,2009,29(7):1-3.

[152]丁建群,侯昆鹏,杜吉国.KLSeis新平台研发进展.物探软件应用技术交流会报告集[C],2011.

[153]石油物探标准(合订本)[M].北京:石油工业出版社,2003.

[154]汪涛,赵宁,刘林生.气枪震源在西非过渡带地震勘探项目中的应用[J].地质装备,2019,20(5):22-27.

[155]Silverman D. Method of three dimensional seismic prospecting:Acoustical Society of America,US4159463 A[P].1979.

[156]倪宇东,等.可控震源地震勘探采集技术[M].北京:北京石油工业出版社,2014.

[157]王济,胡晓.MATLAB在振动信号处理中的应用[M].北京:中国水利水电出版社,2006.